国家社会科学基金"十一五"规划课题
"以就业为导向的职业教育教学理论与实践研究"研究成果

全国高等职业教育旅游大类专业规划教材

酒水知识与服务技巧

Beverage Knowledge and Service Skills

王钰 主编

于玥 刘宝平 副主编

U0316788

中国铁道出版社有限公司
CHINA RAILWAY PUBLISHING HOUSE CO., LTD.

内 容 简 介

　　酒吧行业的不断兴旺，带动调酒师职业及酒吧其他岗位工作也渐渐成为一种时尚、热门的职业。目前，国内大中型城市的酒吧每年对专业从业人员的需求量很大，但是相应的人才缺口也很大。正是基于这样的社会需求，本教材结合当前酒吧行业发展的现状，介绍了各类酒水的相关理论知识及服务技巧，旨在培养学生的实践技能。

　　本教材共分为 6 章，主要对各类酒水知识进行了详尽的归纳总结，强调各类酒水的服务，特别是鸡尾酒的调制和服务。

　　本书不仅适合作为高职院校酒店管理专业的教材，也适合作为酒吧专业管理和服务人员的理论指导培训教材。

图书在版编目（CIP）数据

　　酒水知识与服务技巧 ／ 王钰主编．—北京：中国铁道出版社，2012．10　（2022.1重印）
　　国家社会科学基金"十一五"规划课题"以就业为导向的职业教育教学理论与实践研究"研究成果．全国高等职业教育旅游大类专业规划教材
　　ISBN 978-7-113-15471-4

　　Ⅰ．①酒…　Ⅱ．①王…　Ⅲ．①酒-基本知识-高等职业教育-教材②饮料-基本知识-高等职业教育-教材③酒吧-商业管理-高等职业教育-教材　Ⅳ．①TS262②F719.3

　　中国版本图书馆CIP数据核字（2012）第234371号

书　　名：**酒水知识与服务技巧**
作　　者：王　钰

策　　划：秦绪好　祁　云　　　　　　编辑部电话：（010）63549458
责任编辑：赵　鑫　王　惠
封面设计：刘　颖
责任印制：樊启鹏

出版发行：中国铁道出版社有限公司（100054，北京市西城区右安门西街 8 号）
网　　址：http://www.tdpress.com/51eds/
印　　刷：北京建宏印刷有限公司
版　　次：2012 年 10 月第 1 版　　　2022 年 1 月第 3 次印刷
开　　本：787mm×1092mm　　1/16　　印张：13.5　　字数：318 千
印　　数：3 501 ～ 4 000 册
书　　号：ISBN 978-7-113-15471-4
定　　价：33.00 元

全国高等职业教育旅游大类专业规划教材

编审委员会

主　　任：邓泽民

副主任：邸卫民　杜学森　王海涛　严晓舟

委　　员：（按姓氏笔画为序）

于　玥　于建澄　王　钰　王　湜　王　瑜

王立职　王金茹　师清波　朱　捷　刘　菊

刘占明　刘秀丽　祁　云　李广成　李永臣

李仕敏　杨红波　吴洪亮　张建宏　欧阳卫

尚书清　赵　鑫　胡　华　姜　松　官　兵

秦绪好　徐文苑　康　陆　韩　敏　薛丽华

国家社会科学基金（教育学科）"十一五"规划课题"以就业为导向的职业教育教学理论与实践研究"（课题批准号 BJA060049）在取得理论研究成果的基础上，选取了高等职业教育十个专业类开展实践研究。高职高专旅游类专业是其中之一。

本课题研究发现，高等职业教育在专业教育上承担着帮助学生构建起专业理论知识体系、专业技术框架体系和相应的职业活动逻辑体系的任务，而这三个体系的构建需要通过专业教材体系和专业教材内部结构得以实现，即学生的心理结构来自于教材的体系和结构。为此，这套高等职业教育旅游大类专业系列教材的设计，依据不同课程教材在其构建知识、技术、活动三个体系中的作用，采用了不同的教材内部结构设计和编写体例。

承担专业理论知识体系构建任务的教材，强调了专业理论知识体系的完整与系统，不强调专业理论知识的深度和难度；追求的是学生对专业理论知识整体框架的把握和应用，不追求学生只掌握某些局部内容，而求其深度和难度。

承担专业技术框架体系构建任务的教材，注重让学生了解这种技术的产生与演变过程，培养学生的技术创新意识；注重让学生把握这种技术的整体框架，培养学生对新技术的学习能力；注重让学生在技术应用过程中掌握这种技术的操作，培养学生的技术应用能力；注重让学生区别同种用途的其他技术的特点，培养学生职业活动过程中的技术比较与选择能力。

承担职业活动体系构建任务的教材，依据不同职业活动对所从事人特质的要求，分别采用了过程驱动、情景驱动、效果驱动的方式，形成了"做中学"的各种教材的结构与体例。由于旅游大类专业毕业生的职业活动，基本上是情景导向的，因此多数旅游大类的教材采用了情景导向的教材结构。这对于培养从事旅游业高技能型人才的个性化服务理念，情景导向的思维方式，规范而又不失灵活的行为方式，富有情感的语言和交往沟通能力，特别是对游客的情感和旅游管理与服务情景的敏感特质，是十分有效的。

本套教材从课程标准的开发、教材体系的建立、教材内容的筛选、教材结构的设计，到教材素材的选择，均得到了旅游行业专家的大力支持。他们依据旅游业不同职业资格标准，对课程标准提出了十分有益的建议；他们根据课程标准要求，提供了大量的典型职业活动案例，使教材素材鲜活起来。国内知名职业教育专家和一百多所高职高专院校参与本课题研究，他们对高职高专旅游类高技能人才培养提出了宝贵的意见，对高职高专旅游类专业教学提供了丰富的素材和鲜活的教学经验。

本套教材是我国高职教育近年来从只注重学生单一职业活动逻辑体系构建，向专业理论知识体系、技术框架体系和职业活动逻辑体系三个体系构建转变的有益尝试，也是国家社会科学研究基金课题"以就业为导向的职业教育教学理论与实践研究"成果的具体应用之一。

如本套教材有不足之处，敬请各位专家、老师和广大同学不吝赐教。希望通过本套教材的出版，为我国高等职业教育和旅游业的发展做出贡献。

邓泽民

2011 年 11 月

　　随着中国酒店业的深入发展，更多的西方餐饮形式和文化已逐渐涌入中国。根据人们的需求与当地文化的需要，酒吧文化日益成为都市文化的一个传承载体，责无旁贷地承担起了新时代人们文化需求的重要责任。在欧美发达国家，酒吧文化早已成为人们生活中不可或缺的组成部分。在中国，从某种程度上讲，酒吧行业已成为当今社会发展的一个必要产物。

　　酒吧行业的不断兴旺，带动调酒师职业及酒吧其他岗位工作也渐渐成为一种时尚、热门的职业。目前，国内大中型城市的酒吧每年对于专业从业人员的需求量是很大的，但是相应的人才缺口也很大。正是基于这样的社会需求，本教材结合当前酒吧行业发展的现状，介绍了各类酒水的相关理论知识及服务技巧，旨在培养学生的实践技能。

　　本教材共分为 6 章，主要对各类酒水知识进行了详尽的归纳总结，强调各类酒水的服务，特别是鸡尾酒的调制和服务。本书不仅适合作为高职院校酒店管理专业教材，也适合作为酒吧专业管理和服务人员的理论指导培训教材。

　　本教材由天津职业大学酒店管理专业教研室主任、高级调酒师王钰担任主编，天津滨海职业学院于玥、聊城职业技术学院旅游学院刘宝平任副主编。各章的编写分工如下：刘宝平编写第一章；于玥编写第四、六章；王钰编写第二、三、五章。全书由王钰拟定编写大纲，并完成最后的统稿和修改工作。

　　本教材在编写过程中借鉴了不少的文献资料，听取了许多专家、学者的宝贵意见，中国铁道出版社编辑以及天津商业大学 TUC-FIU 合作学院院长王文君教授对本教材给予了具体的帮助和指导，在此表示衷心的感谢。

　　由于编者的学识和能力有限，书中不足之处在所难免，欢迎专家、同行、读者指正。

编　者
2012 年 6 月

CONTENTS 目 录

目 录 CONTENTS

无酒精饮料
(Non-Alcoholic Drinks)

本章学习目标

1. 掌握软饮料的概念
2. 掌握酒吧经常销售的软饮料的品种及混合方法
3. 掌握咖啡和茶的特点
4. 了解咖啡和茶名品及如何饮用
5. 能够提供良好的软饮料服务

世界上的饮料数不胜数，名牌也好，土制也好，令人眼花缭乱。然而，从有无酒精上分，可以将所有饮料分为两大类：无酒精饮料和酒精饮料。

第一节 软饮料

软饮料是指酒精含量低于 0.5%（*m/m*，即质量比）的天然的或人工配制的饮料，又称清凉饮料、无醇饮料。所含酒精限指用于溶解香精、香料、色素等的乙醇溶剂或乳酸饮料生产过程的副产物。软饮料的主要原料是饮用水或矿泉水，果汁、蔬菜汁，植物的根、茎、叶、花和果实的抽提液，有的含甜味剂、酸味剂、香精、香料、食用色素、乳化剂、起泡剂、稳定剂和防腐剂等食品添加剂。其基本化学成分是水、碳水化合物和风味物质，有些软饮料还含维生素和矿物质。软饮料的品种很多。按原料和加工工艺分为碳酸饮料、果汁及其饮料、蔬菜汁及其饮料、植物蛋白质饮料、植物抽提液饮料、乳酸饮料、矿泉水和固体饮料 8 类；按性质和饮用对象分为特种用途饮料、保健饮料、餐桌饮料和大众饮料 4 类。世界各国通常采用第一种分类方法。但在美国、英国等国家，软饮料不包括果汁和蔬菜汁。

一、果蔬汁饮料（Fruit Vegetable Juices）

（一）果汁饮料的种类

果汁饮料是指用新鲜或冷藏水果为原料，经加工制成的制品，包括果汁、果浆、浓缩果汁、浓缩果浆、果肉饮料、果汁饮料、果粒果汁饮料、水果饮料浓浆、水果饮料 9 种类型。

1．果汁（Fruit Juices）

果汁是指以下几种制品：

① 原料水果用机械方法(如榨汁工艺)加工所得的，没有发酵过的，具有该种原料原有特征的制品。

② 原料水果采用渗透或浸提工艺所得的汁液，没有发酵过的，用物理方法除去加入的水分，具有该种水果原有特征的制品。

③ 在浓缩果汁中加入与该种果汁在浓缩过程中失去的天然水分等量的水，使之具有原水果果肉的色泽、风味和可溶性固形物含量。

混合果汁是由两种或两种以上果汁按一定比例混合所得制品。

2．浓缩果汁（Concentrated Juices）

原果汁浓缩除去水分，成为二倍、三倍……浓缩果汁，可溶性固形物含量 65% ~ 68%，如浓缩苹果汁。

3．果浆（Fruit Pulps）

果浆是指原料水果可食部分用打浆工艺制得的制品，或在浓缩果浆中加入与该种果浆在浓缩过程中失去的天然水分等量的水，所得的具有原水果原有特征的制品。

与原果汁相比，原果浆中含除皮、核等外所有可食成分，原果汁含溶于水的各种成分。

4．浓缩果浆（Concentrated Pulps）

浓缩果浆是指原果浆经浓缩除去水分制成的制品。

5．果汁饮料（Fruit Drinks）

果汁饮料是指以原果汁或浓缩果汁为原料，加水、糖、酸、香精等调配而成的浑汁或清汁制品，成品中果汁含量≥10%（质量体积比，即 m/V），如麒麟橙汁、三得利橙汁、鲜的每日 C 橙汁。

混合果汁饮料含两种或两种以上果汁，如农夫果园混合果汁饮料。

6．果肉饮料（Fruit Nectar）

果肉饮料是指在果浆或浓缩果浆中加水、糖、酸、香精等调制而成的制品，成品中果浆含量≥30%（m/V）。

混合果肉饮料是指含两种或两种以上果浆的果肉饮料。

7．果粒果汁饮料（Fruit Juices With Granules）

果粒果汁饮料是指在果汁或浓缩果汁中加入水、柑橘类的囊胞或其他水果经切细所得的果肉、糖、酸等调配而成的制品，要求产品中果粒含量≥5%（m/V），果汁含量≥10%（m/V），如四洲粒粒橙。

8．水果饮料浓浆（Fruit Drink Concentrates）

水果饮料浓浆是指在果汁或浓缩果汁中加水、糖、酸等调配而成的，含糖较高的，稀释后方可饮用的制品，稀释后要求果汁含量≥5%（m/V）。

如产品标签为稀释4倍，则1份饮料加3份水。

9．水果饮料（Fruit Drinks）

水果饮料是指在果汁或浓缩果汁中加入水、糖、酸、香精等调配而成的浑汁或清汁制品，成品中果汁含量≥5%（m/V）。

混合水果饮料是指含两种或两种以上果汁的水果饮料。

（二）蔬菜汁及蔬菜汁饮料（Vegetable Juices and Drinks）

蔬菜汁及蔬菜汁饮料是指用新鲜或冷藏蔬菜（包括可食的根、茎、叶、花、果实、食用菌、食用藻类及蕨类等）为原料，经加工制成的制品。

1．蔬菜汁（Vegetable Juices）

蔬菜汁是指将原料蔬菜用机械方法加工制得的汁液中加入食盐或白砂糖等调制而成的制品，如番茄汁可加0.5%的盐。

2．蔬菜汁饮料（Vegetable Drinks）

蔬菜汁饮料是指在蔬菜汁中加入水、糖、酸等调配而成的可直接饮用的制品，如芹菜汁。

混合蔬菜汁饮料是指含两种或两种以上蔬菜汁的蔬菜汁饮料。如金宝汤的V8，含有番茄、胡萝卜、芹菜、菠菜、卷心菜等多种蔬菜汁。

3．复合果蔬汁（Fruit Vegetable Juice Drinks）

复合果蔬汁是在蔬菜汁和果汁中加入白砂糖等调配而成的制品，如味全混合果蔬汁、农夫果园混合果蔬汁。

4．发酵蔬菜汁（Fermented Vegetable Juices）

发酵蔬菜汁是在蔬菜或蔬菜汁经乳酸菌发酵后制成的汁液中加入水、糖、酸等调配而成的制品。

5．食用菌饮料（Edible Fungi Drinks）

食用菌饮料是在食用菌子实体的浸提液或浸提液制品中加入水、糖、酸等调配而成的制品；或选用无毒可食用培养基接种食用菌菌种，在经液体发酵制成的发酵液中加入糖、酸等调配而成的制品。

6．藻类饮料（Algae Drinks）

藻类饮料是将海藻或人工繁殖的藻类，在经浸取、发酵或酶解后所制得的液体中加入水、糖、酸等调制而成的制品。如螺旋藻饮料。

7．蕨类饮料（Pteridium Drinks）

蕨类饮料是可食用蕨类植物（如蕨的嫩叶）经加工后制成的制品。

（三）果（蔬）汁饮料的特点

果（蔬）汁饮料含有丰富的矿物质、维生素、糖类、蛋白质和有机酸。维生素是人体内能量转换所必需的物质，能起控制和调节新陈代谢的作用。人体对它的需求量很少，但其作用很重要。维生素在体内一般不能合成，多来源于食物，而果实和蔬菜是维生素的主要来源。

此外，果（蔬）汁饮料还含有许多人体需要的无机盐，如钙、磷、铁、镁、钾、钠、锌、碘、铜等，对调节人体生理机能起重要作用。同时，果汁还有悦目的色泽、迷人的芳香、怡人的味道，故而成为深受人们喜爱的饮料。

（四）酒吧常用的果（蔬）汁饮料

酒吧常用的饮料有鲜榨果汁、浓缩果汁、果汁饮料及蔬菜汁等种类，如表1-1所示。

表1-1　酒吧常用果（蔬）汁

中　文　名　称	英　文　名　称	中　文　名　称	英　文　名　称
橙汁	Orange Juice	苹果汁	Apple Juice
柠檬汁	Lemon Juice	葡萄汁	Grape Juice
菠萝汁	Pineapple Juice	黑加仑子汁	Blackcurrant Juice
西柚汁	Grapefruit Juice	青柠檬汁	Lime Juice
番茄汁	Tomato Juice	红石榴汁（红糖浆）	Grenadine Juice

需要注意的是：青柠檬汁与红石榴汁主要用于调酒，不直接饮用，鲜榨汁可直接饮用，浓缩的果汁要稀释之后饮用。

（五）果（蔬）汁饮料的服务

1．服务的原则

（1）选料新鲜

果汁之所以深受人们欢迎，是因为它具有令人舒畅的色、香、味感，既富于营养，又有益于健康。果汁的原料是新鲜水果，原料质量的优劣将直接影响果汁的品质。对制取果汁的果实原料的要求虽然不如对食用水果、罐头水果要求那么严格，但是也有以下几项基本要求：

① 充分成熟。这是对果汁原料的基本要求。不成熟的果实，由于其碳水化合物含量少，味酸涩，难以保证果汁的香味和甜度，加之色泽晦暗，没有其相应果实的特征颜色，也使果汁失去了美感。过分成熟的果实，由于其呼吸分解作用，糖分、酸分、色素、维生素和芳香物质损失较多，将影响果汁的风味。充分成熟的果实，色泽好，香味浓，含糖量高，含酸量低，且易于取汁。

② 无腐烂现象。腐烂，包括霉菌病变、果心腐烂、绿烂、苦烂等。任何一种腐烂现象，均由于微生物的污染而引起，不但使果实风味变坏，还会污染果汁，导致果汁变质、败坏。即使是少量的腐烂果实，也可能造成十分严重的后果，这一点需要特别注意。

③ 无病虫害、无机械伤。受病虫害的果实，果肉受到侵蚀，果皮带痂或其他病斑，果皮、果肉、果心变色，风味已大为改变，有些还有异味，若用来榨取果汁，势必影响果汁的风味。

带有机械伤的果实，因表皮受到损坏，极易受到微生物污染，变色、变质，将对果汁带来潜在的影响。

（2）充分清洗

在果汁的制作过程中，果汁被微生物污染的原因很多。但一般认为，果汁中的微生物主要来自原料。因此，对原料进行清洗是很关键的一环。此外，有些果实在生长过程中喷洒过农药，残留在果皮上的农药会在加工过程中进入果汁，以致对人体带来危害。因此，必须对这样的果实进行特殊处理。一般可用 0.5% ～ 1.5% 的盐酸溶液或 0.1% 的高锰酸钾溶液浸泡数分钟，再用清水洗净。

不同的果实，其污染程度、耐压耐摩擦能力以及表面状态均不尽相同，应根据果实的特性和条件选择清洗条件。为使果实洗涤充分，应尽量强化果实与水之间的相对运动。一般是用流动水进行清洗，使果实相互摩擦，产生震动。

果实清洗要充分，并要注意清洗用水的卫生，清洗用水应当符合生活饮用水标准。否则，不但不能洗净原料，反而会带来新的污染。清洗用水要及时更换，最好使用自来水。

（3）榨汁前的处理

果实的汁液存在于果实组织的细胞中，制取果汁时，需要将其分离出来。为了节约原料，提高经济效益，总是想方设法地提高出汁率，通常可采取以下方法：

① 合适的破碎。破碎是提高出汁率的主要途径。特别是对于皮、肉致密的果实，更需要破碎。果实破碎使果肉组织外露，为榨汁做好了充分的准备。破碎时果实块大小均匀，并选择高效率的果汁机。

② 适当的热处理。有些果实（如苹果、樱桃）含果胶量多，汁液黏稠，榨汁较困难。为使汁液易于流出，在破碎后需要进行适当的热处理，即在 60 ～ 70 ℃ 水温中浸泡，时间为 15 ～ 30 min。通过热处理可使细胞质中的蛋白质凝固，改变细胞的半透性，使果肉软化，果胶物质水解，有利于色素和风味物质的溶出，并能提高出汁率。

（4）注意品种搭配

因为几乎所有蔬菜都有它本身特殊的风味，尤其是蔬菜汁的青涩口味问题，若不调味，常难以下咽。例如果蔬汁中最常用的胡萝卜，尽管它是最为物美价廉的首选原料，但是先天带有一股野蒿味，不易被人接受。对付青涩味的传统办法是通过品种搭配来调味。主要是用天然水果来调整果蔬汁中的酸甜味，这样可以保持饮料的天然风味，营养成分又不会受到破坏。例如增加甜味，除了蜂蜜和糖，还可以选用甜度比较高的苹果汁、梨汁等。甘草汁也可用来做调味剂，将 50 g 甘草加水 350 mL，煎熬半小时后，晾凉过滤，置冰箱冷藏，以便随时取用。甘草有补中益气、解毒祛痰等作用。天然柠檬汁含有丰富的维生素 C，它的强烈酸味可以压住蔬菜汁中的青涩味，使其变得美味可口。鲜柠檬汁可以放入冰箱速冻成冰块，装在塑料袋内，随时取用。另外，果蔬汁用鸡蛋黄也能调节口味，还可增加营养、消除疲劳和增强体力。

（5）合理地使用辅料

① 水：要用优质的水，如自来水口感差，可用矿泉水，水量适中。

② 甜味剂：最好用含糖量高的水果来调味，也可用少量砂糖。

③ 酸味物：用天然的柠檬、酸橙等柑橘类含酸高的水果。

作为日常饮料的果蔬汁，多以水果或蔬菜为基料，加水、甜味剂、酸味剂配制而成，也可用浓果蔬汁加水稀释，再经调配而成。饮料配制成功与否，要看酸甜比例掌握得如何。如草莓汁，即用 150 g 草莓、30 g 柠檬、45 g 糖、冰块和凉开水，一起放入食品加工机中捣搅而成，成品色泽淡红、甜酸适口、富含维生素。

2．饮用与服务方法

（1）浓缩果（蔬）汁的服务

酒吧常用的浓缩果（蔬）汁饮料的品牌及稀释比例如表 1-2 所示。

表 1-2　酒吧常用浓缩果（蔬）汁品牌及稀释比例

品 牌 名 称	稀 释 比 例	品 牌 名 称	稀 释 比 例
华达里（Vatality）	1 份浓缩果汁 4 份水	新的（Sunquick）	1 份浓缩果汁 9 份水
劲宝（Vintage）	1 份浓缩果汁 4 份水	屈臣氏（Watons）	1 份浓缩果汁 3 份水

（2）鲜榨果（蔬）汁服务

① 压榨法。对于含汁液较多的水果，通常利用榨汁器来挤榨果汁，常用的水果有橘、橙、柠檬等。对于纤维较多且较粗的蔬菜，只需取汁，如芹菜、胡萝卜等，用切搅机切碎后，用纱布袋挤汁过滤。这些蔬菜水果在挤汁前应清洗干净，用热水浸泡后切开，用按压的方法挤出汁。

② 切搅法。对于质地较坚硬但可饮用其肉汁的果蔬，如苹果、梨、胡萝卜，以及草莓、葡萄、西红柿、藕等，用高速的搅拌机切碎取汁。使用这种方法应在榨汁前将原料洗净，切成小块，大约 5 cm。这类果蔬所切搅出来的汁能全部饮用。

必须注意的是果汁开罐后保鲜时间很短，一般放至冰箱中的浓缩果汁可以保存 10 ～ 15 天，非浓缩果汁可以保存 3 ～ 5 天，稀释后的浓缩果汁只能保存 2 天，鲜榨的果汁可保鲜 24 h，隔天的鲜榨果汁不能饮用。应尽量做到用多少兑多少，以免浪费。

（3）果（蔬）汁饮料的饮用方法

果汁饮用时需先放入冰箱中冷藏，最佳饮用温度为 10 ℃，用果汁杯或高杯斟至 85% 满，不需要加冰块。引用番茄汁时需加一片柠檬，以增加香味。

（4）果（蔬）汁饮料操作实例

如表 1-3 所示。

表1-3 果（蔬）汁饮料操作实例

类　别	名　称	原　料		制　法
单一果汁	番茄汁	红西红柿 盐	1个 少许	将西红柿用开水浸泡片刻去皮，然后搅碎，用纱布过滤、挤汁后，加盐或冰块搅拌，用玻璃杯服务
	苹果汁	苹果 芹菜 柠檬汁 红葡萄酒 碎冰	1个 2根 1餐匙 少许 适量	苹果去皮切碎块，芹菜切小段，用果汁机搅碎，然后过滤挤汁，加冰、柠檬汁和少许红酒，用玻璃杯服务
	香蕉汁	香蕉 砂糖 牛奶 碎冰	1根 1餐匙 半杯 适量	将香蕉、牛奶和砂糖放入搅拌器中搅拌均匀，然后在玻璃杯中放入碎冰，将搅匀的饮料倒入杯中
	柚子汁	柚子 糖 碎冰	半个 1餐匙 适量	将柚子果肉放入搅拌机中搅拌成汁，加入糖，将搅匀的果汁倒入装有碎冰的玻璃杯中
	草莓汁	鲜草莓 柠檬汁 蜂蜜 碎冰	半杯 1餐匙 1茶匙 半杯	将草莓、柠檬汁、蜂蜜以及碎冰原料倒入搅拌器中搅拌成汁后，倒入玻璃杯中即可服务
	橙汁	鲜橙 碎冰	2个 适量	将鲜橙切成两半后，将半个在挤汁器上挤汁、过滤到杯中，加入碎冰；或将鲜橙去皮后放入果汁机中搅匀，倒入加有碎冰的杯中即可
	胡萝卜汁	胡萝卜 苹果 柠檬汁 蜂蜜 碎冰	2根 1个 1茶匙 0.5盎司 * 半杯	将胡萝卜、苹果洗净后去皮，切成小块后和其他原料一次放入果汁机中搅拌均匀，过滤到装有碎冰的玻璃杯中
混合果汁	西瓜柠檬汁	西瓜 柠檬 砂糖 红葡萄酒 碎冰	1个 1个 4匙 半杯 适量	柠檬挤汁，西瓜瓤用搅拌机打碎成汁，加入柠檬汁、砂糖、红葡萄酒，然后装入西瓜篮或玻璃容器中，加入碎冰块
	桃子柠檬汁	桃 水 砂糖 柠檬挤汁 碎冰	1个(去皮去核) 1杯 4匙 半个 适量	将桃去皮去核，切成小块和砂糖放入搅拌机中搅碎，然后加入柠檬汁和冰块。用玻璃杯服务
	什锦果汁	多种时令水果 糖 水 柠檬汁 碎冰	适量 2匙 1杯 2匙 适量	用搅拌器把水果加水搅碎，然后加入糖、柠檬汁，加入碎冰后用玻璃杯服务
	芹菜苹果汁	芹菜 苹果 柠檬 糖 碎冰	200 g 1个 半个 2餐匙 适量	将芹菜洗净切成小段，苹果洗净后去皮，柠檬去皮后一起放入果汁机中搅碎，然后过滤到加入碎冰的杯中饮用。根据客人不同口味，也可将糖换成盐，用量要少
	香蕉葡萄汁	香蕉 葡萄汁 糖 干姜水 碎冰	半根 1.5盎司 10 g 2盎司 半杯	将香蕉、葡萄汁、糖放入果汁机中搅拌均匀，倒入加有碎冰的玻璃杯中，再加入干姜水

续表

类　别	名　称	原　料		制　法
菠萝椰橘汁		橘子	半个	将橘子去皮后放入果汁机中加菠萝汁、椰汁搅拌均匀，过滤到装有碎冰的玻璃杯中，用柠檬片、橘片装饰
		菠萝汁	1 餐匙	
		椰汁	1 餐匙	
		碎冰	半杯	
		柠檬	1 片	
		橘子	1 片	
奶油橘汁		浓橘汁	1 盎司	将所有原料放入搅拌机中搅匀倒入玻璃杯中即可
		浓草莓汁	0.25 盎司	
		蛋黄	1 个	
		糖	1 茶匙	
		浓乳	0.5 盎司	

　　*：单位"盎司"的外文符号为"oz"，1oz=28.349 5 g。

二、碳酸饮料（Carbonated Drinks）

　　碳酸饮料（Carbonated Drinks）是指在一定条件下充入二氧化碳气的制品，也称汽水（Aerated Water），不包括由发酵法自身产生二氧化碳气的饮料。成品中二氧化碳气的含量（20 ℃时体积倍数）不低于 2.0 倍。

（一）种类

　　① 果味型：原果汁<2.5%，香精香料作为赋香剂，如雪碧、七喜。

　　② 果汁型：原果汁≥2.5%，果汁调整风味，如黑松鲜橙 C、黑松柠檬 C。

　　③ 可乐型：含从可乐果、古柯叶、月桂等物质提取的辛香和白柠檬油、甜橙油等果香的混合型香气，以及焦糖色、磷酸，如可口可乐、百事可乐。

　　④ 低热量型：以甜味剂部分或全部代替蔗糖，成品热量<75 kJ/100 mL，如健怡可口可乐、轻怡百事可乐。

　　⑤ 其他型：包括盐汽水、苏打水、充二氧化碳的矿泉水、滋补汽水，如延中盐汽水、碧纯盐汽水。

　　调酒中常用的几种碳酸饮料如表 1-4 所示。

表 1-4　调酒中常用的碳酸饮料

奎宁水（药味汽水） （Quinine）	柠檬味汽水 （Lemonade）	可乐型汽水 （cola）	橙味汽水	其他汽水
汤力水 Tonic Water	雪碧汽水 Sprite	可口可乐 Coca Cola	芬达 Fanta	苏打水 Soda Water
苦柠水 Bitter Lemon	七喜汽水 7-up	百事可乐 Pepsi Cola	美年达 Mirinda Orange	蒸馏水 Distilled Water

（二）饮用与服务

　　碳酸饮料饮用前需冷藏，如果冷藏设备不足则应在杯中加入冰块，汤力水、柠味汽水和可乐型汽水在饮用时若在杯中放一片柠檬片，则更清香可口。饮用时使用柯林杯（又称高筒杯）。

三、矿泉水（Mineral Water）

　　矿泉水中含有钾、钙、磷、铁、钠、锌、铝等多种人体不可缺少的矿物质，它以水质好、无杂质污染、不含热量、营养丰富而深受人们欢迎。

（一）饮用矿泉水的特点

根据我国 1987 年对饮用天然矿泉水所做的规定，饮用天然矿泉水是一种矿产资源，来自地下循环的天然露天式或人工揭露的深部循环的地下水，以含有一定量的矿物盐或微量元素或二氧化碳气体为特征，在通常情况下其化学成分、流量、温度等动态指标应相对稳定；在保证原水卫生细菌学指标完全的条件下开采和灌装，在不改变饮用天然矿泉水的特征和主要成分条件下，允许曝气、过滤和除去或加入二氧化碳。

（二）世界著名的矿泉水

目前，世界上有许多国家都生产矿泉水，其中法国、意大利、德国、瑞典、比利时、匈牙利、美国等国的最为著名。我国矿泉水生产始于 1984 年青岛汽水厂的崂山矿泉水。

1. 法国巴黎矿泉水（Perrier Water）

它是天然含汽的矿泉水，无色无味，被誉为"水中香槟"，它又可代替苏打水调制混合饮料，是酒吧必备。

2. 法国依云矿泉水（Evian Water）

它是世界上销量最大的矿泉水，富有均衡含量的矿物质，以无色、纯净、柔和、略带甜味而著称。

3. 法国伟图矿泉水（Vittel Water）

它产于法国 Vosges 区大自然保护区，没有任何工业或农业污染，水质纯正，略带碱性，被称为世界上最佳的纯天然矿泉水。

世界著名的矿泉水还有法国的阿波罗（Apollinaris），意大利的圣派哥瑞诺（San-Pelle Grino），日本的三得利（Suntory），麒麟（Kirin），美国的山谷（Mountain Valley），中国的崂山矿泉水等。

（三）矿泉水的饮用与服务

矿泉水应冷藏后饮用，它的最佳饮用温度是 4 ℃ 左右，在这个温度下可以感受到矿泉水的原始风味。一般不加冰块，征得客人同意后，可放一片柠檬，可斟至高杯或香槟杯（含汽的矿泉水）中。

四、乳饮料（Drinks Containing Milk）

乳饮料是以鲜乳或乳制品为原料（经发酵或未经发酵）经加工制成的制品。

1. 配制型含乳饮料（Formulated Milk）

它是以鲜乳或乳制品为原料，加入水、糖、果汁、可可、酸等调制而成的制品，不经发酵。成品中蛋白质≥1.0%（m/V）的称为乳饮料，0.7%（m/V）≤蛋白质≤1.0%（m/V）的称为乳酸饮料。如朱古力奶。

2. 发酵型含乳饮料（Fermented Milk）

它是以鲜乳或乳制品为原料，经乳酸菌培养发酵制得的乳液中加入水、糖、酸等调制而成的制品。成品中蛋白质≥1.0%（m/V）的称为乳酸菌乳饮料,0.7%（m/V）≤蛋白质＜1.0%（m/V）的称为乳酸菌饮料。

五、植物蛋白饮料（Vegetable Protein Drinks）

它是以蛋白质含量高的植物果实、种子或核果类、坚果类的果仁等为原料,与水按一定比例磨浆去渣后调制所得制品,成品中蛋白质≥0.5%（m/V）,如豆乳、椰奶、杏仁露。

六、茶饮料（Tea Drinks）

茶叶用水浸泡后经抽提、过滤、澄清等工艺制成的茶汤,或在茶汤中加入水、糖、酸、香精、果汁或植（谷）物抽提液等调制加工而成的制品。

1．茶汤饮料（Tea）

将茶汤或浓缩液直接灌装到容器中的制品。

2．果汁茶饮料（Tea with Fruit Juices）

在茶汤中加入水、果汁或浓缩果汁、糖、酸等调制而成的制品。成品中果汁含量≥5.0%（m/V）。

3．果味茶饮料（Fruit Flavored Tea）

在茶汤中加入水、食用香精、糖、酸等调制而成的制品,如柠檬红茶。

4．其他茶饮料（Other Tea Drinks）

在茶汤中加入水、植（谷）物抽提液、糖、酸等调制而成的制品,如大麦茶、冬瓜茶、奶茶、茶汽水。

七、固体饮料（Powdered Drinks）

以糖、食品添加剂、果汁或植物抽提物等为原料,加工制成的水分含量在5%（m/m）以内、具有一定形状（粉末、颗粒状或块状）的制品,以水溶解成溶液后方可饮用。

1．果香型固体饮料（Fruit Flavored Type）

以糖、果汁、营养强化剂、食用香精、着色剂等为原料,加工制成的用水冲溶后具有色、香、味与品名相符的制品,如果珍（TANG）。

2．蛋白型固体饮料（Protein Type）

以糖、乳制品、蛋粉、植物蛋白、营养强化剂等为原料加工制成的制品,如麦乳精、阿华田、乐口福、黑芝麻糊、速溶豆乳粉。

3．其他型固体饮料（Other Types）

① 以糖为主,添加咖啡、可可、乳制品、香精等加工制成的制品。

② 以茶叶、菊花、茅根等植物为主要原料,经抽提、浓缩与糖拌匀或不加糖加工制成的制品,如雀巢柠檬茶、速溶咖啡、菊花晶、速溶麦片。

③ 以食用包埋剂吸收咖啡（或其他植物提取物）及其他食品添加剂等为原料,加工制成的制品。

八、特殊用途饮料 (Drinks for Special Use)

通过调整饮料中天然营养素的成分和含量比例，制成适应某些特殊人群营养需要的制品。

1. 运动饮料 (Sports Drinks)

营养素的成分和含量能适应运动员或参加体育锻炼人群的运动生理特点、特殊营养需要，并能提高运动能力的制品，如脉动维生素饮料、健力宝运动饮料、佳得乐运动饮料。

2. 营养素饮料 (Fortified Drinks)

添加适量食品营养强化剂，补充某些人群特殊营养需要的制品，如红牛维生素饮料、康师傅矿物质水。

3. 其他特殊用途饮料 (Other)

为适应特殊人群的需要而调制的制品，如低热量饮料、婴幼儿饮料。

九、其他饮料 (Other Drinks)

上述类型以外的饮料。

1. 果味饮料 (Fruit Flavored Drinks)

在糖液中加入食用香精、植物抽提液、酸味剂、甜味剂等调制而成的，果汁含量≤5% (m/V) 的，可直接饮用的制品。

2. 非果蔬类的植物类饮料 (Plant Drinks for Non-Fruit(Vegetable))

非果蔬类的植物的根、茎、叶、花、种子以及竹木自身分泌的汁液，经调制加工而成的制品，如花卉饮料、胚芽饮料、谷物饮料。

3. 其他水饮料 (Other Water Drinks)

以符合生活饮用水卫生标准的水为水源，经纯化处理（或未经纯化处理）后，经添加或通过一种特定装置，使水中含有一定量的有利于人体健康的微量元素或矿物质的水。

调制水是用饮用天然矿泉水或经纯化处理的水调制加工而成的制品。

4. 其他 (Other)

以药食两用或新资源食物为原料，经调制加工而成的制品。

十、酒吧常用的软饮料的混合方法

软饮料也可以互相混合在一起饮用。常见的混合方法有：

1. 苏打水加青柠汁 (Soda & Lime Juice)

柯林杯加半杯冰块，放一片柠檬，倒入 10 mL 青柠汁，斟满苏打水（85% 杯），用酒吧匙轻轻搅拌一下即可。

2. 矿泉水加青柠汁 (Mineral Water & Lime Juice)

用柯林杯加半杯冰块，一片柠檬，10 mL 青柠汁，斟满矿泉水，搅拌即得。

3．橙汁与菠萝汁混合（Orange & Pineapple Juice）

用果汁杯倒入 2/3 橙汁，再斟菠萝汁（85% 杯），调和即可。

4．雪碧汽水加红石榴汁（Shirley Temple）

用柯林杯加半杯冰块，倒入 14 mL 红石榴汁，斟满雪碧汽水，搅拌均匀。

5．橙汁杂饮（Orange Squash）

用柯林杯加半杯冰块，倒入 140 mL 橙汁、28 mL 白糖浆，斟满苏打水，搅拌均匀，可用橙角与樱桃做装饰品（用酒签穿后挂在杯边）。

6．柠檬杂饮（Lemon Squash）

用柯林林加半杯冰块，倒入 56 mL 柠檬汁、28 mL 白糖浆，斟满苏打水，搅拌均匀，柠檬角与樱桃挂杯装饰（柠檬角与橙角切法相同，用 1/6 个）。

第二节　咖啡

咖啡是采用经过烘焙的咖啡豆（咖啡属植物的种子）制作的饮料，通常为热饮，但也有作为冷饮的冰咖啡。咖啡是人类社会流行范围最为广泛的饮料之一。

一、咖啡的起源

咖啡这种植物的起源可追溯至百万年以前，事实上它被发现的真正年代已不可考，仅相传咖啡是埃塞俄比亚高地一位名叫柯迪（Kaldi）的牧羊人，当他发觉他的羊在无意中吃了一种植物的果实后，变得神采非常，充满活力，从此发现了咖啡。所有的历史学家似乎都同意咖啡的诞生地为埃塞俄比亚的咖发（Kaffa）地区。

但最早有计划栽培及食用咖啡的则是阿拉伯人，且咖啡这个名称被认为源自阿拉伯语"Qahwah"，意即植物饮料。最早期阿拉伯人食用咖啡的方式，是将整颗果实（Coffee Cherry）咀嚼，以吸取其汁液。其后他们将磨碎的咖啡豆与动物的脂肪混合，来当成长途旅行的体力补充剂，一直到约公元 1000 年，绿色的咖啡豆才被拿来在滚水中煮沸成为芳香的饮料。又过了 3 个世纪，阿拉伯人开始烘培及研磨咖啡豆，由于《古兰经》中严禁喝酒，使得阿拉伯人消费大量的咖啡，因而宗教其实也是促使咖啡在阿拉伯世界广泛流行的一个很大的因素。16 世纪，咖啡以"阿拉伯酒"的名义，经由威尼斯及马赛港逐渐传入欧洲。欧洲人喝咖啡的风气，是 17 世纪由意大利的威尼斯商人在各地经商中渐次传开，威尼斯出现了欧洲第一家咖啡店——波的葛（Bottega del Caffe）。400 年来，咖啡的饮用习惯不仅由西方传至东方，甚至俨然成为锐不可当的流行风潮。

二、咖啡的种类

目前，咖啡豆主要来自两个品种，即 Coffee Arabica 及 Coffee Robusta。前者即所谓"阿拉比卡（Arabica）"种咖啡豆，后者又称"罗巴斯达（Robusta）"种咖啡豆。这两种咖啡豆的植株、栽培方式、环境条件、形状、化学成分甚至后续生豆的加工方式皆有所不同。一般说来，品质较好、较昂贵的咖啡豆，皆来自于阿拉比卡（Arabica）种。

（一）阿拉比卡（Coffee Arabica）

其占世界产量的 3/4，品质优良。由于咖啡树本身对温度及湿度非常敏感，故其生长条件至少高于海平面 900 m 的高地气候，高度越高，咖啡豆烘培出来的品质越好。此品种咖啡因含量较低（1.1% ~ 1.7%）。咖啡豆的颜色呈绿到淡绿色，形状椭圆，沟纹弯曲。

（二）罗巴斯达（Coffee Robusta）

其约占世界产量的 20% ~ 30%，对热带气候有极强的抵抗力，容易栽培。在海拔 200 ~ 300 m 的地方长得特别好。但特有的抵抗力亦使其浓度较高，口味较苦涩。其咖啡因含量较高（2% ~ 4%）。此品种咖啡豆的外形较圆，颜色为褐色，直沟纹。

三、咖啡的主要产国及特性

（一）巴西（Brazil）

巴西咖啡的生产量占世界总量的 1/3，在整个咖啡交易市场上占着极重要的地位。但由于巴西咖啡工业一开始即采取价格策略，即低价、大量栽植，故所生产的咖啡品质平均，且较少极优的等级，一般被认为是混合调配时不可缺少的咖啡豆。巴西咖啡的众多品种中以 Santos 较著名，其次是 Rio. Santos Coffee，主要产于圣保罗（Sao Paulo）州，品种为阿拉卡比（Coffee Arabica），故亦被称为 Bourbon Santos。Bourbon Santos 是一种口味圆润、中浓度、带着适度的酸、口味高雅而特殊的咖啡。

（二）哥伦比亚（Colombia）

哥伦比亚为世界第二大咖啡生产国，生产量占世界总产量的 12%，虽然产量排名低于巴西，但其咖啡豆品质优良。其咖啡树栽植于高地，小面积耕作，小心采收，且经湿式的加工处理，所生产的咖啡质美、香味丰富而独特，无论是单饮或混合都非常适宜。其主要品种为 Supremo，是哥伦比亚等级最高的咖啡，具有酸中带甘、苦味中平的风味。MAM，即 Medellin、Armenia、Manizale，为哥伦比亚中部中央山脉所产的 3 个主要品种。Medellin 咖啡浓郁，口感丰富，细致而带着调和的酸味。Armenia 和 Manizale 咖啡的浓度和酸度则较低。这 3 个品种在咖啡市场上被称为 MAM。Bogota 和 Bucaramanga 产于东部山区环绕哥伦比亚的首都波哥大。Bogota 咖啡被视为是哥伦比亚所产最好的咖啡之一，酸味略低于 Medellin，但在浓度和口感上却一样的丰富。Bucaramanga 咖啡则带有一些优质苏门答腊 Sumatran 咖啡的特性，即浓郁、酸度低、口感丰富而多变。

（三）牙买加（Jamaica）

牙买加为闻名于世的"蓝山咖啡"出产地。牙买加所生产的咖啡品质两极化，低地所生产的咖啡品质非常普通，仅用来制作成或混合为廉价咖啡，但高地所生产的咖啡则被视为世界上最高级的品种，主要为牙买加蓝山咖啡（Jamaica Blue Mountain）。牙买加蓝山咖啡被视为是世界上最有名、最昂贵和最具争议性的咖啡。该咖啡生长于海拔 3 000 英尺（1 英尺 =0.3048 m）以上的蓝山区而得名，具有咖啡的所有特质，口味芳醇丰富、浓郁，带有适度而完美的酸味，三味（甘、酸、苦）优卓调和，为咖啡中的极品，一般都单品饮用。但由于产量极少，价钱昂贵，故市面上很少见到真正的蓝山，多是味道极接近的综合蓝山。

（四）危地马拉（Guatemala）

危地马拉中央高地区生长着一些世界上最好、口味最独特的咖啡。其酸度较强，浓度中等，口感丰富，味道芳醇而稍带碳烧味，主要品种有 Antigua、Coban、Huebuetenango 等。其中 Guatemala Antigua 具有丰富而复杂的口味，带着一些可可香，被认为是危地马拉品质最好的咖啡。

（五）夏威夷（Hawaii）

在靠夏威夷西南海岸的康那（Kona）岛上出产着一种最有名且最传统的夏威夷咖啡——夏威夷康那（Hawaiian Kona）。这种咖啡豆仅生长在康那岛上，也是唯一生产于美国的咖啡。康那海岸的火山岩土质孕育出此种香浓、甘醇的咖啡。上品的康那（Kona）咖啡，适度的酸中带着些微的葡萄酒香，具有非常丰富的口感和令人无法抗拒的香味。如果在品尝咖啡前喜欢先享受咖啡那撩人的香气，或是觉得印度尼西亚咖啡太浓、非洲咖啡酒味太重、中南美洲的咖啡又过于强烈，则康那将会是最佳选择。其最高等级为 Extra Fancy，其次是 Fancy，然后是 Prime 和 Number one grade。由于生产成本过高，再加上特色咖啡在美国蔚为风潮，数以百计的特色咖啡业烘培商对康那咖啡豆的大量需求，使得夏威夷康那咖啡在市场上的价格直追牙买加蓝山咖啡，上好的康那咖啡豆也越来越难买到。

四、咖啡的采收及生产过程

咖啡豆来自一种成熟的种子叫做"咖啡樱桃"（Coffee Cherry），此名字的由来缘于它鲜红的颜色。在不同的国家及不同的地区，咖啡采收时间都不相同。咖啡采收过程需要大量的人力，特别是高质量特选的咖啡，只能采摘完全成熟的红色咖啡樱桃。因为所有的咖啡樱桃不是在同一时间成熟，所以需要多次回到同一棵树去采摘。一般而言，咖啡豆加工可分两种方式：水洗式（wet method）和干燥式（dry or unwashed method）。

（一）水洗式

先将咖啡樱桃外层的果肉除去，然后浸泡在一个很大的盛满水的水泥槽内。经过发酵处理之后，水洗式咖啡会有一种特有的鲜明清澈的风味。发酵过后的咖啡豆再以清水洗过，然后排除水分，再放在阳光下晒干或是用机器干燥，最后用脱壳机将肉果皮和银皮除去，即可进行筛选并分成不同等级的生咖啡豆。

（二）干燥式

处理方法是将咖啡樱桃广布在曝晒场上两个星期，每天用耙扫过几次，使咖啡豆可以干得比较均匀。当晒干之后，咖啡豆会与外皮分开，以脱壳机将干掉了的果肉、果皮去除，然后经过筛选并分成不同的等级。

水洗式或干燥式都能生产出最优质的咖啡。水洗式咖啡一般会有比较鲜明的酸度和一致的风味；干燥式咖啡的酸度则比较低，风味也比较多变。哥伦比亚、哥斯达黎加、危地马拉、墨西哥和夏威夷等地都用水洗式处理法；巴西、印度尼西亚等国家生产的咖啡大部分都是用干燥式处理法，但也生产一些水洗式的咖啡。咖啡的筛选和等级是根据豆的颗粒大小和浓度来决定的，另外也取决于1磅豆内有多少的缺点豆（成熟豆下面碎掉的豆等）。专业咖啡在生产过程中的谨慎且细心处理和选择可以从豆的品质上看得出来，因为产品上会有独特的表征，它代表着产地、气候和种植者。

五、咖啡的烘焙

刚开始接触特色咖啡的最大困扰是烘焙程度的名字。例如，City、Full City、French、Espresso 等都是因为所用的烘焙机和出产地区的不同而产生不同烘焙程度的颜色。此外，有些烘焙程度是以综合咖啡命名，例如，Espresso 就是一种综合咖啡特定烘焙的程度给制造Espresso 用的。即使颜色看起来一样，咖啡可能会有完全不同的风味。所选择豆的种类、烘焙热度、烘焙方式、烘焙时间的长短都是决定最后风味的主要因素。

烘焙过程中会产生一连串复杂的化学变化。经过大约15 min 的烘焙，绿色的咖啡失去湿度，转变成黄色，然后爆裂开来，就像玉米花一样。经过此过程，豆会增大一倍，开始呈现出轻炒后的浅褐色。这一阶段完成之后（大约经过 8 min 的烘焙），热量会转小，咖啡的颜色很快转变成深色。当达到了预设的烘焙度数，有两种方式可以用来停止烘焙：可用冷空气或用冷空气后喷水两种方式来达到急速冷却的目的。烘焙分成主要的四大类：浅（light）、中（medium）、深（dark）和特深（very dark）。浅炒的咖啡豆（浅褐色）会有很浓的气味，很脆、很高的酸度是主要的风味，有轻微的醇度。中炒的咖啡豆（浅棕色）有很浓的醇度，同时保有大部分的酸度。深炒的咖啡豆（深棕色表面上带有一点油脂的痕迹）酸度被轻微的焦苦味所代替，而产生一种辛辣的味道。特深炒的咖啡豆（深棕色甚至黑色表面上有油脂的痕迹）含有一种碳灰的苦味，醇度明显降低。

六、咖啡饮料的种类

咖啡店供应的许多品种咖啡添加有各种各样的调味剂，如巧克力、酒、薄荷、丁香、柠檬汁、奶油、奶精等，各地区的人喝咖啡的口味也不同。以下是一些常见的咖啡种类。

1．黑咖啡（black coffee）

黑咖啡又称"清咖啡"，香港俗称"斋啡"，是指直接用咖啡豆烧制的咖啡，不加奶等会影响咖啡原味的调味剂。速溶咖啡不属于黑咖啡的范围。

2．白咖啡（white coffee）

白咖啡是马来西亚特产，颜色较黑咖啡淡得多，故以"白咖啡"命名。咖啡豆并不加焦糖，经低温烘培加工后大量去除咖啡碱，其焦苦与酸涩味较高温碳烤所产生的咖啡少，咖啡因含量亦较低，不加入任何添加剂来加强味道，保留原始的咖啡香味，对肠胃的刺激较一般咖啡小。

3．加味咖啡（flavored-coffee）

依据各地口味的不同，在咖啡中加入巧克力、糖浆、果汁、肉桂、肉蔻、橘子花等不同的调料。

4．意式浓缩咖啡（Espresso）

以热水加高压冲过研磨得很细的咖啡末冲煮出咖啡。

5．卡布奇诺（Cappuccino）

蒸汽加压煮出的浓缩咖啡加上搅出泡沫（或蒸汽打发）的牛奶，有时还依需求加上肉桂、香料或巧克力粉。通常，咖啡、牛奶和牛奶沫各占 1/3。另外，可依需求加上两份浓缩咖啡，称为 Double。

6．拿铁咖啡（Caffè Latte）

拿铁咖啡为意大利文 Caffè Latte 的音译，又称"欧蕾咖啡"（Cafeau Lait）——法文音译，咖啡加上大量的热牛奶和糖；又称"咖啡牛奶"——中文释意，一份浓缩咖啡加上两份以上的热牛奶。另外，可依需求加上两份浓缩咖啡，称为 Double。

7．焦糖玛奇朵（Caramel Macchiato）

在香浓热牛奶中加入浓缩咖啡、香草，最后淋上纯正焦糖。

8．摩卡咖啡（Caffè Mocha）

在咖啡中加入巧克力、牛奶和搅拌奶油，有时加入冰块。

9．美式咖啡（American Coffee/Americano）

在浓缩咖啡中加上大量热水，比普通的浓缩咖啡柔和。

10．爱尔兰咖啡（Irish Coffee）

在咖啡中加入威士忌，顶部放上奶油。

11．维也纳咖啡（Viennese）

由奥地利马车夫爱因·舒伯纳发明，在咖啡中加入巧克力糖浆、鲜奶油，并洒上糖制的七彩米。

12．越南式咖啡（Vietnamese Coffee）

将咖啡末盛在金属的泡制过滤器中，倒入滚水，让咖啡一滴一滴流到杯子里；等咖啡滴完，随每个人口味加糖或者炼乳搅拌好即可饮用。越南有两种饮法：冷饮和热饮。热饮的咖啡主要在冬天饮用，泡制的时候将杯子放在另一个有热水的小碗里以保暖；冷饮咖啡则多在炎热的夏季饮用，是在咖啡泡制后加入冰块。

13．鸳鸯（Yuanyang）

咖啡加奶茶，香港独创。

七、咖啡的冲煮方式

所有的咖啡都是由磨好的咖啡末和热水制成的，事后咖啡末被清理出去。所需咖啡末的粗细程度与选用的烹制方法有关。适当的水温至关重要。水温的选择同烹制器具、咖啡豆种、咖啡豆烘焙程度有关。水温过低，咖啡豆中的风味不能充分提取出来；水温过高，萃取过度，口味恶化而常常偏苦。如果水经过咖啡末只一次，成品中将主要包含易溶物质（包括咖啡因）。如果水循环多次经过咖啡末（像常见的循环滤机一样），咖啡豆中那些不易溶的物质也会进入成品，导致味道偏苦。西方国家中常见的咖啡末与水的比例是 15 ~ 30 mL 咖啡末（1 ~ 2 汤匙）：300 mL 水。咖啡爱好者们常常取这个比例的上限。注意根据咖啡末的粗细程度做适当调整。持续加热会破坏沏好的咖啡的风味，降解在室温下也有发生。因此对沏好的咖啡进行保温常常成为败笔。然而在绝氧的环境中，咖啡可以在室温下长期保存。所以在商店的货架上可以见到密封包装的咖啡。

现在许多电动咖啡壶的自动化程度很高，有的甚至具有研磨咖啡豆的功能。根据水和咖啡末的接触方式，咖啡的烹制归类为 5 种：泡煮法、加压法、重力法、浸滤法、冰酿法。

（一）泡煮法

不要被这个名字误导。不要把咖啡煮沸（至少不要煮沸太久），否则会太苦。最简单的方法是把咖啡末放在杯子里，加入热水，让它冷却，同时咖啡末沉底。这是个老办法，现在印度尼西亚的一些地方还在使用。不要吃到杯底的咖啡末。这个方法的好处是简单，水温正好。

土耳其咖啡是一个早期的方子，仍在中东、北非、东非、土耳其、希腊和巴尔干地区使用。这个方子是超细的咖啡末加水在小口容器中煮开，一般加糖和豆蔻调味。盛在杯子里的浓咖啡上有泡沫，下有一层淤积的粉末。

"牛仔咖啡"是把咖啡末加水直接在锅里煮开后饮用。这个名字暗示一个在简陋条件下的权宜之计，然而有人偏好此道。在咖啡人均消费最高的芬兰和瑞典，这是人们传统的烹制方法。

（二）加压法

浓缩咖啡是由 80 ~ 96 ℃ 的热水以 8 ~ 9 个大气压的力度通过压实的咖啡末饼制成，通常一杯份只有 30 mL。它是常见咖啡中最浓的之一，带有独特的香气，一抹油脂（Creame）浮在表层。它可以单独饮用，也可以进一步制成多种其他饮品。由于冲煮快速，浓度高，且咖啡因含量低，不少连锁咖啡店或调味咖啡都采用此法。

摩卡壶，也叫"意大利咖啡壶"，是一个 3 层结构的炉具。沸水在底层烧开后被气压推过中层的咖啡末进入上层，所得到的咖啡浓度可与 Espresso 相比，只是没有浮油。若在咖啡溢出口加装减压垫片，则可以萃取出金黄色的油脂。摩卡壶和半自动式浓缩咖啡机的结构是相同的，但出水的方式却是倒过来的，在咖啡溢出约 30 ~ 40 mL 之后，要尽快将壶底火源移开，然后用冷毛巾在壶底擦拭即可。

（三）重力法

美式咖啡或滤纸法是把咖啡末放在滤纸或金属滤器上，热水自上而下流过即成。咖啡的浓度由加水比例和咖啡末粗细而定，但一般低于浓缩咖啡。

电动循环滤机在 20 世纪 70 年代以前的美国极其普遍。它和上面提到的摩卡壶不同，热水烧开进入顶层，然后自上而下通过咖啡末，回到加热室，如此循环数次。正是因为热水多次经过咖啡末，这种咖啡品味不佳。

（四）浸滤法

法式压滤机（French Press）是一个细高的玻璃圆筒，配一个带过滤器的活塞。热水和咖啡末在圆筒中泡上 4～7 min，然后由活塞过滤器把咖啡末压到底部，上层的咖啡便可以倒出饮用。这种"完全浸入法"被很多专家认为是泡制咖啡的理想的家用方法。

咖啡袋是出游用的便携包装，平时很少见。马来西亚人用棉布制的口袋装咖啡末，浸入热水中，然后把布袋从热水捞出。这种口袋和滤纸是一个道理。这对当地口味浓烈的咖啡更适合，袋中的咖啡可以重复使用。

真空咖啡壶（Syphon）是由一个加热容器和一个漏斗式容器连接而成。连接部分是一个过滤器，上面放咖啡末。水在加热容器中烧开后进入漏斗式容器，与咖啡末混合，这时断掉加热源，加热容器冷却而形成的部分真空又将漏斗式容器中的咖啡经过滤器抽回底部。

（五）冰酿法

冰酿咖啡，又称冰滴咖啡，与上述其他 4 种方法的最大差异是不使用热水，而是使用冰块所慢慢融化所产生的冰水，慢慢滴过装有咖啡末的过滤器。因为制成一杯冰酿咖啡非常慢，所以成本高，但口味极佳。

八、世界上主要的咖啡饮用习惯

全世界的咖啡饮用者可根据其饮用习惯和喜好而归类为以下几个重要的传统：

（一）中东

中东地区的人们执着于基本的饮用方式，他们将咖啡豆深度烘培至接近暗黑（Dark Roast），通常研磨成极细的粉末，然后煮沸几次再加入糖，即成为一小杯极浓、苦中带甜且有沉淀的咖啡。人们以考究而有礼的态度从容不迫地轻啜着这一小杯咖啡。

（二）南欧及拉丁美洲

南欧人及拉丁美洲地区的人们习惯在早上和下午或晚上各喝一杯咖啡。他们偏好深度烘培、半苦半甜且带着焦味的咖啡，最好是以 Espresso 机器所冲煮出的咖啡，暗黑、浓郁、上层浮着油沫、杯底带着一点点的沉淀。早上，一小杯这样的咖啡和热牛奶混合在一个碗或大杯子中，喝咖啡的人以双手捧着碗或杯子，以咖啡的热度来温热他们的手掌或用鼻孔来感觉咖啡香。在下午或晚上时，南欧人则偏好如同中东人所使用的小杯子（大约为早上所使用的碗的 1/4），喝黑色、浓郁且苦中带甜的咖啡。

（三）北欧、欧洲大陆

对北欧及欧洲大陆的人来说，一杯完美的咖啡和中东人的偏好大不相同。首先，所冲煮出的咖啡没有沉淀物，清淡而圆润。其次，咖啡豆烘培成褐色而非黑色。再次，冲煮的方式包括水滴式（即 Drip Coffee）或机器式（即 Espresso 意大利式咖啡或由 Espresso 所变化出的各式咖啡——卡布奇诺、维也纳咖啡、法式牛奶咖啡等）。

（四）北美及其他英语系国家

在英语系国家中，人们习惯在咖啡中加入牛奶和糖，但由于他们所喝的咖啡比较清淡，所加入的牛奶和糖会掩盖咖啡的浓度和原味。喝咖啡的习惯于第二次世界大战时开始风行于北美地区，为降低喝咖啡的成本和配合随时的需求，美式咖啡通常整壶煮好后放在保温盘上保温以应随时之需，且煮出的咖啡非常淡。典型北美咖啡的饮用者把咖啡当成日常的饮料，整天喝着办公室咖啡壶中所倒出的咖啡，在家时也总是端着咖啡，他们不仅仅在用餐后喝咖啡，一天的开始和中间休息都少不了咖啡。

九、咖啡饮用礼节

1．如何拿咖啡杯

餐后饮用的咖啡，一般是用袖珍型的杯子盛出。这种杯子的杯耳较小，手指无法穿过。但即使用较大的杯子，也不要用手指穿过杯耳再端杯子。咖啡杯的正确拿法，应是拇指和食指捏住杯把儿再将杯子端起。

2．如何给咖啡加糖

给咖啡加糖时，砂糖可用咖啡匙舀取，直接加入杯内；也可先用糖夹子把方糖夹到咖啡碟的近身一侧，再用咖啡匙把方糖加到杯子里。如果直接用糖夹子或手把方糖放入杯内，有时可能会使咖啡溅出，从而弄脏衣服或台布。

3．如何用咖啡匙

咖啡匙是专门用来搅咖啡的，饮用咖啡时应当把它取出来。不要用咖啡匙舀着咖啡一匙一匙地慢慢喝，也不要用咖啡匙捣碎杯中的方糖。

4．咖啡太热怎么办

刚刚煮好的咖啡太热，可以用咖啡匙在杯中轻轻搅拌使之冷却，或者等待其自然冷却，然后再饮用。用嘴试图去把咖啡吹凉，是很不文雅的动作。

5．如何用杯碟

盛放咖啡的杯碟都是特制的。它们应当放在饮用者的正面或者右侧，杯耳应指向右方。饮咖啡时，可以用右手拿着咖啡杯耳，左手轻轻托着咖啡杯碟，慢慢地移向嘴边轻啜。不宜满把握杯、大口吞咽，也不宜俯首去就咖啡杯。喝咖啡时，不要发出声响。添加咖啡时，不要把咖啡杯从咖啡碟中拿起来。

6．喝咖啡与用点心

有时饮咖啡时可以吃一些点心，但不要一手端着咖啡杯，一手拿着点心，吃一口喝一口地交替进行。饮咖啡时应当放下点心，吃点心时则放下咖啡杯。

第三节　茶

"茶"字出于《尔雅·释木》："槚，苦茶（即后来的"茶"字）也。"茶的古称还有荼、诧、茗等。由于中国各地方言对"茶"的发音不尽相同，传到各国对茶的叫法也不同。比较早从中国传入茶的国家依照汉语比较普遍的发音叫"cha"，如阿拉伯、土耳其、印度、俄罗斯及其附近的斯拉夫各国，以及比较早和阿拉伯接触的希腊和葡萄牙。俄语和印度语叫"茶叶"（чай、chai）。后来荷兰人和西班牙人从闽南方言中知道茶叫"tey"，所以了解茶的西欧国家即将茶称为tee，尤其是相距很近、互相之间完全可以用自己语言交谈的西班牙人和葡萄牙人，对茶的称谓却完全不同。

一、茶的起源

中国自古有神农发现茶叶的传说。成书于公元2世纪的《神农本草经》记载："神农尝百草，日遇七十二毒，得茶而解之。"相传神农尝百草后感到不适，躺于树下，见到一种开白花的植物，便摘下嫩叶咀嚼而治好。到殷周时，茶不仅用作药物，还开始成为饮料，因此后人便养成喝茶的习惯。《诗经》有云"谁谓茶苦，其甘如荠。"唐代陆羽所著《茶经》中有"茶之为饮，发乎神农氏，闻于鲁周公"的记载。

中国俗语中的开门七件事"柴米油盐酱醋茶"亦表明茶在中国文化中的重要性。在古中国和平盛世的时候，茶开始成为文人雅士们的一个消遣，和"琴棋书画诗酒"并列。

茶叶的起源还有其他的说法。英国人说饮茶的习惯不是中国人发明的，而是印度，说是一个英国人在印度发现了所谓的野生大茶树，从而鼓吹茶的发源地在印度。但是经过调查发现，这原来是一个惊天的阴谋。在当时中英贸易中，中国对英国一直是贸易顺差，英国的大量白银都用来购买中国的瓷器、丝绸和茶叶。于是，英国人为了扭转局面开始在印度殖民地种植鸦片，向中国贩卖毒品对冲贸易顺差，但是鸦片贸易毕竟不是长久之计，英国人就开始琢磨怎样降低对中国商品的依赖。1848年，东印度公司派经验丰富的皇家植物园温室部主管罗伯特·福琼前往中国。他能说一口流利的中文，他说他是苏格兰植物学家和探险家，于是堂而皇之地进入了中国内地，深入福建山区，拿到了中国人严加看管的茶叶种子，考察记录了茶叶的栽培方法。最后，他带回去2万株小茶树和大约1.7万粒茶种，并带走了8个中国的茶叶工人和茶农。英国人一边宣扬茶叶起源于印度，一边大量贩卖东印度公司自己种植的茶叶，印度殖民地的茶叶开始取代中国的茶叶登上贸易舞台。到1890年，印度茶叶占据了英国国内市场的90%。中国在这场贸易战和商业间谍战中完全落败，成为彻底的看客。但经过理性的分析后发现，英国人犯了一个最基本的逻辑错误，包括茶树植物在内的其他植物一直是存在的，甚至比人类的历史还要长，不能说哪里有茶树，哪里就是制茶、饮茶的发源地。人类制茶、饮茶的最早记录都在中国，最早的茶叶成品实物也在中国。根据可靠的考古发现，中国才是饮茶的真正发源地，而且中国才是野生茶树的原产地，浙江余姚田螺山遗址就出土了6 000年前的古茶树。按照英国人的逻辑，浙江的发源地身份就更加可信了。

二、茶的传播

马可波罗（1254—1324）在他的游记中曾记载一个中国财政大臣因为滥收茶税而被罢官。1557年，葡萄牙在中国澳门建立西方第一个殖民地，关于中国茶的详细记载开始在西方出现。西方最早记述茶叶的书籍是1559年威尼斯人拉莫修（Giambattista Ramusio）写的《航海记》（Navigatiane et Viaggi）。在这本书中，拉莫修引用阿拉伯人哈兹·穆罕默德（Hajji Mohamed）有关中国茶叶的记述。16世纪进入中国的西方传教士根据自身经历将中国饮茶习俗做了比较详细的介绍，如葡萄牙传教士达克鲁斯（Gaspar da Cruz，1520—1570）《中国志》（1570年）和利玛窦（Matteo Ricci）《利玛窦中国札记》（1615年）。

但是葡萄牙人没有大批进口贩卖中国茶叶。17 世纪初，荷兰首先将中国茶叶输入欧洲。1607 年，荷兰从中国澳门运茶至印尼万丹，1610 年开始经万丹转口中国茶到荷兰。俄罗斯沙皇米哈伊尔一世于 1638 年收到其使者从蒙古阿勒坦汗朝廷带回的礼物，其中就有茶叶。也有一种推测，13 世纪蒙古西征欧洲，曾把茶砖带进俄罗斯地区。

三、茶的种类

能制作茶的只有茶树春季发出的嫩芽，中国品质最好的茶在每年 4 月上旬的清明节以前采摘，称为"明前茶"，只是刚抽出尚未打开的嫩芽尖，叫做"莲心"，因为很轻，所以产量低，价格也昂贵；在清明节以后至 4 月下旬谷雨以前采摘的茶，称为"雨前茶"，已经打开一片嫩叶和抽出另一个新芽，叫做"旗枪"，形状类似一支枪和一面旗；谷雨以后至 5 月上旬立夏以前采摘的茶叫做"三春茶"，由于有两面小叶和中间一个嫩芽，所以叫"雀舌"；立夏以后一个月内采摘的茶质量较差，称为"四春茶"，也叫"梗片"，一般用于制作较低级的加工茶。再以后茶叶老化，不能用于制作饮用茶。

茶可以依照加工方式略分为：

1. 绿茶

经杀青、揉捻、干燥，大部分白毫脱落，浸泡绿汤绿叶。中国大部分名茶为绿茶，如龙井、碧螺春等。

2. 红茶

经过发酵的茶，有功夫红和红碎两种，有利于消化。西方人比较喜欢红茶，名茶有中国的祁红、印度的大吉岭和阿萨姆等。

3. 白茶

新采摘的茶，经过萎凋和烘干，不揉捻，白毫显露，名茶如白牡丹等。

4. 黄茶

经杀青、揉捻、闷堆、干燥，叶已变黄，浸泡黄汤黄叶，名茶如君山银针等。

5. 青茶

又名乌龙茶，是经过萎凋、晒青、摇青、杀青来作部分发酵，绿叶红边，既有绿茶的浓郁，又有红茶的甜醇，名茶如铁观音、大红袍、中国台湾的冻顶茶、东方美人茶。

6. 黑茶

经过后发酵（杀青、揉捻、渥堆）的茶，颜色深，著名的有普洱茶。

7. 加工茶

用以上各种茶经过加工，制成的茶。如花茶，又名香片，一般选用绿茶与新鲜的花窨制，除茉莉花茶以外，还有珠兰花茶。紧压茶一般选用红茶或黑茶，经过蒸汽熏蒸变软再压缩成型、干燥，以便于运输、贮藏。如用普洱茶制成的沱茶和砖茶深受内蒙古、西藏地区青睐。

8. 再加工茶

近年来，出现了为符合现代人消费习惯制成的再加工茶，可以用上述任何种类的茶制作。如袋茶、速溶茶、液体罐装茶等。

四、中国名茶

中国茶历史悠久，各种各样的茶类品种，万紫千红，竞相争艳，犹如春天的百花园，使万里山河分外妖娆。中国名茶就是在浩如烟海的花色品种茶叶中的珍品。同时，中国名茶在国际上享有很高的声誉。名茶，有传统名茶和历史名茶之分。

尽管现在人们对名茶的概念尚不十分统一，但综合各方面情况，名茶必须具有以下几方面的基本特点：其一，名茶之所以有名，关键在于有独特的风格，主要表现在茶叶的色、香、味、形4个方面。如杭州的西湖龙井茶向以"色绿、香郁、味醇、形美"四绝著称于世，也有一些名茶往往以其一两个特色而闻名。如岳阳的君山银针，芽头肥实，茸毫披露，色泽鲜亮，冲泡时芽尖直挺竖立，雀舌含珠，数起数落，堪为奇观。其二，名茶要有商品的属性。名茶作为一种商品必须在流通领域显示出来。因而名茶要有一定产量，质量要求高，在流通领域享有很高的声誉。其三，名茶需被社会承认。名茶不是哪个人封的，而是通过人们多年的品评得到社会承认的。历史名茶，或载于史册，或得到发掘，就是现代恢复生产的历史名茶或现代创制的名茶，也需得到社会的承认或国家的认定。

（一）西湖龙井

1．简介

西湖龙井是最著名的绿茶品种，同时也是我国的第一名茶。西湖龙井茶，因产于杭州西湖山区的龙井而得名，习惯上称为西湖龙井，简称龙井。其具体产地是浙江杭州西湖的狮峰、龙井、五云山、虎跑一带，历史上曾分为"狮、龙、云、虎"4个品类，其中多认为以产于狮峰的品质为最佳。龙井素以"色绿、香郁、味醇、形美"四绝著称于世。其形光扁平直，色翠略黄似糙米色，滋味甘鲜醇和，香气幽雅清高，汤色碧绿黄莹；叶底细嫩成朵，取其一芽一叶或二叶，长不过2.5 cm。西湖龙井的采摘期一般是每年4月初至10月上旬。

2．鉴别方法

其产于浙江杭州西湖区。茶叶为扁形，叶细嫩，为绿黄色，条形整齐，宽度一致，手感光滑，一芽一叶或二叶；芽长于叶，一般长3 cm以下，芽叶均匀成朵，不带夹蒂、碎片，小巧玲珑。龙井茶味道清香，假冒龙井茶则多是青草味，夹蒂较多，手感不光滑。

（二）洞庭碧螺春

1．简介

碧螺春同为著名绿茶品种，产于江苏苏州吴中区太湖之滨的洞庭山。其外形卷曲如毛螺，花香果味得天生，素为茶中之华。碧螺春茶叶用春季从茶树采摘下的细嫩芽头炒制而成，高级的碧螺春，每千克干茶需要茶芽13.6万～15万个。外形条索紧结，白毫密被，色泽银绿，翠碧诱人，卷曲成螺，故名"碧螺春"；汤色清澈明亮，浓郁甘醇，鲜爽生津，回味绵长；叶底嫩绿显翠。碧螺春号称"三鲜"，即香鲜浓、

味道醇、色鲜艳，花香果味，沁人心脾，别具一番风韵。

碧螺春采制工艺精细，采摘初展芽叶为原料，采回后经拣剔去杂，再经杀青、揉捻、搓团、炒干而制成，炒制要点："手不离茶，茶不离锅，炒中带揉，连续操作，茸毛不落，卷曲成螺。"

碧螺春的品质特点：条索纤细，卷曲成螺，茸毛披覆，银绿隐翠，清香文雅，浓郁甘醇，鲜爽生津，回味绵长。

品尝碧螺春茶时，在白瓷茶杯中放入 3 克茶叶，先用少许热水浸润茶叶，待芽叶稍展开后，续加热水冲泡 2～3 min，即可闻香、观色、品评。碧绿纤细的芽叶沉浮于杯中，香气扑鼻而来，品饮过后，鲜爽怡人。

2．鉴别方法

其产于江苏苏州吴中区太湖的洞庭山碧螺峰。银芽显露，一芽一叶，茶叶总长度为 1.5 cm，芽为白毫卷曲形，叶为卷曲清绿色，叶底幼嫩，均匀明亮。假茶为一芽二叶，芽叶长短不齐，呈黄色。

（三）黄山毛峰

1．简介

黄山毛峰是著名绿茶品种，产于安徽黄山，主要分布在桃花峰的云谷寺、松谷庵、吊桥阉、慈光阁及半寺周围。这里山高林密，日照短，云雾多，自然条件十分优越，茶树得云雾之滋润，无寒暑之侵袭，蕴成良好的品质。黄山毛峰采制十分精细。制成的毛峰茶外形细扁微曲，状如雀舌，香如白兰，味醇回甘。

2．鉴别方法

黄山毛峰产于安徽歙县黄山。其外形细嫩稍卷曲，芽肥壮、匀齐，有锋毫，形如"雀舌"，叶呈金黄色；色泽嫩绿油润，香气清鲜，水色清澈、杏黄、明亮，味醇厚、回甘，叶底芽叶成朵，厚实鲜艳。假茶呈土黄色，味苦，叶底不成朵。

（四）庐山云雾茶

1．简介

庐山云雾茶是绿茶类名茶，产于江西庐山。庐山云雾茶，古称"闻林茶"，从明代起始称"庐山云雾"。

庐山云雾茶色泽翠绿，香如幽兰，味浓醇鲜爽，芽叶肥嫩显白亮。巍峨峻奇的庐山，自古就有"匡庐奇秀甲天下"之称。庐山位于江西省九江市，山从平地起，飞峙江湖边，北临长江，东偎鄱阳湖，主峰高耸入云，海拔 1 543 m。山峰多断崖陡壁，峡谷深幽，纵横交错，云雾漫山间，变幻莫测，春夏之交，常见白云绕山。有时淡云飘渺似薄纱笼罩山峰，有时一阵云流顺陡峭山峰直泻千米，倾注深谷，这一壮丽景观即庐山"瀑布云"。蕴云蓄雾，给庐山平添了许多神奇的景色，且以云雾作为茶叶之名。庐山云雾茶不仅具有理想的生长环境及优良的茶树品种，还具有精湛的采制技术。清明前后，随海拔增高，鲜叶开采相应延迟到"五一"节前后，以一芽一叶为标准。采回茶片后，薄摊于阴凉通风处，保持鲜叶纯净。然后，经过杀青、抖散、揉捻等9道工序才制成成品。

风味独特的云雾茶，由于受庐山凉爽多雾的气候及日光直射时间短等条件影响，形成其叶厚，毫多，醇甘耐泡，含单宁、芳香油类和维生素较多等特点，不仅味道浓郁清香，怡神解泻，而且可以帮助消化，杀菌解毒，具有防止肠胃感染、增加抗坏血病等功能。朱德曾有诗赞美庐山云雾茶："庐山云雾茶，味浓性泼辣，若得长时饮，延年益寿法。"

2．鉴别方法

由于后天气候条件，云雾茶比其他茶采摘时间晚，一般在谷雨后至立夏之间方开始采摘。其以一芽一叶为初展标准，长约3 cm。成品茶外形饱满秀丽，色泽碧嫩光滑，芽隐露。庐山云雾芽肥毫显，条索秀丽，香浓味甘，汤色清澈，是绿茶中的精品，以"味醇、色秀、香馨、液清"而久负盛名，畅销国内外。仔细品尝，其色如沱茶，却比沱茶清淡，宛若碧玉盛于碗中。

（五）六安瓜片

1．简介

六安瓜片是著名绿茶，也是名茶中唯一以单片嫩叶炒制而成的产品，堪称一绝。其产于安徽西部大别山茶区，其中以六安、金寨、霍山三县所产品最佳，成茶呈瓜子形，因而得名"六安瓜片"。其色翠绿，香清高，味甘鲜，耐冲泡。它最先源于金寨县的齐云山，而且也以齐云山所产瓜片茶品质最佳，故又名"齐云瓜片"。其沏茶时雾气蒸腾，清香四溢，所以也有"齐山云雾瓜片"之称。

在齐云瓜片中，又以齐云山蝙蝠洞所产瓜片为名品中的最佳，因蝙蝠洞的周围整年有成千上万的蝙蝠云集在这里，它们排撒的粪便富含磷质，利于茶树生长，所以这里的瓜片最为清甜可口。但由于产量的制约，很多茶客"只闻其名，未见其容"。六安瓜片的成品，叶缘向背面翻卷，呈瓜子形，与其他绿茶大不相同；冲泡后，汤色翠绿明亮，香气清高，味甘鲜醇，又有清心明目、提神解乏、通窍散风之功效。如此优良的品质，缘于得天独厚的自然条件，同时也离不开精细考究的采制加工过程。瓜片的采摘时间一般在谷雨至立夏之间，较其他高级茶迟半月左右。攀片时要将断梢上的第一叶到第三四叶和茶芽用手一一攀下，第一叶制"提片"，第二叶制"瓜片"，第三叶或四叶制"梅片"，芽制"银针"，随攀随炒。炒片起锅后再烘片，每次仅烘片100～150 g，先"拉小火"，再"拉老火"，直到叶片白霜显露，色泽翠绿均匀，然后趁热密封储存。如宋代梅尧臣《茗赋》所言："当此时也，女废蚕织，男废农耕，夜不得息，昼不得停。"齐云瓜片色香味俱佳，是瓜片茶中的珍品。

2．鉴别方法

齐云瓜片产于安徽六安和金寨两地的齐云山。其外形平展，每一片均不带芽和茎梗，叶呈绿色光润，微向上重叠，形似瓜子，香气清高，水色碧绿，滋味回甜，叶底厚实明亮。假茶则味道较苦，色比较黄。

（六）君山银针

1. 简介

君山银针属于轻发酵茶，是我国黄茶中的珍品，产于湖南岳阳洞庭湖的君山，有"洞庭帝子春长恨，二千年来草更长"的描写，是具有千余年历史的传统名茶。君山银针冲泡时尖尖向水面悬空竖立，继而徐徐下沉，头3次都如此。竖立时，如鲜笋出土；沉落时，像雪花下坠，品饮之时，还具有很高的欣赏价值。其成品茶芽头茁壮，大小均匀，茶芽内面呈金黄色，外层白毫显露完整，而且包裹坚实。茶芽外形很像一根根银针，故得其名。唐代时，文成公主出嫁西藏就曾带了君山茶。后梁时已列为贡茶，以后历代相袭。《红楼梦》曾谈到妙玉用隔年的梅花积雪冲泡的"老君眉"即是君山银针。

君山银针全由没有开叶的肥嫩芽尖制成，满布毫毛，色泽鲜亮，香气高爽，汤色橙黄，滋味甘醇，虽经久置，其味不变。其采制要求很高，例如采摘茶叶的时间只能在清明节前后7～10天内，还规定了9种情况下不能采摘，即雨天、风霜天、虫伤、细瘦、弯曲、空心、茶芽开口、茶芽发紫、不合尺寸等。在其烘干处理上，也颇有特殊之处。烘干分为初烘、初包、复烘、复包4个步骤，要经3天时间。初烘温度为八九十摄氏度，烘到七成干后，用牛皮纸包好后放至木箱中，称为初包，经两天再取出复烘。复烘温度较低，烘至九成干时，再用纸包好，放置一天时间，等到芽色变成淡黄，发出清鲜香气，再用低温烘至充分干燥后放入铁箱中储藏。采用这种工艺，能使芽叶内所含有效化学物质，随着叶中水分的缓慢散失，发生良好的变化，茶叶色香味形更臻完善。

2. 鉴别方法

其产于湖南岳阳君山，由未展开的肥嫩芽头制成，芽头肥壮挺直、匀齐，满披茸毛，色泽金黄光亮，香气清鲜，茶色浅黄，味甜爽，冲泡看起来芽尖冲向水面，悬空竖立，然后徐徐下沉杯底，形如群笋出土，又像银刀直立。假银针为青草味，泡后银针不能竖立。

（七）信阳毛尖

1. 简介

信阳毛尖产于河南信阳大别山地区，是我国著名的内销绿茶，以原料细嫩、制工精巧、形美、香高、味长而闻名。信阳产茶已有2 000多年历史，茶园主要分布在车云山、集云山、连云山、天云山、云雾山、黑龙潭等群山的峡谷之间。这里地势高峻，一般高达800 m以上，群峦叠翠，溪流纵横，云雾颇多。清乾隆年间有人赞道："云去青山空，云来青山白；白云只在山，长伴山中客。"这里还有豫南第一泉"黑龙潭"和"白龙潭"，景色奇丽，诗人赞曰："立马层崖下，凌空瀑布泉。溅花飞雾雪，暄石向晴天。直讶银河泻，遥疑玉洞开。"这缕缕之雾滋生孕育了肥壮柔嫩的茶芽，为制作独特风格的茶叶，提供了天然条件。

信阳毛尖风格独特，内质香气清高，汤色明净，滋味醇厚，叶底嫩绿；饮后回甘生津，冲

泡四五次，尚保持有长久的熟栗子香。 欲得毛尖独特风格，须知细采巧烘炒。采摘是制好毛尖的第一关，一般自4月中、下旬开采，全年共采90天，分20～25批次，每隔2～3天巡回采摘一次，以一芽一叶或初展的一芽二叶制特级和一级毛尖，一芽二三叶制二三级毛尖。芽叶采下，分级验收，分级摊放，分级炒制。摊放的地方，要通风干净，摊叶厚度不超过5寸，摊放时间不超过10 h。鲜叶经摊放后，进行炒制，分生锅和熟锅两次炒。炒生锅的主要作用是杀青并轻揉。鲜叶投入斜锅中，每次投叶750 g，用竹茅扎成束的扫把，有节奏地挑动翻炒。经3～4 min，叶变软时，用扫把末端扫拢叶子，在锅中呈弧形地团团抖动，使叶子初步成条。炒熟锅是用扫把呈弧形来回抖动，予以紧条和理条，使茶叶外形达到紧、细、直、光。然后将茶叶摊放在焙笼上，约经半小时，再放到坑灶上烘焙，直至成品。

2．鉴别方法

信阳毛尖产于河南信阳大别山地区。其外形条索紧细、圆、光、直，银绿隐翠，内质香气新鲜，叶底嫩绿匀整，青黑色，一般一芽一叶或一芽二叶。假茶为卷曲形，叶片发黄。

（八）武夷岩茶

1．简介

武夷岩茶是著名乌龙茶品种，产于福建北部"秀甲东南"的名山武夷山，茶树生长在岩缝中。武夷岩茶具有绿茶之清香，红茶之甘醇，是中国乌龙茶中之极品。武夷岩茶属"绿叶红镶边"的半发酵茶，它的特点以清朝梁章锯概括得最为简练，即"活、甘、清、香"四字（见《归田琐记》）。其条形壮结、匀整，色泽绿褐鲜润，冲泡后茶汤呈深橙黄色，清澈艳丽;叶底软亮，叶缘朱红，叶心淡绿带黄;兼有红茶的甘醇、绿茶的清香;茶性和而不寒，久藏不坏，香久益清，

味久益醇。泡饮时常用小壶小杯，因其香味浓郁，冲泡五六次后余韵犹存。这种茶最适宜泡功夫茶，因而十分走俏。其品质独特，18世纪传入欧洲后，备受当地群众的喜爱，还曾有"百病之药"美誉。

武夷山气候温和,冬暖夏凉,年平均温度在18～18.5℃之间;雨量充沛,年雨量2 000 mm左右。山峰岩壑之间，有幽涧流泉，山间常年云雾弥漫，年平均相对湿度在80%左右。正如沈涵《谢王适庵惠武夷茶诗》云："香含玉女峰头露，润滞珠帘洞口云。"茶园大部分在岩壑幽涧之中，四周皆有山峦为屏障，日照较短，更无风害。优越的自然条件孕育出武夷岩茶独特的韵味。

武夷岩茶可分为岩茶与洲茶。在山者为岩茶，是上品;在麓者为洲茶，次之。从品种上分，它包括吕仙茶、洞宾茶、水仙、大红袍、武夷奇种、肉桂、白鸡冠、乌龙等，多随茶树产地、生态、形状或色香味特征取名。其中以"大红袍"最为名贵。关于大红袍名称的来历，有几种不同的说法。一是传说明代有一位上京赴考的举人路过武夷山时突然得病，腹痛难忍，巧遇一和尚取所藏名茶泡与他喝，病痛即止。他考中状元之后，前来致谢和尚，问及茶叶出处，得知后脱下大红袍绕茶丛3圈，将其披在茶树上，故得"大红袍"之名。还有另一说法，传说每年朝廷派来的官吏身穿大红袍，解袍挂在贡茶的树上，因此被称为大红袍。流传更广的说法是每当采茶之时，要焚香祭天，然后让猴子穿上红色的坎肩，爬到绝壁的茶树上采摘茶

叶。所以广东话把这种猴采茶称为"马骝"（广东人管猴子叫马骝）。由于数量稀少，采摘困难，这种茶在市场上是价格昂贵的珍品。

武夷水仙是另一个岩茶品种，它由于叶片本身带有一股清香，可以被制成富有香味、极为珍贵的茶叶，因此叫水仙，是在日本销量最大的乌龙茶品种之一。

2. 鉴别方法

武夷岩茶外形条索肥壮、紧结、匀整，带扭曲条形，俗称"蜻蜓头"，叶背起蛙皮状砂粒，叶底匀亮，边缘朱红或红点，中央叶肉为黄绿色，叶脉为浅黄色，汤色橙黄，耐泡。假茶开始味淡，欠韵味，色泽枯暗。

（九）安溪铁观音

1. 简介

铁观音同为著名乌龙茶品种，产于福建安溪，是乌龙茶中的极品。其品质特征是：茶条卷曲，肥壮圆结，沉重匀整，色泽砂绿，整体形状似蜻蜓头、螺旋体、青蛙腿；冲泡后汤色多黄浓艳似琥珀，有天然馥郁的兰花香，滋味醇厚甘鲜，回甘悠久，俗称有"音韵"；茶音高而持久，可谓"七泡有余香"。

铁观音的制作工艺十分复杂，制成的茶叶条索紧结，色泽乌润砂绿。好的铁观音，在制作过程中因咖啡碱随水分蒸发会凝成一层白霜；冲泡后，有天然的兰花香，滋味纯浓。用小巧的功夫茶具品饮，先闻香，后尝味，顿觉满口生香，回味无穷。近年来，人们发现乌龙茶有健身美容的功效后，铁观音更风靡日本和东南亚。

2. 鉴别方法

其产于福建安溪县。叶体沉重如铁，形美如观音，多呈螺旋形，色泽砂绿，光润，绿蒂，具有天然兰花香；汤色清澈金黄，味醇厚甜美，入口微苦，立即转甜，耐冲泡；叶底开展，青绿红边，肥厚明亮，每颗茶都带茶枝。假茶叶形长而薄，条索较粗，无青翠红边，冲泡3遍后便无香味。

（十）祁门红茶

1. 简介

祁门红茶简称祁红，为功夫红茶中的珍品，是国际上享有盛誉的红茶品种，产于安徽省祁门、东至、贵池、石台、黟县，以及江西的浮梁一带。茶叶的自然品质以祁门的历口、闪里、平里一带最优。祁门茶区的江西浮梁功夫红茶是祁红中的佼佼者，向以"香高、味醇、形美、色艳"四绝驰名于世。

在遍及全球的红茶品种中，祁红独树一帜，百年不衰，以其高香形秀著称。1915年曾在巴拿马国际博览会上荣获金牌奖章，创制100多年来，一直保持着优异的品质风格，名扬中外。

祁红产区，自然条件优越，山地林木多，温暖湿润，土层深厚，雨量充沛，云雾多，很适宜于茶树生长，加之当地茶树的主体品种——槠叶种内含物丰富，酶活性高，很适合于功夫红茶的制造。

祁红采制工艺精细，采摘一芽二三叶的芽叶作为原料，经过萎凋、揉捻、发酵，使芽叶由绿色变成紫铜红色，香气透发，然后进行文火烘焙至干。红毛茶制成后，还须进行精制，精制工序复杂费工夫，经毛筛、抖筛、分筛、紧门、撩筛、切断、风选、拣剔、补火、清风、拼和、装箱而制成。

高档祁红外形条索紧细苗秀，色泽乌润，冲泡后茶汤红浓，香气清新芬芳馥郁持久，有明显的甜香，有时带有玫瑰花香。祁红的这种特有的香味，被国外不少消费者称为"祁门香"。祁红在国际市场上被称为高档红茶，特别是在英国伦敦市场上，祁红被列为茶中"英豪"，每当祁红新茶上市，人人争相竞购，他们认为"在中国的茶香里，发现了春天的芬芳"。

祁红茶最宜于清饮，但也适于加奶加糖调和饮用。祁红向以高香著称，具有独特的清鲜持久的香味，被国内外茶师称为砂糖香或苹果香，并蕴藏有兰花香，清高而长，独树一帜。英国人最喜爱祁红，全国上下都以能品尝到祁红为口福，皇家贵族也以祁红作为时髦的饮品，用茶向皇后祝寿，赞美茶为"群芳最"。

2．鉴别方法

祁门红茶的颜色为棕红色。假茶一般带有人工色素，味苦涩、淡薄，条叶形状不齐。

五、茶的饮用与服务

（一）茶的礼节

饮茶是有一定的礼节的，当然，由于各国、各地区人们的生活习惯不同，当地的饮茶礼节也不同。通常在饭店、酒吧中，饮茶的一般礼节如下：

（1）趁热饮茶

通常饮茶一定要饮热茶，因为只有饮热茶才能领略其中的醇香味，当然，这不包括饮用凉茶品种或是当地有喝凉茶的习俗。喝热茶时，不要用嘴吹，要等几分钟，是它稍微降温时再饮用，同时，注意不要一次饮尽，应分三四次饮完。

（2）端茶姿势

饮茶时，左手持茶杯盖，右手持杯，将茶杯端起慢慢饮用，不要发出声音。

（二）品茶与茶道

古人饮茶，注重一个"品"字。品茶，不但是鉴别茶的优劣，也带有神思遐想和领略饮茶情趣之意。生活在现今社会的人们，工作繁忙，很少有古人的闲情逸致，然而，品茶也并非不可能，有人能在百忙之中泡上一壶浓茶，则雅静之处，自斟自饮，消除疲劳，涤烦益思，振奋精神。

"茶道"可简单地解释为茶之道，是指沏茶、品茶的程序。提起茶道，普遍认为它是日本的传统艺术形式，其实，茶道源于中国，唐宋时期由日本的留学生从中国传入日本。

日本茶道是一种综合文化艺术形式，是一种以饮茶为手段的礼仪规范，程序完善复杂。茶道涉及的学科很多，如哲学、宗教、历史、文化、艺术、礼仪等。日本茶道的核心是"和、敬、清、寂"。"和"指和平、祥和；"敬"指尊敬、互敬；"清"指清洁、清爽；"寂"指幽寂、苦寂。这种茶道精神一直是茶人追求的目标。茶除物质属性之外，其精神属性应为"和"，朋友相聚要喝茶，喝茶总有一种祥和、谦让的心境，如果大家都用这种心情接人待物，社会就会安定，战争就会远离生活，这便是茶道的精神所在。

（三）茶的服务

冲泡一杯色、香、味俱佳的茶，除要求茶本身的品质外，还要在水、温、时、茶具及茶的用量上下功夫。

1．泡茶用水

泡茶用水要求水甘而洁、活而鲜，天然水最好。另外，凡达到饮用水卫生标准的自来水都适于泡茶。

2．茶叶与水的比例

茶叶和水要有适当的比例，水多茶少，味道淡薄；茶多水少，茶汤苦涩不爽。一般情况下，茶叶与水的比例是 1 ∶ 50，即每杯如放 3 g 茶叶，用 150 mL 水为宜。乌龙茶的用水量为壶容积的 1/2 以上。

3．泡茶水温

泡茶水温的掌握，主要看泡饮什么茶而定。细嫩的名茶，茶叶越嫩、越绿，冲泡水温越低，一般以 80 ℃ 左右为宜。泡饮各种花茶、红茶和中低档绿茶，则要 95 ℃ 的开水冲泡，水温低，渗透性差，茶较淡薄。泡饮乌龙茶，每次用茶量较多，而且茶叶粗老，必须用 100 ℃ 的沸水冲泡。有时为了保持和提高水温还要在冲泡前用开水烫热茶具，冲泡后在壶外淋热水。

4．泡茶时间

茶叶的冲泡时间以 3 ～ 5 min 为宜。时间太短，茶汤色浅，味淡；时间太长，香味会受损失。但喝至杯中尚余 1/3 左右的茶汤时，再加开水，这样可使前后茶汤浓度比较均匀，一壶茶可冲泡 3 次。

5．茶具

现代通用的茶具以瓷器最多，其次是玻璃，再次是陶具、搪瓷等。

瓷器茶具传热不快，保温适中，不会对茶发生化学反应，沏茶能获得较好的色香味，而且瓷器茶具造型美观、装饰精巧，具有一定的艺术欣赏价值。

玻璃茶具质地透明，晶莹光泽，形态各异。玻璃杯泡茶，茶汤色泽鲜艳，茶叶细嫩翠软。茶叶在整个冲泡过程中的变化可一览无余，可以说是一种动态艺术欣赏。

陶器茶具中最好的当属紫砂茶具，造型雅致，色泽古朴，用来沏茶，香味醇和，汤色澄清，保温性能好。它虽被公认为茶具中的精品，但也有美中不足之处，即壶色紫褐，与茶汤颜色相近，不易分辨茶汤的色泽和浓度。

绿茶和花茶以玻璃杯为宜；红茶以瓷杯和紫砂茶具为宜；乌龙茶最讲究茶具，使用配套的紫砂茶具；配制茶可使用瓷杯。所谓"配制茶"，其实就是将不同产地、不同品种、不同年份甚至不同性质的茶叶，通过一定比例的拼配，让它们互补其短，从而泡出较好的口感。

（四）茶的泡饮法

茶的冲泡一般分为"品、评、喝"3个步骤。根据各种茶叶的品质特点，可以采用不同的泡饮方法。

1. 绿茶泡饮法

绿茶泡饮一般采用玻璃杯泡饮法、瓷杯泡饮法和茶壶泡饮法。

（1）玻璃杯泡饮法

泡饮之前，先欣赏干茶的色、香、形，取一定用量的茶叶，置于无异味的洁白纸上，观看茶叶形态。查看茶叶的色泽，嗅茶的香气，以充分领略各种名茶的自然风韵，称为"赏茶"。冲泡绿茶时，茶、水的比例为1:50，以每杯放3g茶叶，加水150 mL为宜。

高级绿茶嫩度高，用透明玻璃杯泡饮最好，能显出茶叶的品质特色，便于观赏。其操作方法有两种。一是采用"上投法"，冲泡外形紧结重实的名茶，如龙井、碧螺春、都匀毛尖、蒙顶甘露、庐山云雾、福建莲蕊等，将茶杯洗净后，冲入85～90 ℃开水，然后取茶投入，无须加盖。干茶吸收水分后，逐渐展开叶片，徐徐下沉。汤面水汽夹着茶香缕缕上升，这时趁热嗅闻茶汤香气，令人心旷神怡。观察茶汤颜色，观赏杯中茶叶的自然茸毫沉浮游动，闪闪发光，星斑点点，茶叶细嫩多毫为嫩茶特色，这个过程称湿看欣赏。待茶汤凉至适口，品尝茶汤滋味，小口品饮，缓慢吞咽，细细领略名茶的鲜味与茶香。饮至杯中余1/3水量时，再续加开水，即二开茶，此时茶叶味道最好，浓香色最佳。很多名茶二开茶汤正浓，饮后余味无穷。饮至三开茶味已淡，即可换茶重泡。

二是用中投法泡饮茶条松展的名茶，如黄山毛峰、六安瓜片、太平猴魁，即在干茶欣赏以后，取茶入杯，冲入90 ℃开水至杯容量的1/3时，稍停2 min，待干茶吸水伸展后再冲水至满。

（2）瓷杯泡饮法

中高档绿茶用瓷质茶杯冲泡，能使茶叶中的有效成分浸出，可得到较浓的茶汤。一般先观察茶叶的色、香、形后，入杯冲泡。可取"中投法"或"下投法"，用95～100 ℃初开沸水冲泡，盖上杯盖，以防香气散逸，保持水温，以利茶身展开，加速沉至杯底，待3～5 min后开盖，嗅茶香，尝茶味，视茶汤浓淡程度，饮至三开即可。

（3）茶壶泡饮法

壶泡法适于冲泡中低档绿茶。这类茶叶中多纤维素，耐冲泡，茶味也浓。泡茶时，先洗净壶具，取茶入壶，用100 ℃初开沸水冲泡至满，3～5 min后即可酌入杯中品饮。此茶用壶泡不在欣赏茶趣，而在解渴，畅叙茶谊。

2. 红茶泡饮法

红茶色泽黑褐油润，香气浓郁带甜，滋味醇厚甘鲜，汤色红艳透黄，叶底嫩匀红亮。红茶可用杯饮法和壶饮法。一般功夫红茶、小种红茶、袋泡红茶大多采用杯饮法。茶量投放与绿茶相同，即将3g红茶放入白瓷杯或玻璃杯中，然后冲入150 mL沸水，几分钟后，先闻其香，再观其色，然后品味。品饮功夫红茶重在领略它的清香和醇味。一杯茶叶通常冲泡2～3次。红碎茶和片末红茶则多用壶饮法。即将茶叶放入壶中，冲泡后使茶渣和茶汤分离，从壶中慢慢倒出茶汤，分置各小茶杯中，便于饮用，茶渣仍留在壶内，便于再次冲泡。

另外，红茶流行一种调饮法，即在茶汤中加入调料，以佐汤味的一种方法。比较常见的是在红茶茶汤中加入糖、牛奶、柠檬片、咖啡、蜂蜜或香槟酒等。目前流行的柠檬红茶就是在红茶茶汤中加入糖和柠檬。另外，可以把茶制成各种清凉饮料，并和酒一起调制成茶酒混合饮料。

3．乌龙茶泡饮法

乌龙茶要求用小杯细品。泡饮乌龙茶必须具备以下几个条件：首先选用高中档乌龙茶；其次配一套专门的茶具，小巧精致，称为"四宝"，即玉书碨（开水壶）、潮汕烘炉（火炉）、孟臣罐（茶壶）、若深瓯（茶杯）；再次，选用山泉水，水温以初开为宜。

泡乌龙茶有一套传统方法：

（1）预热茶具

泡茶前先用沸水把茶壶、茶盘、茶杯等淋洗一遍，在泡饮过程中还要不断淋洗，使茶具保持清洁和有相当的热度。

（2）放入茶叶

把茶叶按粗细分开，先取碎末填壶底，再盖上粗茶，把中小叶排在最上面，这样既耐泡，又使茶汤清澈。

（3）洗茶

接着用开水冲茶，循边缘缓缓冲入，形成圈子。冲水时要使开水由高处注下，并使壶内茶叶打滚，全面而均匀地吸水。当水刚漫过茶叶时，立即倒掉，把茶叶表面尘污洗去，使茶之真味得到充分体现。

（4）冲泡

洗茶过后，立即冲进第二次水，水量约九成即可。盖上壶盖后，再用沸水淋壶身，这时茶盘中的积水涨到壶的中部，使其里外受热，只有这样，茶叶的精美真味才能浸泡出来。但泡的时间切忌过长，否则影响茶的鲜味。另外，每次冲水时，只冲壶的一侧，这样依次将壶的四侧冲完，再冲壶心，四冲或五冲后就要换茶叶了。

（5）斟茶

传统方法是用拇、食、中三指操作，食指轻压壶顶盖珠，中、拇二指紧夹壶后把手。开始斟茶时，采用"关公巡城法"，使茶汤轮流注入几只杯中，每杯先倒一半，周而复始，逐渐加至八成，使每杯茶汤气味均匀；然后用"韩信点兵"，先斟边缘，后集中于杯子中间，并将罐底最浓部分均匀斟入各杯中，最后点点滴滴。第二次斟茶，仍先用开水烫杯，以中指顶住杯底，大拇指按下杯沿，放进另一盛满开水的杯中，让其侧立，大拇指一弹动整个杯子飞转成花，十分好看。这样烫杯之后，才可斟茶。冲茶、斟茶应讲究"高冲低行"，即开水冲入罐时应自高处冲下，使茶叶散香；而斟茶时应低倒，以免茶汤冒泡沫失香散味。

（6）品饮

首先拿着茶杯从鼻端慢慢移到嘴边，乘热闻香，再尝其味。最后，把残留杯底的茶汤顺手倒入茶盘，把茶杯轻轻放下。接着由主人烫杯，进行第二次斟茶。

总之，做功夫茶要遵循这样的规矩，就是"烧杯热罐，高冲低行，淋沫盖眉，罐子来筛"。这种传统饮茶方法在广东潮汕地区及闽南仍非常普遍。

根据经验，因乌龙茶的单宁酸和咖啡碱含量较高，有3种情况不能饮：一是空腹不能饮，否则会有饥肠辘辘、头晕眼花的感觉；二是睡觉前不能饮，饮后引起兴奋，影响休息；三是冷茶不能饮，乌龙茶冷后性寒，饮后伤胃。

4．花茶泡饮方法

泡饮花茶，首先欣赏花茶的外观形态，取泡一杯的茶量，放在洁净无味的白纸上，干嗅花茶香气，查看茶坯的质量，取得花茶质量的初步印象。

花茶泡饮方法，以能维护香气不致无效散失和显示茶坯特质美为原则。对于冲泡茶坯特别细嫩的花茶，如茉莉毛峰，用透明玻璃杯，冲泡时置杯于茶盘内，取花茶 2～3 g 入杯，用90 ℃开水冲泡，随即加上杯盖，以防香气散失。手托茶盘对着光线，透过玻璃杯壁观察茶在水中上下飘舞、沉浮，以及茶叶徐徐开展、复原叶形，渗出茶汁，汤色的变红过程称为目品；泡 3 min 后，揭开杯盖一侧，以口吸气鼻呼气相配合，品尝茶味和汤中香气后再咽下，称为"口品"。如饮三开，茶味已淡，不再续饮。

5．英国茶的冲饮方法

饮茶在当今世界各地越来越盛行，并且很讲究饮茶的方法。欧洲人爱好红茶，并加奶、糖调味，东欧人喜欢在茶中加甜酒、柠檬和牛乳，非洲人酷爱珠茶、眉茶，常在茶汤中加糖和薄荷。日本人讲究茶道，美国人讲究一年四季饮冰茶，英国人讲究饮午后茶。英国人喝茶相当普及，不仅把喝茶看成是一种享受，更看成是一种生活情趣。

本章小结

软饮料的主要原料是饮用水或矿泉水，果汁、蔬菜汁，或植物的根、茎、叶、花和果实的抽提液。有的含甜味剂、酸味剂、香精、香料、食用色素、乳化剂、起泡剂、稳定剂和防腐剂等食品添加剂。其基本化学成分是水分、碳水化合物和风味物质，有些软饮料还含维生素和矿物质。软饮料的品种很多。按原料和加工工艺分为碳酸饮料、果汁及其饮料、蔬菜汁及其饮料、植物蛋白质饮料、植物抽提液饮料、乳酸饮料、矿泉水和固体饮料 8 类；按性质和饮用对象分为特种用途饮料、保健饮料、餐桌饮料和大众饮料 4 类。

咖啡是采用经过烘焙的咖啡豆（咖啡属植物的种子）制作的饮料，通常为热饮，但也有作为冷饮的冰咖啡。咖啡是人类社会流行范围最为广泛的饮料之一。蓝山、摩卡、巴西圣多斯、哥伦比亚、曼特林等都是世界名品咖啡。咖啡的冲调可以采用加压法、浸滤法等方法。同时，咖啡可以与蒸馏酒（以白兰地、威士忌最常用）、牛奶、奶油等兑和饮用。

茶是以茶叶为原料，经过开水泡制而成的热饮品或冷饮品。茶具有提神解乏、除脂解腻、清热降火等功效。根据茶的制作工艺，将其分为绿茶、红茶、乌龙茶、白茶、花茶、紧压茶等。泡好一壶茶需要在水、温、时、茶与水的比例及茶具上下工夫。

思考题

1．什么是软饮料？软饮料的种类及名品有哪些？酒吧常见的混合方法有哪些？

2．咖啡的特点是什么？世界名品咖啡有哪些？酒吧常见的咖啡饮品的调兑方法是什么？

3．茶的特点及分类是怎样的？泡茶的五要素是什么？如何冲泡绿茶、红茶、乌龙茶和花茶？

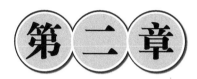

第二章

发酵酒
(Fermented Alcoholic Drinks)

本章学习目标

1. 掌握发酵酒的概念、特点及有代表性的酒品
2. 掌握发酵酒的分类、名品及服务方式

第一节　发酵酒简介

一、发酵酒的特点

发酵酒又叫酿造酒，或原汁酒，它是借酵母的作用，把淀粉和糖质原料的物质发酵糖化，产生酒精成分而形成的酒。发酵是最自然的造酒方式，酒精含量低，对人体的刺激性小。这类酒中含有很多营养成分，适量饮用有益身体健康。发酵酒包括：葡萄酒、啤酒、黄酒、清酒等。

二、发酵酒的生产工艺

发酵是由酵母菌引起的化学变化。发酵酒是通过将酵母加入酿酒原料（水果或谷物）中，使原料中的糖转化为酒精（乙醇）和二氧化碳。发酵酒中的乙醇含量通常在 14% 以下，这是因为当酒液中的乙醇含量超过 15% 时，发酵就会停止。

三、发酵酒的种类

发酵酒分为两大类：水果发酵酒和谷物发酵酒。

（一）水果发酵酒

水果发酵酒是以水果为原料经发酵制成的酒，包括白葡萄酒、红葡萄酒、玫瑰葡萄酒、香槟酒等。

（二）谷物发酵酒

谷物发酵酒是以谷物为原料经发酵制成的酒。市场上销量最大的谷物发酵酒当属啤酒。另外，中国黄酒、日本清酒也属谷物发酵酒。

第二节　葡萄酒概述

一、葡萄酒的特点

葡萄酒是以葡萄为原料经发酵酿制成的酒，它是人们日常饮用的低度酒，酒精度为 10% ~ 14%（如未特别说明，本书所述酒精度均指体积百分比）。葡萄酒多用于佐餐，所以，常被人们称为餐酒（Table Wines）。葡萄酒含有丰富的营养素，有维生素、矿物质和铁质，饮用后可帮助消化，并具有滋补强身的功能。另外，葡萄酒色泽悦目、气味馨香、滋味醇厚诱人，具有独特的酒文化所赋予的艺术享受，使之长期风靡世界五大洲而经久不衰。

二、葡萄酒的起源与发展

据资料记载，约公元前 5000 年，古埃及人就开始饮用葡萄酒。希腊是欧洲最早种植葡萄并进行葡萄酒酿造的国家。在公元前 300 年，希腊的葡萄栽培已极为兴盛。公元初期，罗马人从希腊人手中学会了葡萄栽培和葡萄酒的酿造技术后，很快地进行了推广。随着罗马帝国的扩张，葡萄栽培和葡萄酒的酿造技术迅速传遍法国、西班牙、北非及德国莱茵河流域，并形成了很大的规模。

15世纪后，葡萄栽培和葡萄酒的酿造技术传入南非、澳大利亚、新西兰、日本、朝鲜和美洲等地。16世纪，西班牙殖民主义者将欧洲葡萄品种带入墨西哥和美国的加利福尼亚地区，英国殖民主义者将葡萄栽培技术带到美洲大西洋海岸地区。

19世纪中叶，美国葡萄和葡萄酒的生产有了很大发展，美国人从欧洲引进了葡萄苗木并在加州建立了葡萄园，从此，美国的葡萄酒生产逐渐发展起来。

现在，葡萄酒在世界各类酒中已占据十分显赫的地位。据不完全统计，世界各国用于酿酒的葡萄园面积达十几万平方千米，直接以葡萄酿造为生的人，有3 700万之多。每年世界各国的葡萄酒消费量很大，有些国家的人对葡萄酒有着特殊的爱好。意大利人平均每年饮用110 L葡萄酒，居世界之首；法国人平均每年饮用106 L；葡萄牙、阿根廷、西班牙等国葡萄酒的消费量也在世界上名列前茅。

世界著名的葡萄酒主要产于法国、意大利、西班牙、葡萄牙、德国、瑞士、南斯拉夫、匈牙利、澳大利亚等。

三、葡萄酒的分类

传统上称以葡萄为原料经发酵或部分发酵而酿成的酒为葡萄酒。根据分类方法不同，其又可分为若干种，下面分别进行说明。

国际葡萄与葡萄酒组织（OIV）将葡萄酒分为两大类（1978年），即葡萄酒和特殊葡萄酒。

一般市场上常见的葡萄酒是指葡萄酒。根据不同的分类方法，还可对葡萄酒进行细分。

（一）根据葡萄酒颜色细分

1. 红葡萄酒

以红色或紫色葡萄为原料，经破碎后，果皮、果肉与果汁混合在一起进行发酵，使果皮或果肉中的色素被浸出，然后将发酵的原酒与皮渣分离。按照此法可制成不同色调的葡萄酒，这种酒多为红宝石色，酒体丰满醇厚，略涩，适合与口味浓重的菜肴配合。

2. 桃红葡萄酒（或粉红葡萄酒）

这种葡萄酒的酿造方法基本上同红葡萄酒，但皮渣浸泡的时间较短，或原料的成色程度较浅，其发酵汁与皮渣分离后的发酵过程完全同白葡萄酒。这种酒的颜色呈淡淡的玫瑰红色或粉红色，晶莹悦目，人们把它描述成婚礼上伴娘的长裙，美丽轻柔。它既有白葡萄酒的芬芳清新，也有红葡萄酒的和谐丰满，可以在宴席间与各种菜肴配合。

3. 白葡萄酒

将葡萄原汁与皮渣分离后单独发酵制成的葡萄酒。酒的颜色从深金黄色至接近无色，外观澄清透明，果香芬芳，优雅细腻，微酸爽口，与鱼虾、海鲜及各种禽肉配合相辅相成。

（二）根据葡萄酒含糖量细分

1. 干葡萄酒

酒的含糖量小于4 g/L，由于其他成分对感官的刺激，一般尝不出甜味。

2．半干葡萄酒

含糖量为 4 ～ 12 g/L，即最高不超过 12 g/L，最低不小于 4 g/L，在品尝时已能辨别出微弱的甜味。

3．半甜葡萄酒

含糖量为 12 ～ 50 g/L，酒已具有明显的甜味。

4．甜葡萄酒

含糖量大于 50 g/L，由于含有较多的糖分，酒具有特别浓厚的甜味。

（三）根据二氧化碳含量细分

1．静止葡萄酒

酒内溶解的二氧化碳含量极少，其气压 ≤0.05 MPa（20 ℃），开瓶后不产生泡沫，国内各葡萄酒厂生产的葡萄酒一般都是静止葡萄酒类型。

2．葡萄气酒

酒中溶解了二氧化碳，其气压为 0.05 ～ 0.25 MPa（20 ℃），开酒后会产生泡沫。

（四）特殊葡萄酒

根据国际葡萄与葡萄酒组织的规定（1978 年），特殊葡萄酒的原料为新鲜葡萄、葡萄汁或葡萄酒，在其生产过程中或以后经过某些处理。其特性不仅来源于葡萄本身，而且取决于所采用的生产技术。

特殊葡萄酒包括：

1．起泡葡萄酒

起泡葡萄酒的气必须是由发酵产生的二氧化碳。其气压在 20 ℃ 的条件下 ≥0.03 MPa。法国香槟省生产的这种葡萄酒叫香槟酒，这是以原产地名称作为酒名来命名的，已通行于全世界。

2．加气葡萄酒

与起泡葡萄酒相似，但二氧化碳是用人工方法加进葡萄酒中的。

3．强化葡萄酒

在葡萄酒发酵之前或发酵中加入部分白兰地或酒精，通过提高酒精度来抑制发酵，留下某种程度的自然糖分，使酒精度在 15% ～ 22% 的范围内。这种酒不易变质，分干、甜两种，以些厘酒（Sherry）、波特酒（Port）为代表。

4．加香葡萄酒

在葡萄酒中加入果汁、药草、甜味及等制成，有的还加入酒精或砂糖，代表者为味美思等。

四、葡萄酒的生产工艺

葡萄酒的分类及特点已在前面谈过，现主要将红葡萄酒、桃红葡萄酒和白葡萄酒的酿造过程简介如下。

（一）红葡萄酒

红葡萄酒与白葡萄酒生产工艺方面的主要区别：对于红葡萄酒来说，压榨是在发酵以后进行；而后者，压榨是在发酵以前进行。因此，在红葡萄酒的发酵过程中，发酵基质除葡萄汁以外，还富含单宁、色素、芳香物质、含氮物及固体部分（果皮、种子部分等），这些物质或多或少的溶解于葡萄汁和葡萄酒中。

所以，在红葡萄酒的发酵过程中，酒精发酵作用和固体物质的浸渍作用同时存在，前者将糖转化为酒精，或者将固体物质中的单宁、色素等溶解于葡萄酒中。果皮中的色素不可能全部溶解于葡萄酒中，其溶解度最大为 80%。葡萄酒的颜色与浸渍时间密切相关，如果浸渍时间很短（1～2 天），葡萄汁的颜色会较浅，所酿成的葡萄酒不是红色而是桃红色。葡萄酒颜色的深浅及其稳定性取决于浸渍过程的最高温度，温度越高，色素和单宁的溶解度越大，两者之间的化合物——稳定性色素越容易形成。因此，有时在酒精发酵结束时，对葡萄酒进行加热处理（50～70 ℃），以加深葡萄酒的颜色并提高其稳定性。

红葡萄酒的酿造方法很多，在此简单举例说明其工艺流程：葡萄→破碎→发酵→分离→倒池→冷冻→过滤→下胶→倒池→陈酿→勾兑→过滤→装瓶。

（二）桃红葡萄酒和白葡萄酒

桃红葡萄酒的颜色介于红葡萄酒和白葡萄酒之间，其色泽一般可包括淡红、桃红、橘红、砖红等。这类葡萄酒是用果肉无色或色浅的红葡萄酒酿造的，其酿造方法有两种：白葡萄酒酿造法和淡红葡萄酒酿造法。所谓白葡萄酒酿法，即使用红葡萄品种，经破碎后果汁与皮渣进行轻微的浸渍，将果汁分离出来单独发酵，即分汁发酵法。所谓淡红葡萄酒酿法，即使用淡红色的葡萄品种，经破碎后皮汁混合发酵而成。

白葡萄酒与红葡萄酒的区别不仅表现在颜色上，它们在成分上也存在着很大的差异。在酿造白葡萄酒时，压榨取汁是在发酵之前进行的，因此不存在葡萄汁与浆果及其他固体部分之间物质交换，这样获得的葡萄酒无色或色很浅，单宁及其他物质含量都很低。

红葡萄酒与白葡萄酒的这些差异并不仅是由于原料的不同而造成的，因为既可以用白葡萄品种酿造白葡萄酒，也可以用有色葡萄品种酿造白葡萄酒。这两类葡萄酒差异的主要原因在于葡萄汁与固体（皮渣）之间有无浸渍现象以及浸渍时间的长短。

白葡萄酒的典型工艺流程：葡萄→破碎、除梗→分离→澄清过滤→低温发酵→储存（满罐）→倒池→勾兑→冷冻→过滤→精滤→装瓶。

五、葡萄酒的饮用与服务

（一）尝酒

甜味、酸味、酒精以及单宁是构成葡萄酒口味的主要元素，葡萄酒在口中的质感分丰厚还是清淡、单宁和酒精是否配合、香味和温度是否合适、有没有葡萄酒本身的甜度和干度等。品尝时要留意 4 种重要的味道：甜、酸、涩、余味。

1．品尝方法

让酒在口中打转，或用舌头上下、前后、左右快速搅动，这样舌头才能充分品尝 3 种主要的味道：舌尖的甜味、两侧的酸味、舌根的苦味；整个口腔上颚、下颚充分与酒液接触，去感觉酒的酸甜、苦涩、浓淡、厚薄、均衡协调与否，然后才吞下体会余韵；或头往下倾一些，嘴张开呈小"O"状，此时口中的酒好像要流出来，然后用嘴吸气，像是要把酒吸回去一样，让酒香扩散到整个口腔中，然后将酒缓缓咽下或吐出，这时，口中通常会留下一股余香，好的葡萄酒余味可以持续 15～20 s。一般而言，越好的葡萄酒香味越持久，同时香味的种类也越丰富，特别是一些耐久存的老酒，余香可在口中历久不散。葡萄酒品尝示意图如图 2-1 所示。

图 2-1　葡萄酒品尝示意图

2．品尝注意事项

将酒杯举起，杯口放在嘴唇之间，并压住下唇，头部稍向后仰，就像平时喝酒一样，但应避免像喝酒那样依靠重力的作用让酒流入口中，而应轻轻地向口中吸气，并控制吸入的酒量，使葡萄酒均匀地分布在平展的舌头表面，然后将葡萄酒控制在口腔前部。每次吸入的酒量不能过多，也不能过少，应在 6～10 mL 之间。酒量过多，不仅所需加热时间长，而且很难在口内保持住，迫使人们在品尝过程中摄入过量的葡萄酒，特别是当一次品尝酒样较多时。相反，如果吸入的酒量过少，则不能湿润口腔和舌头的整个表面，而且由于唾液的稀释而不能代表葡萄酒本身的口味。除此之外，每次吸入的酒量应一致，否则，在品尝不同酒样时就没有可比性。当葡萄酒进入口腔后，闭上双唇，头微向前倾，利用舌头和面部肌肉的运动，搅动葡萄酒，也可将口微张，轻轻地向内吸气。这样不仅可防葡萄酒从口中流出，还可使葡萄酒蒸气进入鼻腔后部。在口味分析结束时，最好咽下少量葡萄酒，将其余部分吐出。然后，用舌头舔牙齿和口腔内表面，以鉴别尾味。根据品尝的目的不同，将葡萄酒在口内保留的时间可为 2～5 s，亦可延长为 12～15 s。在第一种情况下，不可能品尝到红葡萄酒的单宁味道。如果要全面、深入地分析葡萄酒的口味，应将葡萄酒在口中保留 12～15 s。

（二）开酒

优美的开瓶动作是一种艺术，在国外，酒侍开葡萄酒是一种专业的表演，他的专业演出服及服务可以决定他的收入。开酒时，先将酒瓶擦干净，再用开瓶器上的小刀（或用切瓶封器）沿着瓶口凸出的圆圈状的部位，切除瓶封。注意，最好不要转动酒瓶，因为可能会将沉淀在瓶底的杂质激起。切除瓶封之后，用布或纸巾将瓶口擦拭干净，再将开瓶器的螺丝钻尖端插入软木塞的中心（如果钻歪了，容易拨断木塞），沿着顺时针方向缓缓旋转以钻入软木塞中，如果是用蝴蝶型的开瓶器，当转动螺丝钻时，两边的把手也会缓缓升起，当手把升到顶端时，只要轻轻将它们往下扳即可将软木塞拔出（但如果软木塞太长，就很难一次就将其顺利拔出来）。如果是用所谓"侍者之友"等专业开瓶器，建议不要将螺丝钻一次全钻进去，而要留下一环（因为可能不知道软木塞的长短，如果一次就把螺丝钻全钻到底，会穿过木塞，将软木屑洒到酒内），然后将手把扳下，把另一个支撑点支撑在瓶口，用左手握住，再用右手将手把直直地"提起来"（注意：是"提"而不是推，推很容易将软木塞推断。另外，提也会比较省力，因为施力臂越长越省力）。如果发现软木塞太长，无法顺利拔出时，请先停止，将所预留未钻入的最后一环钻体钻入，重新再"提"一下，感觉软木塞快拔出时停住，用手握住木塞，轻轻晃动或转动，轻轻地、安静地、有气质地拔出木塞，再用布或纸巾将瓶口擦干净，就可以倒酒。

（三）醒酒

葡萄酒的香气通常需要一些时间才能明显地散发出来，所以一般好酒道的人都会在开瓶后等一段时间，时间长短要视葡萄酒的"体质"而定，尤其是一些味道比较复杂、重单宁的酒，更需要长时间醒酒。年轻的酒，醒酒的目的是散除异味及杂味，并与空气发生氧化；老酒醒酒的目的是使成熟而且封闭的香味物质经氧化散发出来。不同的是，老酒可能会因"年老体弱"，比年轻的酒容易"感冒"，比方说老酒开瓶之后可能第二天就会明显过于氧化及醋化，而年轻的酒可能 3 天过后品质依然。通常老酒的醒酒时间比年轻的酒短（但不是绝对如此），厚重浓郁型的酒比清柔型的酒所需的时间要长，至于浓郁的白酒及贵腐型的甜白酒，最好也花一点时间醒酒。

但如果只是打开软木塞，整瓶直立着，这样的醒酒实无太大的作用，因为此时酒与空气的接触面只有瓶口大而已，这样醒酒费时漫长。因此，至少应该倒一些在杯子里，然后轻摇，这样对酒味的散发有很大的帮助。在旋转晃动的时候，酒与空气接触的面积也就加大了，加速氧化作用，让酒的香味更多的释放出来。一般即饮型的红、白酒，可以不必花太多的时间醒酒，打开即可倒入酒杯饮用，有时候可能会有臭硫味及一些异味出现，但只需几分钟就会散去。二氧化硫是制酒过程中的附加物，对人体无害，如果隔些时间仍有异味，那可能是这瓶酒的酒质有问题了。

第三节 各国葡萄酒

一、法国葡萄酒

法国葡萄酒被世人奉为世界葡萄酒的极品。它之所以深受人们的青睐，不仅仅在于它与香水、时装一样象征着法国浪漫情调，更重要的是它有着独特的历史和文化底蕴。

（一）法国葡萄酒的历史

法国葡萄酒的起源，可以追溯到公元前 6 世纪。当时腓尼基人和凯尔特人首先将葡萄种植和酿造业传入现今法国南部的马赛地区，葡萄酒成为人们佐餐的奢侈品。到公元前 1 世纪，在罗马人的大力推动下，葡萄种植业很快在法国的地中海沿岸盛行，饮酒成为时尚。曾经有法国学者在墓葬中发现公元前 1 世纪的一幅浮雕上，有一个酒贩正在出售葡萄酒给一位消费者的场景。然而在此后的岁月里，法国的葡萄种植业却几经兴衰。公元 92 年，罗马人逼迫高卢人摧毁了大部分葡萄园，以保护亚丁宁半岛的葡萄种植和酿酒业，法国葡萄种植和酿酒业出现了第一次危机。公元 280 年，罗马皇帝下令恢复种植葡萄的自由，葡萄种植和葡萄酒酿造进入重要的发展时期。1441 年，勃艮地公爵禁止良田种植葡萄，葡萄种植和葡萄酒酿造再度萧条。1731 年，路易十五国王部分取消上述禁令；1789 年，法国大革命爆发，葡萄种植不再受到限制，法国的葡萄种植和葡萄酒酿造业终于进入全面发展的阶段。历史的反复、求生存的渴望、文化的熏染以及大量的品种改良和技术革新，推动法国葡萄种植和葡萄酒酿造业日臻完善，最终走进了世界葡萄酒极品的神圣殿堂。

（二）法国葡萄酒的品种划分

葡萄酒是用新鲜葡萄果实或果汁，经完全或部分酒精发酵酿制而成的饮料。依据酿造方法可大致分为：

1．平静葡萄酒

20 ℃时，不起泡的葡萄酒，它包括红葡萄酒和白葡萄酒。

（1）红葡萄酒

采摘后连同葡萄皮一起压榨酿造，酒红色来自葡萄皮的颜色。通常，红葡萄酒是用红葡萄和紫葡萄酿造的。

（2）白葡萄酒

酿造时只用葡萄汁，而不要葡萄皮，通常由白葡萄或绿葡萄酿造。

通常所讲的葡萄酒一般是指平静葡萄酒。

2．气泡葡萄酒

采用二次发酵工艺酿制的葡萄酒，通常所讲的香槟酒就属于此类。由于以原产地命名的原因，只有法国香槟产区内生产的气泡葡萄酒才能命名为"香槟酒"，其他起泡葡萄酒不能称香槟酒，只能叫气泡葡萄酒。

3．蒸馏葡萄酒

采用蒸馏酒工艺酿制的葡萄酒。通常所讲的干邑（即法国白兰地）就属于此类。

（三）法国葡萄酒的等级分类

1935 年法国通过了大量关于葡萄酒质量控制的法律。这些法律建立了一个原产地控制命名系统，并由专门的监督委员会（原产地命名国家学会）来管理。此后，法国便拥有了一个世界上最早的葡萄酒命名系统，以及最严格的关于葡萄酒制作和生产的法律。欧洲其他许多国家的类似系统都是模仿自法国。法国法律将葡萄酒分成 4 个级别，其中包括：

1．原产地名称监制葡萄酒（Appellation d'Origine Contrôlée）

简称 A.O.C.，是法国葡萄酒最高级别。

① A.O.C. 的法文意思为"原产地控制命名"。

② 原产地的葡萄品种、种植数量、酿造过程、酒精含量等都要得到专家认证。

③ 只能用原产地种植的葡萄酿制，绝对不可和其他葡萄汁勾兑。

④ A.O.C. 产量大约占法国葡萄酒总产量的 35%。

⑤ 酒瓶标签标识为 Appellation+ 产区名 +Controlee。

凡属于 A.O.C. 的酒，必须符合以下规定：

① 标明原产地名。

② 标明葡萄品种的名称。

③ 酒精度一般都在 10% ～ 13% 之间。

④ 限定葡萄园每公顷的生产量，以防止过量生产而使质量降低。

⑤ 规定栽培方式，含剪枝、去蕊、去叶及施肥的标准。

⑥ 采收葡萄时，符合含糖分量的规定才能发酵。

⑦ 标明发酵方式。

⑧ 贮藏的规定。

⑨ 装瓶的时机。

2．优良地区餐酒（Vin Délimité de Qualité Superieure）

简称 VDQS。此为品质优良的上等餐酒，是优良地区所生产的，与 A.O.C. 的限制条件差不多，但检定执行较为宽松。

① 是普通地区餐酒向 A.O.C. 级别过渡所必须经历的级别。如果在 VDQS 时期酒质表现良好，则会升级为 A.O.C.。

② 产量只占法国葡萄酒总产量的 2%。

③ 酒瓶标签标识为 Appellation+ 产区名 +Qualite Superieure。

3．地区餐酒（Vin de Pays）

英文意思是 Wine of Country，即乡土地区所生产的葡萄酒。各地区餐酒都有其独特的风味和口感，不限制年份、葡萄品种，但限制产区且不得混合酒，只要符合 A.O.C. 规定的①②③项即可。

① 日常餐酒中最好的酒被升级为地区餐酒。

② 地区餐酒的标签上可以标明产区。

③ 可以用标明产区内的葡萄汁勾兑，但仅限于该产区内的葡萄。

④ 产量约占法国葡萄酒总产量的 15%。

⑤ 酒瓶标签标识为 Vin de Pays + 产区名。

⑥ 法国绝大部分的地区餐酒产自南部地中海沿岸。

4．日常餐酒（Vin de Table）

英文意思是 Wine of the table，适合于一般佐餐调配的葡萄酒，占法国葡萄酒产量的 75%。法国本土多喝此级酒，它不限制年份、葡萄品种、产地及包装；若是出口，只要注明"法国产制"即可。

① 是最低档的葡萄酒，日常饮用。

② 可以由不同地区的葡萄汁勾兑而成，如果葡萄汁限于法国各产区，可称法国日常餐酒。

③ 不得用欧共体外国家的葡萄汁。

④ 产量约占法国葡萄酒总产量的 38%。

⑤ 酒瓶标签标识为 Vin de Table。

法国葡萄酒无论是佐餐葡萄酒还是 A.O.C. 葡萄酒，开始生产直到被消费，都受到全方位的严格控制，控制涉及生产、批发商、销售和消费等方面。

（四）法国葡萄酒产区

产区（Terroir）原是法语中有关葡萄酒和咖啡鉴赏的术语。它被用于表示由于不同地域而赋予物产的独特性。它也可以理解为"某地的感觉"，这种感觉具体表达了一定的品质，以及当地环境对所出产产品品质的综合影响。一般来说，产区是指同一地域葡萄园的统称，它们属于同一特定的命名，具有同样类型的土壤、气候条件、葡萄和酿酒工艺，有些还涉及历史、传统、葡萄园所有人和其他因素。产区可包括以下因素：气候条件、土壤类型、地质情况、朝向、高度、地形坡度、葡萄园管理、葡萄酒酿造工艺等。

法国葡萄酒 10 大产区如图 2-2 所示。

其中最知名的法国葡萄酒产区主要有波尔多、勃艮第和香槟区。波尔多以产浓郁型的红酒而著称，而勃艮第则以产清淡型红酒和清爽典雅型白酒著称，香槟区酿制世界闻名、优雅浪漫的汽酒。

1. 波尔多产区（BORDEAUX）

（1）简介

① 波尔多产区的葡萄酒，口感柔顺细雅，是一种女性化的葡萄酒，是"法国葡萄酒王后"。波尔多产区的气候和地理条件得天独厚：临大西洋，气候温和，土壤形态多，有吉伦特河流过，葡萄树在此生长最佳。

② 波尔多产区是全世界好葡萄酒的最大产区：波尔多产区葡萄种植面积 10 万公顷，年产 8 亿瓶葡萄酒，其中 A.O.C. 级的好葡萄酒占总量的 95%。

图 2-2　法国葡萄酒 10 大产区分布图

③ 波尔多产区以红葡萄酒为主。

④ 波尔多产区的葡萄酒以调配型葡萄酒为主。

⑤ 波尔多产区南部的 SAUTERNES 次产区的白葡萄酒也很著名。

⑥ 波尔多产区闻名世界的三大理由：

* 好葡萄酒的最大产区。
* 波尔多在历史上曾被英国占领，当地大公曾与英国联姻，其葡萄酒也名闻英伦，随英法殖民扩张而传遍世界。
* 波尔多港是法国最大港口之一，在法国葡萄酒必然走向世界时"近水楼台先得月"。

（2）波尔多产区的区域细分表

前文讲过，A.O.C. 级别的葡萄酒也可以细分为好多级，其中，葡萄酒产区名标明的产地越小，酒质越好。

① 最低级是大产区名 A.O.C.，如 Appellation + 波尔多产区 +Controlee。

② 次低级是次产区名 A.O.C.，如 Appellation + MEDOC 次产区 + Controlee。

③ 较高级是村庄名 A.O.C.，如 Appellation + MARGAUX 村庄 + Controlee。

④ 最高级是城堡名 A.O.C.，如 Appellation + Chateau Lascombes 城堡。

Controlee 在法定的波尔多大产区名下，可细分为 5 大法定次产区，如表 2-1 和图 2-3 所示。

表 2-1　波尔多 5 大法定次产区

次　产　区　名	所辖村庄级产区
MEDOC 梅多克次产区或 HAUT MEDOC 上梅多克	Saint-Estephe, Pauillac, Saint-Julien, Medoc-Listrac,Medoc-Moulis, Margaux
GRAVES 格拉夫次产区	Graves, Pessac-Leognan, Cerons, Barsac, Sauterne
COTES DE BALAYE&COTES DE BOURG 布拉依与布尔次产区	Cotes de Boulaye, Cotes de Bourg
LIBOURNAIS 利布奈次产区	Fronsac, Cotes-Canon-Fronsac, Pomorel, Saint-Emilion
ENTRE-DEUX-MERS 两海间次产区	Entre-Deux-Mers, Cadillac, Loupiac, Ste-Croix du Mont

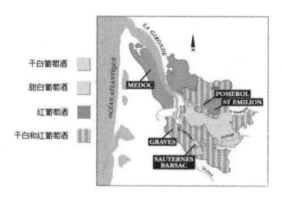

图 2-3 波尔多 5 大法定次产区分布图

（3）波尔多葡萄酒的分级表

1855 年波尔多红葡萄酒等级表：

——5 大顶级酒庄 （Premiers Crus）

Chateau Lafite-Rothschild （Pauillac）

Chateau Margaux （Margaux）

Chateau Latour （Pauillac）

Chateau Haut-Brion Pessac （Graves）

Chateau Mouton-Rothschild （Pauillac）

——二级酒庄 （Deuxiems Crus）

Chateau Rausan-Ségla （Margaux）

Chateau Rauzan-Gassies （Margaux）

Chateau Léoville-Las Cases （Saint-Julien）

Chateau Léoville-Poyer （Saint-Julien）

Chateau Léoville-Barton （Saint-Julien）

Chateau Durfort-Vivens （Margaux）

Chateau Gruaud-Larose （Saint-Julien）

Chateau Lascombes （Margaux）

Chateau Brane-CantenacCantenac （Margaux）

Chateau Pichon-Longueville-Baron（Pauillac）

Chateau Pichon-Longueville, Comtesse de Lalande （Pauillac）

Chateau Ducru-Beaucaillou （Saint-Julien）

Chateau Cos d'Estournel （Saint-Estèphe）

Chateau Montrose （Saint-Estèphe）

——三级酒庄 （Troisièmes Crus）

Chateau KirwanCantenac （Margaux）

Chateau d' IssanCantenac （Margaux）

Chateau Lagrange （Saint-Julien）

Chateau Langoa-Barton （Saint-Julien）

Chateau GiscoursLabarde （Margaux）

Chateau Malescot Saint-Exupéry （Margaux）

Chateau Boyd-CantenacCantenac（Margaux）

Chateau Cantenac-Brown Cantenac（Margaux）

Chateau Palmer Cantenac （Margaux）

Chateau La LaguneLudon （Haut-Médoc）

Chateau Desmirail （Margaux）

Chateau Calon-Ségur （Saint-Estèphe）

Chateau Ferrière （Margaux）

Chateau Marquis d' Alesme-Becker（Margaux）

——四级酒庄 （Quatrièmes Crus）

Chateau Saint-Pierre （Saint-Julien）

Chateau Talbot （Saint-Julien）

Chateau Branaire-Ducru （Saint-Julien）

Chateau Duhart-Milon-Rothschild （Pauillac）

Chateau Pouget Cantenac （Margaux）

Chateau La Tour-Carnet Saint-Laurent （Haut Médoc）

Chateau Lafon-Rochet （Saint-Estèphe）

Chateau Beychevelle （Saint-Julien）

Chateau Prieuré-LichineCantenac（Margaux）

Chateau MarquisdeTerme （Margaux）

——五级酒庄 （Cinquièmes Crus）

Chateau Pontet-Canet （Pauillac）

Chateau Batailley （Pauillac）

Chateau Haut-Batailley （Pauillac）

Chateau Grand-Puy-Lacoste（Pauillac）

Chateau Grand-Puy-Ducasse（Pauillac）

Chateau Lynch-Bages（Pauillac）

Chateau Lynch-Moussas（Pauillac）

Chateau DauzacLabarde（Margaux）

Chateau d'Armailhac（Pauillac）

Chateau du TertreArsac（Margaux）

Chateau Haut-Bages-Libéral（Pauillac）

Chateau Pédesclaux（Pauillac）

Chateau Belgrave Saint-Laurent（Haut-Médoc）

Chateau de Camensac Saint-Laurent（Haut-Médoc）

Chateau Cos-Labory（Saint-Estèphe）

Chateau Clerc-Milon（Pauillac）

Chateau Croizet-Bages（Pauillac）

Chateau Cantemerle Macau（Haut-Médoc）

1855 年波尔多白葡萄酒等级表：

——最顶级白葡萄酒庄（Premier Cru Supérieur）

Chateau d'Yquem Sauternes

——一级白葡萄酒庄（Premiers Crus）

Chateau La Tour-Blanche（Bommes）

Chateau Lafaurie-Peyraguey（Bommes）

Chateau Clos Haut-Peyraguey（Bommes）

Chateau de Rayne-Vigneau（Bommes）

Chateau Suduiraut（Preignac）

Chateau Coutet（Barsac）

Chateau Climens（Barsac）

Chateau Guiraud（Sauternes）

Chateau Rieussec（Fargues）

Chateau Rabaud-Promis（Bommes）

Chateau Sigalas-Rabaud（Bommes）

——二级白葡萄酒庄（Deuxièmes Crus）

Chateau de Myrat（Barsac）

Chateau Doisy-Daëne（Barsac）

Chateau Doisy-Dubroca（Barsac）

Chateau Doisy-Védrines（Barsac）

Chateau d'Arche（Sauternes）

Chateau Filhot（Sauternes）

Chateau Broustet（Barsac）

Chateau Nairac（Barsac）

Chateau Caillou（Barsac）

Chateau Suau（Barsac）

Chateau de Malle（Preignac）

Chateau Romer-du-Hayot（Fargues）

Chateau Lamothe-Despujols（Sauternes）

Chateau Lamothe-Guignard（Sauternes）

1855 年，世界万国博览会在巴黎举行。为弘扬法国美酒文化，当时的法国国王拿破仑三世命令波尔多商会将波尔多产区的葡萄酒进行等级评定，结果共有 61 家红葡萄酒酒庄和 1 家白葡萄酒分成 5 级入围。

- 该等级表以 MEDOC 次产区的葡萄酒为主，GRAVES 次产区只有一款红葡萄酒入围，且名列 5 大顶级酒庄之列，因为 Chateau Haut Brion Pessac 这款酒非常好。
- 波尔多产区内 Saint-Emilion（圣-艾米伦）次产区的葡萄酒也非常著名，但该表未收录，所以要以 Saint-Emilion 次产区自己的葡萄酒等级表作为参考。
- 当时的分类不用"酒庄"（CHATEAU）一词，而用词汇 CRU，意为土壤，标明 CRU 的葡萄酒一般都比较好。

格拉夫（GRAVES）次产区葡萄酒庄表：

——红葡萄酒

Chateau Bouscaut（Cadaujac）

Chateau Haut-Bailly（Léognan）

Chateau Carbonnieux（Léognan）

Domaine de Chevalier（Léognan）

Chateau de Fieuzal（Léognan）

Chateau d'Olivier（Léognan）

Chateau Malartic-Lagravière（Léognan）

Chateau La Tour-Martillac （Martillac）

Chateau Smith-Haut-Lafitte （Martillac）

Chateau Haut-Brion （Pessac）

Chateau La Mission-Haut-Brion（Talence）

Chateau Pape-Clément （Pessac）

Chateau Latour-Haut-Brion （Talence）

——白葡萄酒

Chateau Bouscaut （Cadaujac）

Chateau Carbonnieux （Léognan）

Chateau Domaine de Chevalier （Léognan）

Chateau d'Olivier （Léognan）

Chateau MalarticLagravière （Léognan）

Chateau La Tour-Martillac （Martillac）

Chateau Laville-Haut-Brion （Talence）

Chateau Couhins-Lurton （Villenaved'Ornan）

Chateau Couhins （Villenaved'Ornan）

Chateau Haut-Brion （Pessac）

1953 年，格拉夫次产区自行评定的红白葡萄酒表，但未分级别。

圣－艾米伦（Saint-Emillion）次产区葡萄酒等级表：

——顶级酒庄 A 级

Chateau AUSONE

Chateau CHEVAL BLANC

——顶级酒庄 B 级

Chateau ANGéLUS

Chateau BEAU-SéJOURBéCOT

Chateau BEAUSéJOUR （DUFFAU-LAGAROSSE）

Chateau BELAIR

Chateau CANON

Chateau FIGEAC

Chateau LA GAFFELIERE

Chateau MAGDELAINE

Chateau PAVIE

Chateau TROTTEVIEILLE

Clos FOURTET

—— 一级酒庄

Chateau BALESTARD LA TONELLE

Chateau BELLEVUE

Chateau BERGAT

Chateau BERLIQUET

Chateau CADET BON

Chateau CADET-PIOLA

Chateau CANON LA GAFFELIERE

Chateau CAP DE MOURLIN

Chateau CHAUVIN

Chateau CLOS DES JACOBINS

Chateau CORBIN

Chateau CORBIN-MICHOTTE

Chateau CURé BON

Chateau DASSAULT

Chateau FAURIE-DE-SAUCHARD

Chateau FONPLéGADE

Chateau FONROQUE

Chateau FRANC MAYNE

Chateau GRAND MAYNE

Chateau GRAND PONTET

Chateau GUADET SAINT-JULIEN

Chateau HAUT CORBIN

Chateau HAUT SARPE Saint-Christophe des Bardes

Chateau L'ARROSéE

Chateau LA CLOTTE

Chateau LA CLUSIERE

Chateau LA COUSPAUDE

Chateau LA DOMINIQUE

Chateau LA SERRE

Chateau LA TOUR DU PIN-FIGEAC（Giraud-Belivier）

Chateau LA TOUR DU PIN-FIGEAC（J.M. Moueix）

Chateau LA TOUR FIGEAC

Chateau LAMARZELLE

Chateau LANIOTE

Chateau LARCIS DUCASSE Saint-Laurent des Combes

Chateau LARMANDE

Chateau LAROQUE Saint-Christophe des Bardes

Chateau LAROZE

Chateau LE PRIEURé

Chateau LES GRANDES MURAILLES

Chateau MATRAS

Chateau MOULIN DU CADET

Chateau PAVIE DECESSE

Chateau PAVIE MACQUIN

Chateau PETITE FAURIE DE SOUTARD

Chateau RIPEAU

Chateau SAINT-GEORGE COTE PAVIE

Chateau SOUTARD

Chateau TERTRE DAUGAY

Chateau TROPLONG-MONDOT

Chateau VILLEMAURINE

Chateau YON-FIGEAC

Clos DE l'ORATOIRE

Clos SAINT-MARTIN

Couvent DES JACOBINS

1954 年，圣－艾米伦次产区将自己 860 公顷土地上的美酒分级，它在顶级酒庄中又分为 A 级和 B 级，A 级比 B 级酒质高很多。

波尔多产区最贵的葡萄酒是"贝托斯酒庄"（CHATEAU PETRUS），因为其土壤构成是陨石，全球独有，所以酒价昂贵。波尔多产区最著名的白葡萄酒是 Chateau d'Yquem-Sauternes。

（4）波尔多产区葡萄酒的著名品牌

① 拉斐酒庄（LAFITE）。拉斐酒庄是 1855 年波尔多葡萄酒评级时的顶级葡萄酒庄之一，连同奥比安酒庄、拉图酒庄、玛歌酒庄及 1973 年入选的茂同酒庄，并称波尔多"五大"名庄。拉斐酒庄被认为是"五大"中最典雅的。

拉斐酒庄历史悠久，已有数百年历史。自 17 世纪西格家族入主后，酒品得到大幅提升。老西格去世后，其次子亚历山大与波尔多另一名庄——拉图酒庄的女继承人结婚，此举使他们的儿子小亚历山大成为掌控"五大"中两大名庄的"葡萄王子"（Prince des Vignes）。

18 世纪，拉斐酒庄已为英国伦敦的酒商们所推崇，而且成为法国国王路易十五的宫廷御酒。传说，法属圭亚那总督履任前，曾咨询波尔多的医生带哪种酒去上任喝好，医生当时推荐拉斐酒为最保健养颜的葡萄酒。当总督回国述职拜见法国国王时，后者惊讶地发现总督比出发时像年轻了 25 岁。总督将此归因于拉斐酒的功效，从此，王后和宠妃们都争喝拉斐酒，一时成为宫廷时尚。对法国葡萄酒痴迷有加的美国前总统托马斯·杰弗逊也对拉斐酒庄评价甚高。

经过战乱和数易其主后，1868 年，银行家罗特施德男爵 Baron de Rothschild 以 8 倍市盈率买入酒庄，成为拉斐酒庄的新主人，其家族经营一直延续至今。现任庄主埃里克·罗特施德（Eric de Rothschild）男爵上任于 1974 年，其锐意革新和苦心经营使得拉斐酒摆脱了 20 世纪 60 ～ 70 年代的平凡而重新达到巅峰。

拉斐酒庄的红酒，通常要在不锈钢发酵罐中放 3 个星期，再在新橡木桶中放 18 ～ 24 个月。酒庄的正牌酒单宁丰厚，可历久藏。拉斐酒庄位于波尔多酒区的梅多克分产区，气候、土壤条件得天独厚。葡萄园面积 100 公顷，在列级酒庄中是最大的。平均葡萄树龄为 40 年，葡萄品种以赤霞珠为主，占 71% 左右。拉斐酒庄以红葡萄酒为主。正牌酒为拉斐酒庄（Chateau Lafite-

Rothschild，副牌酒为 Carruades de Lafite。拉斐酒庄的所有者罗特施德家族近年还收购了波尔多数家列级酒庄，并在美国和南美等地收购了多家葡萄园。

②拉图酒庄（LATOUR）。拉图酒庄是 1855 年波尔多葡萄酒评级时的顶级葡萄酒庄之一，连同奥比安酒庄、玛歌酒庄、拉斐酒庄及 1973 年入选的茂同酒庄，并称波尔多"五大"名庄，风格在"五大"中最为刚劲浑厚。

"latour"在法文里是"城楼"的意思，酒庄的标志就是一头雄狮骑在城楼上。因为这里曾于 1378 年建有城堡，俯瞰吉伦特河口，战略位置重要，历来为兵家必争之地。英法百年战争时这里曾发生过战役。原城楼是两层方形石塔，现已不存在了，现在我们通常看到的拉图酒庄的圆形城堡照片，其实是 17 世纪兴建的信鸽楼。

拉图酒庄酿造葡萄酒始于 1718 年，当时拥有拉斐酒庄的西格家族与拉图酒庄的女儿联姻，"葡萄酒王子"亚历山大接手酒庄并购得茂同酒庄，集多家名庄于一身。西格家族拥有拉图酒庄到 1962 年。1963 年，英资财团收购 75% 的股权，后追加到 93%，直到 1993 年英资股权被欧洲首富法国投资家毕诺（Pinault）以 8 600 万英镑收购，拉图酒庄才重回法国人的怀抱。值得一提的是，葡萄酒王子死后，他家族的人拥有股权却无心管理酒庄，只好委托酒庄经理打理，经营权与所有权的分离使每年的酒庄账目和经营报告详尽完整，连续 250 多年资料充实。拉图酒庄早在 18 世纪就已经为英国王室和贵族所欣赏，当时拉图酒就已经比其他波尔多酒贵 20 倍左右。1787 年，痴迷法国葡萄酒的美国前总统托马斯·杰弗逊就对拉图酒庄赞赏有加。1855 年的分级更强化了拉图酒庄在酒界的地位。拉图酒庄注重创新，是最早使用不锈钢发酵罐的酒庄之一，仅在奥比安酒庄之后。

拉图酒庄位于波尔多西北 50 km 的梅多克分产区的波亚克村，气候、土壤条件得天独厚。葡萄园面积 65 公顷，其中 47 公顷在领地的中心地带，称作 Enclos，拉图酒庄正牌酒 Grand Vin 皆来源于此。新橡木桶陈酿 18 个月。葡萄品种以赤霞珠为主，占 75% 左右，梅鹿占 20%。单宁丰厚，通常要几十年后才能成熟。拉图酒庄副牌酒为拉图堡（Les Forts de Latour），由中心葡萄园中树龄 12 年以下的葡萄及外园葡萄酿造，用半新橡木桶。

③玛歌酒庄（MARGAUX）。玛歌酒庄是 1855 年波尔多葡萄酒评级时的顶级葡萄酒庄之一，连同奥比安酒庄、拉图酒庄、拉斐酒庄及 1973 年入选的茂同酒庄，并称波尔多"五大"名庄。

玛歌酒庄历史悠久，已有数百年历史。早在 1787 年，对法国葡萄酒痴迷有加的美国前总统托马斯·杰弗逊就曾将玛歌酒庄评为波尔多名庄之首。Lestonnac 家族长期拥有玛歌酒庄，到 1978 年，经营连锁店的 Mentzelopoulos 家族购买了玛歌酒庄，大量的人力和财力投入使玛歌酒庄的酒质更上一层楼，达到巅峰。

玛歌酒庄是五大酒庄中比较恪守传统的酒庄，不仅保持手工操作，而且仍然使用橡木发酵罐。现在，像拉图、奥比安等顶级酒庄，早已使用不锈钢发酵罐了。玛歌酒庄的红酒，通常要在发酵罐中放 3 个星期，再在新橡木桶中放 18 ~ 24 个月。酒庄的正牌酒单宁丰厚，可历久藏，通常在 20 ~ 30 年后饮用为宜。

玛歌酒庄位于波尔多酒区的梅多克分产区,气候、土壤条件得天独厚。葡萄园面积87公顷,其中78公顷种植葡萄,平均葡萄树龄为35年,产量很小。葡萄品种以赤霞珠为主,占75%左右。玛歌酒庄以红葡萄酒为主,有少量白葡萄酒。正牌酒为玛歌酒庄,副牌酒为"红楼"(Pavillion Rouge)。玛歌酒庄的城堡建于拿破仑时期,是梅多克地区最宏伟的建筑之一。

2. 勃艮第产区(BOURGOGNE)

(1)勃艮第产区简介

① 勃艮第产区的葡萄酒力道浑厚坚韧,与波尔多葡萄酒的柔顺恰相对立,被称为"法国葡萄酒之王"。

② 勃艮第产区历史悠久,其得名来自勃艮第公爵。这里原属于勃艮第大公国。

③ 勃艮第产区的气候和地理条件好:勃艮第产区属大陆性气候,与波尔多的海洋性气候不同,但仍不失为好葡萄产区。

④ 勃艮第产区是与波尔多产区和香槟产区齐名的法国三大代表产区之一。

⑤ 波尔多产区以红葡萄酒为主,4/5 的产量为红葡萄酒。

⑥ 与波尔多产区的调配葡萄酒不同,勃艮第产区的葡萄酒以单一品种葡萄酒为主。

⑦ 与波尔多产区的葡萄酒相比,勃艮第产区的酒物美价廉,法国人自己更喜欢喝勃艮第产区的酒。

⑧ CHABLIS 次产区因地处北部,气候寒冷,其出产的白葡萄酒很有名。

⑨ 其宝祖利次产区的宝祖利新酒(Beaujolais Nouveau)是"越新越好喝",世界闻名。

(2)勃艮第产区的区域细分表

在法定的勃艮第大产区名下,可细分为 5 大法定次产区,如表 2-2 和图 2-4 所示。

表 2-2 勃艮第 5 大法定次产区

次 产 区 名	所辖村庄级产区
CHABLIS 夏布利次产区	以白葡萄酒为主
Cotes de Or 金丘次产区	北部 Cotes de Nuits: Gevrey-Chambertin, Chambolle-Musigny, Vosne-Romane, Nuits- St.- Georges 南部 Cotes de Beaune: Aloxe-Carton, Beaune, Pommard, Meursault Puligny-Montrachet, Chassagne-Montrachet
CHALONNAISE 夏隆奈次产区	Rully, Mercury, Givy, Bouzeron, Montagny
MACONNAIS 马贡奈次产区	PPouilly-Fuisse, Saint-Veran, Pouilly-Loche, Pouilly-Vinezelles
BEAUJOLAIS 宝祖利次产区	有 10 个村庄,如 Moulin-a-vent, Fleurie, Morgon 等每年 11 月第 3 个周四推出的宝祖利新酒就产于此地

(3)勃艮第产区葡萄酒的分级表

勃艮第产区分级的特点是:它将最高级城堡名 A.O.C. 又细分为二级,即

① 一级葡萄园城堡 Premier Cru。注意,这里又出现 Cru 这一词汇位于酒标上,往往与村庄名一起使用。

② 特级葡萄园城堡 Grand Cru,这些葡萄园声名显赫,不要同村庄名一起使用。

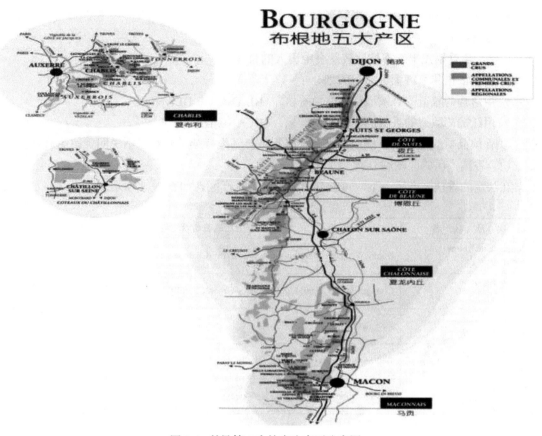

图 2-4　勃艮第 5 大法定次产区分布图

3. 香槟产区（CHAMPAGNE）

（1）香槟产区简介

① 香槟来自法文"CHAMPAGNE"音译，意为香槟省。香槟省位于法国北部，气候寒冷且土壤干硬，阳光充足，其种植的葡萄适于酿造香槟酒。

② 香槟是 1660 年由香槟省境内的贝内迪克廷修道院的修道士唐·贝力农发明的，它是一种采用二次发酵法酿造的气泡葡萄酒。香槟酒的得名源于此。

③ 由于原产地命名的原因，只有香槟产区生产的气泡葡萄酒才能称"香槟酒"，其他地区产的此类葡萄酒只能叫"气泡葡萄酒"。根据欧盟的规定，欧洲其他国家的同类气泡葡萄酒也不得叫"香槟"。

④ 香槟产区有 1 万多个葡萄园，产品 1/3 供出口。

⑤ 香槟酒的年份：

* 不记年香槟：香槟酒如不标明年份，说明它是装瓶 12 个月后出售的。

* 记年香槟：香槟酒如果标明年份，说明它是葡萄采摘 3 年后出售的。

⑥ 香槟及气泡葡萄酒的 5 级甜度划分：

* 天然（BRUT）：含糖最少，酸。

* 特干（EXTRA SEC）：含糖次少，偏酸。

* 干（SEC）：含糖少，有点酸。

- 半干（DEMI‐SEC）：半糖半酸。
- 甜（DOUX）：甜。

一般，甜香槟或半干香槟比较适合中国人的口味。

⑦ 香槟依据其原料葡萄品种的划分：

- 用白葡萄酿造的香槟酒称"白白香槟"（BLANC DE BLANC）。
- 用红葡萄酿造的香槟酒称"红白香槟"（BLANC DE NOIR）。

⑧ 香槟品质的鉴别：香槟酒如果气泡多且细，气泡持续时间长，则说明香槟品质好。

（2）香槟产区的区域细分表

在法定的香槟大产区名下，可细分为 5 大法定次产区，如表 2-3 所示。

表 2-3　香槟 5 大法定次产区

次　产　区　名	所辖著名酒庄名
Montagne de Reims 汉斯山次产区	Bouzy, Verzenay, Verzy, Ambonnay, Mailly-Champagne, Sillery
Cote de Blanc 白丘次产区	Cramant, Avize, Oger, Le Mesnil-Sur-Orger, Chouilly
Vallee de la Marne 马恩河谷次产区	Ay-Champagne, Mareuil-Sur-Ay
Cote de Sezanne 赛萨讷丘次产区	Bethon, Villenauxe-la-Grande
Aube Vineyards 欧布维亚次产区	Bar-sur-Aube, Bar-sur-Seine, les Reiceys

（3）香槟酒的分级表

① 香槟省有上万的葡萄酒庄，其 A.O.C. 级香槟酒中最好的 17 个酒庄被评为顶级酒庄，其 100% 用园内葡萄酿造，称 Grand Cru。

② 另外 40 个酒庄被评为一级酒庄，90% ～ 99% 用园内葡萄酿造，称 Premier Cru。

4. 罗讷河谷产区（COTE DU RHONE）——法国葡萄酒发源地

（1）罗讷河谷产区简介

① 罗讷河谷产区历史悠久，是法国最早的葡萄酒产地。考古表明，早在公元 1 世纪，随着罗马人征服高卢，罗马人就发现了罗讷河谷两岸是种植葡萄的宝地，这里成为法国葡萄酒的发源地。100 多年后，葡萄种植才传到波尔多等地区。

② 公元 14 世纪，罗马教廷纷争，教皇移居罗讷河谷地区，在其首府阿维农居住，共有 7 位教皇在此历经百年，并先后修建了"教皇宫"和夏宫"教皇新堡"。为了满足教廷所需，邻近的葡萄园不断改良葡萄品种和酿造技术，使罗讷河谷产区的葡萄酒质量突飞猛进，产生了如"教皇新堡"（Chateauneuf du Pape）这样的名酒。

③ 罗讷河谷产区的葡萄酒丰富多彩，其红葡萄酒以口感浓郁、略带辛辣为主要特征。有人认为它适合搭配中餐的川菜。

④ 罗讷河谷产区沿罗讷河谷的狭长地带自北向南呈条状分布，长约 200 km。其北部与勃艮第产区接壤，北罗讷的酒与勃艮第酒相似，以单一品种葡萄酒或二至三种葡萄调配酒为主；其南部沐浴在地中海的阳光和海风之下，以多品种葡萄调配而成，有的甚至用 13 种葡萄品种。

⑤ 在法国，罗讷河谷产区的葡萄酒酒劲最大。世界上酒精度最高的葡萄酒就产自其南部地区，酒精度为 16.2%。这主要归因于其南部独特的鹅卵石地貌，鹅卵石白天吸收太阳光热量，夜晚再散发给葡萄树，使葡萄更加成熟，酒精度高。

⑥ 罗讷河谷产区的葡萄酒品种以希拉和格纳希为主，这使其酿酒方法有别于波尔多对橡木桶的推崇。罗讷河谷的葡萄酒很少使用新橡木桶，而且放置在橡木桶内的时间也很短。罗讷河谷的人认为他们的葡萄酒天生丽质，不需要橡木味的涂脂抹粉。

（2）罗讷河谷产区的区域细分表

罗讷河谷产区是法国仅次于波尔多产区的第二大 A.O.C. 葡萄酒产区。其出产的葡萄酒以红酒为主，约占总产量的 94%。因气候和土壤条件不同，罗讷河谷产区主要分成北部和南部两大区域（但南罗讷和北罗讷并不构成单独的 A.O.C. 名号）。北罗讷地区气候属大陆性气候，干而冷的北风加速葡萄成熟，共有希拉（Syrah）等 4 种法定葡萄品种。其葡萄园多在陡峭的河岸山坡上，形如梯田。

南罗讷地区气候属地中海气候，阳光充足，雨量充沛，也有干冷的强风，共有格纳希（Grenache）、希拉（Syrah）等 13 种法定葡萄品种。其葡萄园多是鹅卵石土壤，是独特的景观。在南北产区内各有其著名的小产区 A.O.C.，称为 Cru，共有 13 个 Cru，它们是罗讷河谷最高级的葡萄酒。

罗讷河谷产区北部和南部所属的 13 个 Cru 如表 2-4 所示。

表 2-4　罗讷河谷产区北部和南部所属的 13 个 Cru

区　域	产区内的 Cru
北罗讷	Cote Rotie, Condrieu, Chateau Grillet, St Joseph, Crozes Hermitage, Hermitage, Cornas, St Peray
南罗讷	Chateauneuf du Pape, GigondasVacqueyras, Lirac, Tavel

（3）罗讷河谷产区葡萄酒的分级表

罗讷河谷产区的 A.O.C. 葡萄酒可以分为 3 级：

① 低级是大产区名 A.O.C.，如 Appellation + 罗讷河谷产区 + Controlee。

② 中级是村庄级 A.O.C.，如 Appellation + Beaumes de Venise 村庄名 + Controlee。

③ 高级是 Cru 名 A.O.C.，如 Appellation + Chateauneuf du Pape 名 + Controlee。

村庄级 A.O.C.：罗讷河谷产区内的 95 个村庄所产的葡萄酒，质量高于基本级 A.O.C.，可以称为罗讷河谷村庄级 A.O.C.，即 Cotes du Rhone Villages。其中，只有 16 个村庄可以在酒标上标明其村庄名。

这 16 个村庄分别是：Chusclan, Landun, St Gervais, Rochegude, St Maurice, St Pantaleon, Rousset les Vignes, Vinsobres, Beaumes de Venise, Cairanne, Rasteau, Roaix, Sablet, Seguret, Valreas, Visan。其中：Beaumes de Venise 村庄用蜜丝嘉葡萄所酿的天然甜酒很著名。

Cru 级 A.O.C.：罗讷河谷产区内共有 13 种最高级的葡萄酒。其中，北罗讷以 Hermitage 最为著名，南罗讷以教皇新堡 Chateauneuf du Pape 最为著名。南罗讷的 Tavel 以桃红酒著名，是法国最好的桃红葡萄酒。

（五）法国葡萄品种

1. 赤霞珠（Cabernet Sauvignon）

如果不是为了说它来自梅多克，人们将不会提起这个世界葡萄界的明星，因为只有在梅多克，和美乐组合，才有它最优秀的品质。如果说它的香味以青
椒味为特征，那人们也学会了控制它的单宁量，使之也能散发出
其他香味，如黑茶子、皮革、雪松、香辛料以及黑色水果的味道。
这一丰富的香味，连同它的单宁和陈酿潜力，通过波尔多葡萄酒
而为全世界公认。地区餐酒也大量用它，酿造出的酒主要是果香，
这是为了适应更快的消费，如在朗格多克就非常成功。全世界至
少有 170 000 公顷土地种植赤霞珠，从摩尔达维亚一直到南非。该品种晚熟皮厚，需要在炎热
的土地上才能达到理想的成熟度。在法国，它往北不能超过波尔多。

2．希拉（Syrah）

传说希拉是 1224 年十字军东征时从伊朗的 Shiraz 千里迢迢带回
来的，但是关于这个问题，众家争论不休，虽然这一品种在罗讷河谷
安家落户。当地的土质贫瘠干燥，气候适宜，适合这个不茁壮晚熟的
品种，如罗第陡峭的山坡。在法国，该品种的种植面积达到了 45 000
公顷之多，除了罗讷河谷之外，还在朗格多克和普罗旺斯种植。地区
餐酒也使之成为神话般的品种。希拉品种酿造的葡萄酒色泽鲜艳，其
灵魂即酒香中的烟熏味，胡椒味围绕着董菜花，桑葚和欧洲越橘的香
气，同时吸引爱好者的还有其平衡的单宁，强劲而如天鹅绒般绵软。法国如今占全世界希拉
生产的 70%。

3．佳美（Gamay）

佳美的另一个名字是佳美博若莱，顾名思义，二者存在不可分离的关系，那就是 60% 的
佳美种都植在博若莱地区。该地区沙砾质的土壤贫瘠而呈酸性，是葡萄的理想生长环境。在勃
艮第、卢瓦河谷也有佳美种植，那里的北方气候条件也十分适合。佳美带有桑葚、樱桃、草莓、
醋栗的香味，也可以用来酿造次等葡萄酒。由于单宁含量低，佳美主要是水果香味，加上一
丝酸味，使之能够佐以家常菜，冷冻饮用。这一特性在新博若莱表现得更好，它是为了生活
情趣而酿造的酒。

4．佳利酿（Carignane）

这个品种曾给人很差的印象，总是和大批量生产的葡萄联系在一起，因为它的产量高，曾
经常被用来酿制普通餐酒。如今人们终于承认了它的优点。它是晚熟的品种，能不受霜冻的
危害，但是要种植在气候炎热的地方，否则永远不能成熟。当人们将它的产量控制在 30 ～ 70
百升 / 公顷时，这个来自西班牙的品种——现在还能在 Priorat 找到——酿造的酒不同凡响：
酸度适中，具有高贵的色泽，适合和歌海娜搭配酿造高质量葡萄酒。在最好的土地上，个性
鲜明的葡萄园中还有一张王牌，就像菲图在鲁西荣、在科比埃或是普罗旺斯区，它的香味非
常诱人，有红色水果、香辛料、佳里哥宇群落植物（地中海地区典型的植物）的芬芳，单宁
味涩而略为润滑。西本哥拉有 160 000 公顷的土地种植该品种。

5．品丽珠（Cabernet Franc）

品丽珠与赤霞珠虽然关系不大，但比较而言，品丽珠要更顽强、更早熟。品丽珠是卢瓦河

谷红葡萄酒之王。但在波尔多和西南部产区，它也占据着二线位置，受到高度评价。全世界有45 000公顷土地种植品丽珠，法国占得最多，有36 000公顷，意大利北部和澳大利亚也有种植。尽管由它酿制的酒适宜陈酿，单宁比赤霞珠更合适一点，使之在新酒期末有天鹅绒般的口感。它特别适应卢瓦河谷、布尔格伊和诗南地区的气候。那里的人们早在拉伯雷的享乐主义时代就喜欢覆盆子、樱桃与甘草的香味，以及细腻柔顺的单宁平衡。它十分适宜陈酿。

6. 黑皮诺 (Pinot Noir)

黑皮诺在罗马统治时代之前就由高卢人在勃艮第地区种植，后来逐渐到了阿尔萨斯、德国甚至西班牙和美国俄勒冈州最冷的地方。该品种任性，易受冻，易生病，早熟，就像一个脾气乖戾的天才儿童。然而它成熟早，是北方地区的意外收获，因为夏季结束得早。勃艮第气候状况理想，黑皮诺在丰富程度、单宁平衡和香味丰满度上成果喜人。而且它是勃艮第唯一的红葡萄品种，表现力有令人吃惊的多样性。法国是世界上最大的黑皮诺生产国，占地25 000公顷（全世界60 000公顷）。如果说酒色深浅不是它的最佳特性，那它的回味与精美使之成为一个珍贵的葡萄品种。黑皮诺具有樱桃、樱桃酒、皮革、灌木、野味的香气，有其肯定的价值。该品种单宁细腻，如丝一般，特别是易于融化，给品尝带来不少快感，适宜陈酿。

7. 白诗南 (Chenin Blanc)

白诗南于11世纪在昂日地区出现，后来传到都兰和卢瓦河谷中部。这一品种十分娇弱，容易腐烂，一般生长在最热的土地上，尤其是斜山坡上，可以进行贵腐工艺，酿造优质的利口酒。其种植面积有10 000公顷，也用来酿造朗格多克利慕起泡酒。然而是在卢瓦河谷它才得到高贵的名声，酿造了一大批白葡萄酒，从干白到甜白，还有起泡酒、莱昂、武弗雷、萨韦涅尔，全是由它酿造而成。它经常和霞多丽与长相思组合，使得卢瓦河谷的葡萄酒香味更为丰富，甜葡萄酒品尝起来细腻，果香浓郁，有着柑橘、梨、木瓜甚至蜂蜜和糖渍水果的味道。

8. 白玉霓 (Ugni blanc)

白玉霓原产意大利，从种植面积上来看（100 000公顷）是一大品种，它用来酿造优质的蒸馏酒，原产地监控命名干邑和雅马邑。几十年来，它也用来酿造地区餐酒的干白葡萄酒，少数用来酿造一些原产地监控命名，如卡西斯、波尔多和艾克斯。白玉霓对冬天的霜冻非常敏感，更适宜种植在温暖的地区。在北部产区（干邑区），它生产的酒很酸，酒精度不高，最适合蒸馏。相反，在热一些的地方，由它酿造的酒比较清新，香味浓郁，很解渴。在普罗旺斯地区，白玉霓甚至带着肥硕感和更为丰富的香味，有松树脂、木瓜和柠檬的味道。

（六）法国葡萄酒的真假鉴别

第一步：看酒瓶外观。

① 看酒瓶标签印刷是否清楚，是否仿冒翻印。

② 看酒瓶的封盖是否有异样，有没有被打开过的痕迹。

③ 看酒瓶背面标签上的国际条形码是否以3字打头：法国国际码是3。

④ 看酒瓶背面标签上是否有中文标识：根据中国法律，所有进口食品都要加中文背标，如果没有中文背标，有可能是走私产品，则质量不能保证。

第二步：看葡萄酒液。

① 看葡萄酒的颜色是否不自然。

② 看葡萄酒上是否有不明悬浮物。（注：瓶底的少许沉淀是正常的结晶体。）

③ 酒质变坏时颜色有浑浊感。

第三步：看酒塞标识。打开酒瓶，看木头酒塞上的文字是否与酒瓶标签上的文字一样。在法国，酒瓶与酒塞都是专用的。

第四步：闻葡萄酒的气味。如果葡萄酒有指甲油般呛人的气味，就表示变质了。

第五步：品葡萄酒的口感。

① 饮第一口酒，酒液经过喉头时，正常的葡萄酒是平顺的，问题酒则有刺激感。

② 咽酒后，残留在口中的气味有化学气味或臭味，则不正常。

③ 好葡萄酒饮用时应该令人神清气爽。

（七）法国葡萄酒的好坏鉴别

1．标签

第一步，从标签看该葡萄酒所属的级别，法国法律将法国葡萄酒分为 4 级，分别为：法定产区葡萄酒 A.O.C.、优良地区餐酒 VDQS、地区餐酒 VIN DE PAYS 和日常餐酒 VIN DE TABLE。

第二步，如果是 A.O.C. 级别的葡萄酒，还可细分为很多等级：

① 法定产区葡萄酒 A.O.C. 在法文意思为"原产地控制命名"。酒瓶标签标识为 Appellation ＋ 产区名 ＋ Controlee。

② 产区名标明的产地越小，酒质越好。

例如，波尔多 Bordeaux 大产区下面可细分为 MEDOC 次产区、GRAVE 次产区等，而 MEDOC 次产区内部又有很多村庄，如 MARGAUX 村庄。

MARGAUX 村庄内有包含几个城堡（Chateau），如 Chateau Lascombes。

• 最低级是大产区名，如 Appellation＋ 波尔多产区 ＋Controlee。

• 次低级是次产区名，如 Appellation＋MEDOC 次产区 ＋Controlee。

• 较高级是村庄名，如 Appellation＋MARGAUX 村庄 ＋Controlee。

• 最高级是城堡名，如 Appellation＋Chateau Lascombes 城堡 ＋ Controlee。

要了解法国葡萄酒，必须能够识别葡萄酒酒标，酒标代表了葡萄酒的身份，现举例说明。

此标（见图 2-5）为原产地名称监制葡萄酒酒标，内容包括：

1：1978 年生产。

2：波尔多地区：CHATEAU DE BUBAS。

3：酒名（葡萄园名）。

4：波尔多名称监制。

5：酒精度为 12%。

图 2-5 原产地名称监制葡萄酒酒标

6：法国生产。

7：装瓶公司及地址。

8：容量：75 cL（cL 即"厘升"，1 cL=10 mL）。

此款为 BOLLINGER 香槟酒的酒标（见图 2-6）：

1：香槟酒标。法国酒标解读每瓶酒也有一张"身份证"，列明该瓶酒的酒龄、级数、出品酒庄、产地等，而每个国家的制度和文字亦有所不同。

2：香槟英文。CHAMPAGNE。

3：BOLLINGER 品牌。从 1829 年至今，BOLLINGER 就演绎着一种得天独厚的风土味道。作为法国香槟区留下的最后一个仍然由家族控股的香槟酒庄，这里 70% 的葡萄都来自于自己的葡萄园。黑皮诺作为其中最主要的葡萄品种，为香槟带来紧凑的结构和悠长的回味；橡木桶的发酵则让香槟的口味更加丰富和优雅。

4：特殊酿制。

5：含糖量（BRUT）：表示干型香槟，含糖量通常较低，介于 5 ~ 15 g/L 之间。

6：酒精度 12%。

7：法国生产。

8：Bollinger 酿造。

9：净含量 75 cL。

图 2-6 BOLLINGER 香槟酒的酒标

此款为 Leroy 酒庄出产的葡萄酒酒标（见图 2-7）：

1：葡萄的年份 2003。

2：一级酒。

3：法定产区。

4：品级鉴定。

5：装瓶信息。

6：酒庄 Leroy。

7：酒精度 13%。

8：产地法国。

9：净含量 75 cL。

图 2-7 Leroy 酒庄葡萄酒酒标

此款为拉图酒庄出产的 LES FORTS DE LATOUR 葡萄酒酒标（见图 2-8）：

1：拉图酒庄葡萄酒。

2：葡萄的年份 2000。

3：产区（PAUILLAC 四大产区之一）。

4：品级鉴定（PAUILLAC 产区监控）。

5：酒庄装瓶。

6：法国生产。

7：净含量 750 mL。

8：酒精度 13%。

此款为 LOUIS JADOT 葡萄酒酒标（见图 2-9）：

图 2-8 LES FORTS DE LATOUR
葡萄酒酒标

1：酒商 FONDEE 考维。

2：产区法国波尔多地区。

3：品级（GRAND CRU：顶级葡萄园）

4：品级监控最高等级的法国葡萄酒，其使用的葡萄品种、最低酒精度、最高产量、培植方式、修剪以及酿酒方法等都受到最严格的监控。

5：装瓶信息。

6：净含量 75 cL。

7：酒庄名 LOUIS JADOT。

8：邮编，法国生产。

9：酒庄。

10：酒精度 13.5%。

11：法国生产。

图 2-9 LOUIS JADOT 葡萄酒酒标

CHATEAU MARGAUX 葡萄酒的酒标（见图 2-10）：

1：波尔多地方梅多克地区的玛歌村的 A.O.C. 酒，以村落为名表示 A.O.C. 酒中的顶级品。

2：等级标识，PREMIER GRAND CRU CLASS 表示酒庄酒中品质优良的等级标识。

3：玛歌村庄生产。

4：装瓶者，酒庄装瓶。

5：年份 1982（葡萄酒采收年份）。

6：优良酒。

图 2-10 CHATEAU MARGAUX
葡萄酒的酒标

7：酒名，以酒庄（葡萄园）名做葡萄酒名，是最高级的 A.O.C. 级葡萄酒。

图 2-11 所示为 POMEROL 葡萄酒的酒标。

1：波尔多地方波慕罗地区（POMEROL）的 Mazeyres 村所产的葡萄酒。

2：品质分类名，波慕罗地区的 A.O.C. 酒，取自地区名，在 A.O.C. 酒中算是中级酒。

3：年份 1994（葡萄酒采收年份）。

4：容量（一般分为 750 mL 和 375 mL 两种）。

5：法国产。

6：酒精度。

图 2-11 POMEROL 葡萄酒的酒标

7：装瓶者，酒庄装瓶。

第三步，对于一些波尔多葡萄酒，还有其特殊的分级方式，有更高的分级，用法文的顶级酒庄 Premiers Grands Crus Classes 表示，法文 Cru 意为"土地"。

五大顶级酒庄：

- Chateau Lafite-Rothshild；
- Chateau Margaux；

- Chateau Latour；
- Chateau Haut Brion；
- Chateau Monton-Rothshild。

2．酒品年份表

① 葡萄酒酒瓶的正面标签上标明了该葡萄酒的年份，葡萄年份指葡萄采摘和酿造的年份，它与装瓶年无关。

② 葡萄年份的好坏与当年葡萄收割前雨水多少有关，雨水过多则葡萄酒酿出来偏淡。 例如，1991 年和 1992 年，波尔多地区就曾阴雨连绵，结果 1991 和 1992 年的葡萄就不够甜，葡萄皮薄，葡萄酒酿造后，其单宁含量明显不足，口感差。

③ 葡萄年份好坏还取决于冬春气候和阳光等。

④ 同一葡萄年份对不同地区可能好坏差异，要根据葡萄酒所属地区来查年份表。

⑤ 即使同一年份的同一产区，也可能有所不同。例如，1997 年是公认的葡萄大年，但波尔多产区的 MEDOC 次产区和 GRAVES 次产区却因为收获前的一场大雨而使其酒质差于 POMOREL 次产区和 SAINT EMILLION 次产区。

⑥ 最近的大年是 2000 年。法国很多酒庄都囤积 2000 年的葡萄酒不发售，想等以后升值再卖。

法国葡萄酒主要产区具体年份好坏分布如表 2-5 和表 2-6 所示。

表 2-5　法国葡萄酒主要产区 1966—2003 年份表 1

注：* 差年，** 中等年份，*** 好年份，**** 特优年份，★顶好大年

产区 / 年份	波尔多红 Bordeaux	波尔多白 Bordeaux	Sauternes Barsac 白	勃艮第红 Bourgogn	勃艮第白 Bourgogn	宝祖利 Beaujolai	北罗讷河 Rhone N
1966	****	***	***	****	**		****
1967	**	**	★	**	**		***
1970	***	***	***	***	***		★
1971	***	***	***	***	***		***
1975	**	***	★	*	**		**
1976	***	***	****	****	***		****
1978	***	***	**	★	****		★
1979	***	****	***	***	★		★
1981	***	***	***	**	**		***
1982	****	***	***	**	***		****
1983	***	****	★	***	***		****
1985	****	****	***	****	****		★
1986	★	***	****	***	***		***
1987	**	***	**	**	**		**
1988	***	***	★	★	****		**
1989	****	***	★	****	★	****	***
1990	★	***	★	★	****	****	★
1991	**	***	***	***	***	★	***
1992	**	***	*	***	****	**	*
1993	***	***	*	****	****	***	**

续表

产区/年份	波尔多红 Bordeaux	波尔多白 Bordeaux	Sauternes Barsac 白	勃艮第红 Bourgogn	勃艮第白 Bourgogn	宝祖利 Beaujolai	北罗讷河 Rhone N
1994	***	***	**	***	***	***	***
1995	****	***	****	****	***	****	****
1996	****	***	****	****	***	***	****
1997	***	****	****	***	****	***	★
1998	****	****	***	***	****	***	★
1999	***	***	****	***	**	***	***
2000	****	****	*	**	****	****	***
2001	****	***	★	****	***	***	****
2002	****	****	★	****	****	***	***
2003	★	****	★	★	****	★	★

表 2-6　法国葡萄酒主要产区 1966—2003 年份表 2

注：* 差年，** 中等年份，*** 好年份，**** 特优年份，★顶好大年

产区/年份	南罗讷河 Rhone S	阿尔萨斯 Alsace	卢瓦河白 Loire	汝拉白 Jura	普罗旺斯 Provence	朗格多克 Languedo	西南红 SudOuest
1966	****	****	****				
1967	***	****	***				
1970	****	***	****				
1971	***	★	***				
1975	**	***	**				
1976	***	★	****				
1978	★	**	***				
1979	****	****	****				
1981	**	****	***				
1982	***	***	****				
1983	**	★	****				
1985	****	★	★				★
1986	***	**	****				***
1987	*	***	**				***
1988	**	★	****	****			****
1989	***	★	★	****			****
1990	★	★	★	★	****	***	★
1991	**	***	**	***	**	***	**
1992	**	***	**	**	**	**	**
1993	**	***	***	**	***	***	***
1994	***	***	*	***	***	***	***
1995	★	***	★	***	***	****	****
1996	****	****	★	****	***	**	***
1997	***	★	****	★	**	**	***
1998	****	****	****	****	****	****	****
1999	***	***	***	***	**	***	***
2000	***	★	***	***	★	★	****
2001	***	***	****	***	***	****	****
2002	**	**	***	****	**	***	***
2003	****	***	****	****	**	****	***

（八）法国葡萄酒饮用常识

1．法国葡萄酒酒瓶形状与产区的关系

① 波尔多产区：直身瓶型，类似中国的酱油瓶形状，是波尔多酒区的法定瓶型。在法国只有波尔多酒区的葡萄酒有权利使用这种瓶型。

② 勃艮第产区：略带流线的直身瓶型。

③ 罗讷河谷产区：略带流线的直身瓶型，比勃艮第产区的矮粗。

④ 香槟产区：香槟酒专用瓶型。

⑤ 阿尔萨斯产区：细长瓶型，是法国阿尔萨斯酒区的特有瓶型。

⑥ 普罗旺斯产区：细高瓶型，颈部多一个圆环。

⑦ 卢瓦河谷产区：细长瓶型，近似阿尔萨斯瓶型。

⑧ 隆格多克鲁西雍产区：矮粗瓶型。

⑨ 日常餐酒：日常餐酒一般的瓶型像大号的勃艮第瓶型。

具体形状如图 2-12 所示。

图 2-12 法国各产区葡萄酒酒瓶形状

2．法国葡萄酒与酒杯的搭配

（1）红葡萄酒——郁金香型高脚杯

郁金香型的理由：杯身容量大，则葡萄酒可以自由呼吸；杯口略收窄，则酒液晃动时不会溅出来，且香味可以集中到杯口。

高脚的理由：持杯时，可以用拇指、食指和中指捏住杯茎，手不会碰到杯身，避免 手的温度影响葡萄酒的最佳饮用温度。

（2）白葡萄酒——小号的郁金香型高脚杯

郁金香型和高脚的理由：同红葡萄酒杯。

小杯的理由：白葡萄酒饮用时温度要低。白葡萄酒一旦从冷藏的酒瓶中倒入酒杯，其温度会迅速上升。为了保持低温，每次倒入杯中的酒要少，斟酒次数要多。

（3）香槟（气泡葡萄酒）——杯身纤长的直身杯或敞口杯

杯型理由：为了让酒中金黄色的美丽气泡上升过程更长，从杯体下部升腾至杯顶的线条更长，让人欣赏和遐想。

（4）干邑——郁金香球型矮脚杯

矮脚杯型理由：持杯时便于用手心托住杯身，借助人的体温来加速酒的挥发。

（5）水晶葡萄酒杯名牌举例：

● 法国 BACCARAT 水晶杯。

● 奥地利 RIEDEL 水晶杯，如图 2-13 所示，从左到右依次为 Chablis 杯、Burgundy 杯、Bordeaux 杯、Champagne 杯。

图 2-13　奥地利 RIEDEL 品牌的水晶葡萄酒杯

3．法国葡萄酒饮用时的最佳温度

（1）红葡萄酒——室温，约 18 ℃

一般的红葡萄酒，应该在饮用前 1 ~ 2 h 先开瓶，让酒呼吸一下，称为"醒酒"。对于比较贵重的红葡萄酒，一般也要先冰镇一下，时间约 1 h。

（2）白葡萄酒——10 ~ 12 ℃

对于酒龄高于 5 年的白葡萄酒，可以再低 1 ~ 2 ℃，因此，喝白葡萄酒前应该先把酒冰镇一下，一般在冰箱中要冰 2 h 左右。

（3）香槟酒（气泡葡萄酒）——8 ~ 10 ℃

喝香槟酒前应该先冰镇一下，一般至少冰 3 h，因为香槟的酒瓶比普通酒瓶厚 2 倍。

4．法国葡萄酒与餐饮的搭配

（1）法国葡萄酒饮用的基本次序

① 香槟和白葡萄酒饭前作为开胃酒喝，红白葡萄酒佐餐时喝，干邑在饭后配甜点喝。

② 白葡萄酒先喝，红葡萄酒后喝。

③ 清淡的葡萄酒先喝，口味重的葡萄酒后喝。

④ 年轻的葡萄酒先喝，陈年的葡萄酒后喝。

⑤ 不甜的葡萄酒先喝，甜味葡萄酒后喝。

（2）法国葡萄酒与餐食搭配的基本原则

① 红葡萄酒配红肉类食物，包括中餐中加酱油的食物。

② 白葡萄酒配海鲜及白肉类食物。

（3）法国葡萄酒与中餐的搭配：酒别和菜肴举例

① 红葡萄酒：川菜、烤鸭、叉烧肉、烧鸡、香菇、火腿、酱熏类食品。

② 白葡萄酒：油炸点心、海鲜类、清蒸类。

③ 香槟酒：点心、鱼翅类。

（4）法国葡萄酒与西餐的搭配：酒别和菜肴举例

① 红葡萄酒：奶酪、火腿、蛋类、牛羊排、禽类、兽类、野味、内脏类。

② 白葡萄酒：沙拉、奶酪、巧克力、鹅肝、海鲜、蜗牛。

③ 香槟酒：茶点、布丁、火鸡。

5．法国葡萄酒的贮存

（1）何种酒需要贮藏

① 在法国葡萄酒分级中属于日常餐酒和地区餐酒的，不用贮藏，要随时打开喝。

② 只有法定产区餐酒 A.O.C. 才需要贮藏。

③ 法国白葡萄酒不含单宁，所以一般不用贮藏。通常贮藏的是红葡萄酒。

（2）贮藏时间

① 越陈越好的观念不适用于葡萄酒，因为葡萄酒有生命周期。

② 贮藏时间的长短取决于酒中单宁的含量，单宁多则需要贮藏时间长。通常，好酒可以贮藏 15 ～ 25 年，其他的一般不超过 10 年。

③ 法国主要产区葡萄酒的最佳饮用年限如表 2-7 所示。

表 2-7　法国各酒区葡萄酒最佳饮用年限

种　　　类	年　　限
普通的波尔多红白葡萄酒	2 ～ 10 年
标识为 Grand Vin 的波尔多高等级红葡萄酒 （注：有些可以保存百年以上）	4 ～ 20 年
勃艮第白葡萄酒	2 ～ 6 年
宝祖利红葡萄酒	3 月～ 3 年
普通的罗讷河谷红葡萄酒	1 ～ 4 年
高登记的罗讷河谷红葡萄酒	4 ～ 10 年
阿尔萨斯葡萄酒	2 ～ 6 年
香槟酒 （注：通常，香槟的发酵在售卖前已全部完成，无须在酒窖贮存）	3 ～ 5 年

（3）贮藏注意事项

① 要求合适的温度，理论温度 12 ℃ 左右，最重要是温度恒定，温度波动会对酒造成巨大伤害。

② 要求避光，因为紫外线会破坏单宁。

③ 避免震动。

④ 保持通风，空气清新。

⑤ 水平放置，保持软木塞湿润，防止空气进入致使葡萄酒氧化。

⑥ 要有一定的湿度（55% ～ 70%），太干导致瓶塞萎缩，使空气进入；太湿会引起瓶塞发霉，酒标脱落。

（4）贮藏地点建议

酒窖、专业葡萄酒柜（非冰箱、木头家具等）。如不具备以上条件，也可以存放于床底下、车库、衣橱、地窖等。

（5）葡萄酒打开后如何保存

① 开过的酒应该将软木塞塞回，把酒瓶放进冰箱，直立摆放。

② 通常，白葡萄酒开过后可以在冰箱中保存 1 星期。

③ 红葡萄酒通常在开过后可以在冰箱中保存 2 ～ 3 星期。

6．法国葡萄酒与健康

① 葡萄酒含有多种营养成分：氨基酸，蛋白质，维生素 C、B1、B2、B12 等，这些营养成分得益于葡萄的天然成分和酿造过程中产生的成分。

② 可以降低胆固醇，预防动脉硬化和心血管病。法国人喜欢吃高脂肪食品，如肥鹅肝，

但法国人动脉硬化和心血管病的患病率在欧洲国家中最低，这归功于法国葡萄酒。

③ 可以帮助消化并促进新陈代谢。吃饭时饮用葡萄酒可以提高胃酸含量，促进人体对食物中钙、镁、锌等矿物质的吸收。

④ 葡萄酒含酚，具有抗氧化的作用，防治退化性疾病，如老化、白内障、免疫障碍和某些癌症。

⑤ 利尿作用。

⑥ 补充人体热量，葡萄酒的热值与牛奶相当。

⑦ 适度饮用，有益健康。每天喝 3 杯为宜。

二、德国葡萄酒

德国是世界著名的葡萄酒生产国，它的产品在世界上享誉很高。德国葡萄酒的酿造特点是葡萄完全成熟后，放置一定时间再摘取，成品酒别具风格。

（一）德国葡萄酒的质量等级分类

德国葡萄酒最突出的特点是以葡萄采收时的自然含糖度作为评定葡萄酒等级的依据，依此构建了德国葡萄酒质量等级体系。《酒标法》中最重要的规定是必须在酒标上标示该款葡萄酒所属的质量级别。德国《酒标法》为两大质量级别——普通酒（即餐桌酒）和高质酒（包括 QbA 和 QmP）制定了比欧盟《酒法》的规定细分许多的级别体系，这是其他产酒国无一能够做到的，如图 2-14 所示。

葡萄采摘时的成熟度是衡量葡萄酒等级的主要指标。成熟度是指葡萄汁的天然含糖度。葡萄越成熟，葡萄汁里的天然含糖度越高，同时在酿造过程中获得的天然酒精度也越高。德国《酒法》规定含糖度用奥斯勒度（Oechsle）来表示，每个级别都有法律规定的最低含糖度的范围，以使各级别都有硬性的指标加以区分。

所有葡萄酒（从餐桌葡萄酒到精选葡萄酒）都可以是干型、半干型和微甜型。

图 2-14 德国葡萄酒的质量等级体系

有一点要注意：葡萄酒等级的划分是基于葡萄采收时的成熟度，而非葡萄酒装瓶时的糖分残余。同一葡萄品种可以酿制各种风格的酒，从干型到醇香如蜜的餐后甜酒。如果酒是干型的，酒标则显示成 Trocken，这与葡萄酒所属的级别无关。有时酒标显示 Halbtrocken，这指的是半干型。半干型酒的口味在干型和传统的甜型酒之间。

德国葡萄酒等级中的高质酒分为两个大级别：高级葡萄酒 QbA 和优质高级葡萄酒 QmP。餐桌酒（又分为日常餐酒和乡村餐酒），它们在德国葡萄酒质量等级的金字塔中，处于最底层，但是总产量与 QbA 和 QmP 两大级别比起来，可以忽略不计，因为根据德国葡萄酒学院 2005 年的统计数据，餐桌酒年产量只有 30 万百升，而且很少出口到德国以外的市场。

1. 餐桌酒

由一般成熟度的葡萄酿制而成，在德国由两个级别的葡萄酒组成。

（1）日常餐酒

佐餐葡萄酒（Tafel Wine）即所谓的普通葡萄酒，酿酒对地域不限，原则上以德国国内所产的同类品质的葡萄酒混合，也可与其他国家的葡萄酒混合，但是如果所混合的外国酒超过25%，则不得称为德国葡萄酒。此酒相当于法国的 Vine de Table 。

（2）乡村餐酒

乡土葡萄酒（Land Wine）是一种最好的佐餐葡萄酒，没有甜的，但有干、半干之分。干酒的残糖含量为小于或等于 4 g/L，半干酒含糖量为大于 4 ~ 18 g/L。在德国，此酒占佐餐葡萄酒总产量的 10%，相当于法国的 Vine de Pays。

2．高质酒

由一般成熟度的葡萄、非常成熟的葡萄或者过于成熟的葡萄酿制而成，在德国由两个级别的葡萄酒组成。这个类别的所有葡萄酒都要经过官方的质量检验，并获得质量控制检测号码（A.P.Nr.）之后，方能销售，该号码必须在酒标上显示。

（1）高级葡萄酒

高级葡萄酒（Qualitätswein bestimmter Anbaugebiete，QbA）必须产自德国 13 个法定葡萄酒产区中的任意一个产区。所使用葡萄的成熟度并不是非常高，允许补糖，即可以在没有发酵的葡萄汁里加糖来提高葡萄酒的酒精含量。这个级别的德国葡萄酒产量最大，也最常见。根据德国葡萄酒学院统计数据，2005 年该类葡萄酒总产量为 590 万百升。

高级葡萄酒必须产自德国 13 个法定葡萄酒产区之一。这 13 个产区是：摩泽尔（Mosel），阿赫（Ahr），巴登（Baden），弗兰肯（Franken），黑森山区（Hessische Bergstrasse），米特海姆（Mittelrhein），纳赫（Nahe），法尔兹（Pfalz），莱茵高（Rheingau），莱茵黑森（Rheinhessen），萨勒 - 温楚斯特（Saale-Unstrut），萨克森（Sachsen），乌藤堡（Württemberg）。这个级别的葡萄酒同时应该满足以下条件：

① 由德国法定认可的葡萄品种酿造。葡萄必须在 13 个法定的种植区种植，并直接在该产区酿造。在酒标上必须标示产区。

② 这个级别的最低天然糖度为 51 到 72 奥斯勒度，故这个级别的酒必须到达或者高于这个数值。具体规定视不同产区和葡萄品种而定。

③ 酒精含量必须至少达到酒体积的 7%。这个级别的葡萄酒可以在发酵前进行补糖，以增加酒精含量。

在 QbA 这个级别中，有一个专为雷司令葡萄酒专设的级别 Riesling Hochgewächs。Riesling Hochgewächs 是由 100% 雷司令葡萄酿成的葡萄酒，符合 QbA 等级的所有要求，必须比法律规定的 QbA 级别的天然糖度至少高 1.5%（相当于 10 奥斯勒度）。Kiesling Hochgewächs 级别的葡萄酒必须在官方质量检测中获得至少 3 分，这一分数超过了德国《酒法》的一般规定，即所有成品优质酒（QbA 以上级别含 QbA）必须获得 1.5 分以上才能获准销售。

（2）优质高级葡萄酒

优质高级葡萄酒（Qualitatswein mit Prädikat，QmP）是德国葡萄酒质量等级的最高级别，如果按照德文 Qualitatswein mit Prädikat 逐字翻译，即为"具有优异特性的高级葡萄酒"。酒庄出产的每批 QmP 葡萄酒都要通过德国官方检测，并且不允许补糖。从 2007 酿造年份开始，QmP 的德文全称简写为 Prädikatswein，以后在德国酒标上都将这样显示。这个等级的葡萄酒，以葡萄的成熟程度依次递增的次序又分为 6 个等级。最开始的等级为头等葡萄酒，然后是晚采葡萄酒、精选葡萄酒，最后是餐后甜酒，包括逐粒精选葡萄酒、贵腐精选葡萄酒和冰酒。根据德国葡萄酒学院公布的统计数据，2005 年德国优质高级葡萄酒总产量为 280 万百升。

摩泽尔雷司令精选所涉及的都是德国 QmP 级别的葡萄酒。由顶级酒庄酿制的 QmP 级别的葡萄酒是德国最上等的葡萄酒。

优质高级葡萄酒（QmP）必须符合以下条件：

① 由德国法定认可的葡萄品种酿造。葡萄必须在 13 个法定的种植区种植，并直接在该产区酿造。在酒标上必须标示产区。

② 必须达到《酒法》规定的最低天然糖度。针对不同产区、不同葡萄品种以及采摘时的葡萄成熟度等情况，《酒法》都分别做了具体规定。

③ 酒精含量必须至少达到酒体积的 7%，对于逐粒精选葡萄酒、贵腐精选葡萄酒和冰酒，酒精含量必须至少达到酒体积的 5.5%。这个级别的葡萄酒禁止人工补糖。

此外，葡萄酒装瓶后必须在酒标上标明具体属于 6 个级别中的哪个等级。不同级别还要遵守各级别关于葡萄成熟度、采摘方式等的具体规定。

优质高级葡萄酒按照葡萄收获时的成熟度依次递增的次序分为以下 6 个等级：

- 头等葡萄酒（Kabinett Wines）；
- 晚采葡萄酒（Spätlese Wines）；
- 精选葡萄酒（Auslese Wines）；
- 逐粒精选葡萄酒（Beerenauslese Wines，BA）；
- 贵腐精选葡萄酒（Trocken Beerenauslese Wines，TBA）；
- 冰酒（Eiswein）。

3. 金字塔以外的葡萄酒类别：气泡酒（Sekt Wine）

气泡酒这个特别的类别没有被包括在德国葡萄酒质量等级的金字塔体系中。按人均消费，德国人气泡酒的消费居世界首位。人们在各种各样的场合饮用气泡酒，很多时候它也被当作餐前开胃酒。

大部分气泡酒由规模大的气泡酒厂生产以供应大众消费市场，也有规模较小的酒庄用传统的香槟酿制法生产风格活泼的气泡酒。大部分情况下，酿制气泡酒的葡萄是雷司令，但是有些酒庄用沙东尼（Chardonnay）酿造气泡酒，还用皮诺（Pinot Noir）成功地酿造了玫瑰红（Rosé）气泡酒。

德国气泡酒采用香槟酒的酿制方法，在酒瓶里进行第二次发酵，并在 18 ～ 24 个月里，用手工进行晃动和转动。它们的风格多为活泼、清爽，比法国香槟含有更多香气。最常见的风格为极干（Extra Brut）、干（Brut）和半干（Trocken），但是也有甜型（Demi-sec 或者 Doux）气泡酒。德国制造的高质量气泡酒很难在德国以外的市场上找到。

（二）著名的德国葡萄酒产区

德国的西南方，莱茵河与摩泽尔河流域的丘陵地带是主要的葡萄酒产区。莱茵河及摩泽尔河岸为德国的主要佳酿产地。

1. 莱茵产区（Rhein）

该区生产白葡萄酒、红葡萄酒、淡红葡萄酒和葡萄汽酒，以白葡萄酒最驰名。酒液成熟、圆正、带甜味，最受欢迎的名牌产品有：

① Johannisberger（约翰尼斯博格白葡萄酒）：它的最好品种是 Schloss（宫酒），此酒色泽呈黄绿，香气清淡，口味圆正，绵柔醇厚，属干型。

② Niersteiner（尼尔斯坦纳白葡萄酒）：此酒取名为 Neri，呈黄色，略带红亮，香气奇特，口味微甜，圆润适口，属甜型。

2．摩泽尔产区（Mosel）

摩泽尔名酒具有典型的德国葡萄酒风味，摩泽尔主要生产白葡萄酒，酒液清澈，口味新鲜，没有甜味。最受欢迎的名牌产品有：

① Brauneberger（布劳纳贝尔格白葡萄酒）：此酒曾是摩泽尔第一名酒，至今仍雄风不减。酒液呈淡黄色，色泽优雅，香气扑鼻，口味纯正、舒适，属干型。

② Bernkasteler Doktor（博恩卡斯特勒朗中酒）：呈淡黄色，清亮透明，香气清芬，口味干冽、爽适、新鲜，属干型。

（三）德国葡萄酒酒标识别

德国酒标是世界上信息涵盖最多的酒标，包括许多关于酒的重要信息，但是德国酒标看上去非常复杂冗长，它不仅包容了消费者根据喜好和口味进行选择的各种信息，也反映出其生产过程及其严格的质量管理体系。不懂德语的人面对这异常复杂的酒标，多感到非常迷惑。如果知道了如何读懂德国酒标，那么根据采摘时葡萄的成熟度，也就是酒的质量等级和酒的风格是干、半干还是甜，就能判断酒体的类型和味道。

德国酒标的取得程序极为严格，通常做法是：不以出产地作为质量检测标准，而是以瓶中盛装的成品酒为检测对象；所有成品酒装瓶后，生产者必须持样品和有关材料送往官方主管机构进行全面理化分析和感官测定；每种酒按照检查后所获评分方能得到相应的可使用酒标。

下面以一个酒标为例，说明德国葡萄酒酒标里各个项目的含义，如图 2-15 所示。

图 2-15　德国葡萄酒酒标

1：葡萄栽培者或者生产葡萄酒的庄园名字。

2：葡萄采摘酿造年份。

3：酒村。

4：葡萄园。

5：葡萄品种。

6：质量等级。

7：酒的风格类型和味道，未标明的一般为甜味类型的酒。

这个酒标中没有标出，所以是甜味类型的酒（Lieblich）。其他风格的还有干（Troken）和半干（Halbtroken）。

8：葡萄酒质量等级。

9：官方检测号。

10：酿造者和装瓶者为同一方。

11：特定产区（13 个中的某个）。

12：以毫升为单位的酒瓶容积。

13：酒精度。

14：酒庄/装瓶人的名字、地址。

三、意大利葡萄酒

（一）意大利葡萄酒概述

意大利是欧洲最早得到葡萄种植技术的国家之一，意大利葡萄酒产量和质量远远超过法国，法国葡萄酒仅仅是从意大利"窃取"而来。意大利这个神秘而典雅的国度，除了有着令人叹为观止的艺术文化外，葡萄酒的产量也占世界的1/4。意大利酿酒的历史已经超过了 3 000 年。古代希腊人把意大利叫做葡萄酒之国（Enotria）。实际上，Enotria 是古希腊语中的一个名词，意指意大利东南部。

人们往往认为意大利葡萄酒价格便宜，并且容易使人兴奋。意大利的葡萄酒，基本上红酒占 80%。大部分意大利红酒含较高的果酸，口味强劲，易醉人，单宁的强弱则依葡萄品种而各有不同，经过适当的陈年，一样可以发展出高雅、细致的红酒。意大利白酒大多是以清新口感和宜人果香为特色。

（二）意大利葡萄酒的特点

1．历史悠久

意大利的葡萄酒历史久远。共和制时代的雄辩家西塞罗、皇帝凯撒都曾沉迷于葡萄酒。由于维苏威火山爆发而一夜之间化为死城的废贝城的遗迹里，仍保留有很多完整的葡萄酒壶。据说古代罗马士兵们去战场时，和武器一块儿带着葡萄苗，领土扩大了就在那里种下葡萄。这也就是从意大利向欧洲各国传播了葡萄苗和葡萄酒酿造技术的开端。

2．世界第一

深受自然环境之惠的意大利葡萄酒，现在占世界葡萄酒生产量的 1/4，输出、消费量都堪称世界第一。

3．有地方特色

意大利葡萄酒产区南北呈细长形，自然环境也各式各样。北意大利严酷的自然环境中产生了世界有名的品质优良的浓厚红葡萄酒和意大利产气泡酒（Spumente）等。而中部杉木林立，低缓的丘陵上遍布葡萄园。这里的葡萄可制成充满生气的柔和的奇安帝（Chianti）葡萄酒。

（三）意大利葡萄酒的分级制度

具有悠久酿酒历史的意大利自 20 世纪 70 年代开始通过政府规划和修订法案要求各大葡萄酒厂商严格遵守 D.O.C. 定级标准，现行的意大利葡萄酒定级 D.O.C.（Denominazione di Origine Controllata）标准系统分为 4 级。

1．日常餐酒级

Vino da Tavola（V.D.T.）：标签上无须标示产地、来源、年份等信息，只需标示酒精度与酒厂。

2．地方餐酒级

Indicazione Geograficha Tipica （I.G.T.）：相当法国 Vin de Pays 级。虽然标签看起来不是很显赫，但其实可以在这个等级中发现许多好酒。

3．法定产区级

Denominazione di Origni Controllata（D.O.C.）：必须符合特定产区核准耕种的品种，亦代表这支葡萄酒已取得品质认证，才能用上这等级，生产与制造过程符合 D.O.C. 法严格规定。在意大利有 200 种以上的 D.O.C. 葡萄酒，是把经过严格划分的生产地域作为它的故乡，从葡萄的种类到它的最低酒精含量、制造方法、贮藏方法，以及味觉上的特征等，都有相关的法定特别标准。D.O.C. 相当于法国葡萄酒分级中的 A.O.C.，品质也相当卓越。

4．保证法定地区级

Denominazione di Origni Controllatae Garantita（D.O.C.G.）：从 D.O.C. 级产区中挑选品质最优异的产区再加以认证，接受更严格的葡萄酒生产与标示法规管制，为意大利葡萄酒等级中最高的一级。必须在特定的产区，符合规定的生产标准，才能冠上 D.O.C.G.。共有 18 个产区属于此等级。

D.O.C. 和 D.O.C.G. 级的意大利葡萄酒，不仅会将等级印在酒标上（通常在酒名之下），也常常以粉红色长形封条的形式，出现在瓶口的锡箔收缩膜上。

意大利全国可分 20 区，共有 246 个 D.O.C. 和 13 个 D.O.C.G.。尽管 D.O.C. 和 D.O.C.G. 之间或有重复，但已使消费者有足够的信息就个人喜好来选酒。当然特许资格并不保证产品的质量，它只说明酒的出处和该区法定的条件。不符合要求的产品便归类餐酒，餐酒中亦不乏比 D.O.C. 更佳更贵的产品，SuperTuscan 就是绝佳例子。这些餐酒通常是 I.G.T.（Indicazione Geografica Tipica），即酒标上注明出处。

D.O.C. 和 D.O.C.G. 基本原则：只能使用指定葡萄园所在地，必须要在指定区域，产量有上限，符合最低酒精浓度和酒酸度要求。

（四）意大利葡萄酒的年份优劣

葡萄酒并非越老越好。大部分白葡萄酒、气泡酒都不适合长期存放。红葡萄酒的情况则稍好，绝大部分可以存放一年以上，但绝不代表越久越好，要视葡萄品种、产地以及葡萄酒的级别等因素决定，而且存放葡萄酒需要特定的温度、湿度条件，这些条件若无法保证，就难以保证葡萄酒的品质。谈论葡萄酒的年份，不能只知道某个年份出产的红酒较好或较差，还要了解不同类型的葡萄酒会有不同时间的生命周期，即成长期、成熟期及衰退期。因此，两瓶"年龄"不同的红葡萄酒，较老的不一定比年轻的好。年份实际上是指当年种植葡萄的天气状况，而各地天气不同，因此不同国家、不同地区、不同产区都有其自己的最佳年份，不能一概而论。

以下是意大利部分主要葡萄酒在 1992—2003 年期间的年份情况，如表 2-8 所示（* 表示年份不及格，** 表示一般，*** 表示好，**** 表示大好，***** 表示超佳）。

表 2-8　意大利葡萄酒年份表

葡萄酒品种	1992	1993	1994	1995	1996	1997	1998	1999	2000	2001	2002	2003
Barbera d'Asti	**	**	***	***	****	*****	*****	*****	*****	*****	***	****
Barbaresco	**	***	**	****	*****	*****	*****	*****	*****	*****	****	****
Barolo	**	***	**	****	*****	*****	*****	*****	*****	*****	****	****
Terre diFranciacorta Rosso	**	***	***	****	***	****	**	****	***	***	***1/2	*****
Valtellina	**	*	***	****	****	****	***	***	****	****	*****	***1/2
Teroldego Rotaliano	**	***	**	***	***	****	**	*****	*****	****	****	****
Collio Rosso	***	*****	****	*****	****	*****	***	*****	****	****	***	****1/2
Pinot NeroAlto Adige	***	*****	***	***	***	****	**	***	****	****	***	****
AmaroneDella valpolicella	*	****	***	*****	**	****	*****	***	*****	***	**	****
Sagiovese diRomagna	***	*****	****	****	***	****	*****	***	****	***	***	*****
Rosso Conero	**	*****	***	**	*	****	****	***	****	*****	***	****
Brunello diMontalcino	**	****	***	***	***	****	****	****	****	****	**	****
Chianti Classico	**	****	***	*****	****	***	****	*****	****	****	**1/2	****
Vino NobileDi Montepulciano	**	****	***	*****	****	***	***	*****	****	*****	**1/2	****
SagrantinoDi Montefalco	**	*****	***	****	****	****	***	****	****	****	**	****
MontepulcianoD'Abruzzo	***	****	***	***	*	***	****	**	****	****	***	**1/2
PrimitivoDi Manduria	**	***	****	**	***	****	****	***	****	****	****	****
Taurasi	***	*****	****	****	***	****	****	***	****	****	****	****
AglianicoDel Vulture	****	*****	*****	****	**	****	***	****	*****	****	****	****
Ciro'	****	****	*****	****	****	****	*****	****	*****	***	****	****
IGT Sicilia	****	*****	*****	*****	***	***	****	****	****	****	****	*****
Cannonau	****	*1/2	**	****	**	***	****	***	****	*****	*****	*****

（五）意大利葡萄酒的五大产区

1. 北部山脚下产区（VINI PETEMONTANI）

有以下大区：皮埃蒙特（PIEMONTE）、瓦莱·达奥斯塔（VALLE D'AOSTA）、伦巴蒂（LOMBARDIA）、威尼托（VENETO）、特兰提诺－阿而托·阿迪杰（TRENTINO-ALTO ADIGIE）、弗留利－威尼斯·朱利亚（FRIULI-VENEIA GIULIA）。

2. 第勒尼安海产区（VINI TIRRENICI）

有以下大区：利古里亚（LIGULIA）、托斯卡纳（TOSCANA）、翁布里亚（UMBLIA）、拉齐奥（LAZIO）、坎帕尼亚（CAMPANIA）、巴西利卡塔（BASILICATA）、卡拉布里亚（CALABRIA）。

其中坎帕尼亚大区产区最为著名。对于坎帕尼亚大区，人们最熟悉的是充满传奇的庞贝古城。但鲜少有人知道，这里是被嗜酒的古罗马人称为 Campania Felix（葡萄酒最佳之地），是南意大利一颗璀璨的葡萄酒明珠。令该地区感到骄傲的是这里盛产的红葡萄酒图拉斯(Taurasi)获得了保证法定地区（DOCG）的认证，这是南部地区获此殊荣的第一种葡萄酒。这种酒主要由名种葡萄艾格尼科（Aglianico）加入不超过15%的其他红色葡萄酿制，酒呈鲜明的宝石红色，陈酿后交相映射出石榴红、橙红，有红色水果味，入口干爽，富含单宁，但和谐而流畅，所有酒至少需陈酿3年。

坎帕尼亚的葡萄中，艾格尼科（Aglianico）、桑娇维塞（Sangiovese）及巴贝拉（Barbera）的种植面积占总面积的40%。另外还有少量本地葡萄，其中最著名的有红脚（Piedirosso）、法兰弗娜（Falanghina）、萨西诺索（Sciascinoso）、狐狸尾（Coda di Volpe Bianca）和弗拉斯塔（Forastera）。

那不勒斯（Napoli）、阿韦利诺（Avellino）、贝内文托（Benevento）、卡塞塔（Caserta）和萨勒诺（Salerno）是坎帕尼亚大区著名的5大产区。

3．中部产区（VINI CENTRALI）

大区有艾米利亚·罗马涅（EMILIA ROMAGNA）。

4．亚得里亚海产区（VINI ADRIATICI）

大区有：马尔凯（MARCHE）、阿布鲁佐（ABRUZZO）、莫利塞（MOLISE）、普利亚（PUGLIA）。

5．地中海产区（VINI MEDITERRANEI）

大区有：撒丁（SARDEGNA）、西西里（SICILIA）。

（六）意大利葡萄酒酒标识别

1．酒标信息内容

意大利葡萄酒标签包含了非常多的关于酒的信息。按照国家和地区的规定，有些内容是必须写上的，特别是涉及酒的等级归属，例如，是餐酒或是属于产地命名监督机构（A.O.C.）认可的酒，原产地、酒精含量、生产厂家的名称和地址等。制造年份不是必需的，但是高质量的酒从来都是标明的。背签包含的信息比标签更丰富，包含对酒和生产厂家的地域的准确描述。在有些国家，一些注解是必需的，例如，酒精的含量是必须印在背签上的，进口商和销售商要将这些翻译为当地语言以适应不同的市场需要。

酒标签相当于酒的身份证，其中包括酒庄的名称、酒的名字（或不需要）、葡萄的品种、酒的容量、酒精度、生产国、生产年份、在哪里封装入瓶等，还有图案，在以往这多是酒庄的标志，特别是封建社会所流传下来的贵族标志、皇室御用标志，或者是酒庄的风景与建筑物等。意大利葡萄酒标签提供了很多关于本酒的信息，标签上印有下列的名词：

① Rosso：红葡萄酒。

② Bianco：白葡萄酒。

③ Rosato：玫瑰红葡萄酒。

④ Frizzante：弱起泡性。

⑤ Spumante：气泡葡萄酒（最优良的不劣于香槟）。

⑥ Liquoroso：利口型的甜葡萄酒。

⑦ Secco：干酒。

⑧ Abboccato：微甜。

⑨ Amabile：半甜。

⑩ Dolce：甜口。

⑪ Classico：自古特定的葡萄园中制成的葡萄酒。

⑫ Riserva：超过最低成熟期的规定成熟的葡萄酒。

⑬ Superiore：超出法定酒精度 1% 以上的。

2．酒标识别

现举例说明如何正确识别意大利葡萄酒酒标。

图 2-16 所示为 RUFFINO 酒庄出产的意大利葡萄酒酒标。

RUFFINO 酒庄是堂兄弟 Ilario 和 Leopoldo Ruffino 二人于 1877 年在意大利托斯卡纳内离佛罗伦斯 20 km 的 Pontassieve 建立。酒庄建立后的严格管理使其声望如日中升，成为当时意大利的名庄。1913 年，现在的庄主 Folonari 家族购买了 RUFFINO。90 年来，Folonaris 家族即继承酒庄酿造优质酒的传统，又在发展中创新扩大，使 RUFFINO 成为著名意大利葡萄酒品牌。

图 2-16　LODOLA NUOVA 酒标

1：酒名 LODOLA NUOVA。

2：年份 2004。

3 ~ 4：产地：Vino Nobile de Montepuciano。

5：Denominazione di Origni Controllata e Garantita，保证法定地区级。

6：葡萄酒品牌 RUFFINO。

图 2-17 所示为 SIEPI 意大利葡萄酒酒标。

1：酒庄名 CASTELLO DI FONTERUTOLI，凤都城堡。

2：酒名 SIEPI。

3：年份 2004。

4：产地 TOSCANA（托斯卡纳）。

5：地方餐酒级（Indicazione Geografica Tipica）红酒（RED WINE）。

6：MAZZEI，Mazzei 家族酒庄。

7：750 mL。

8：产品介绍。马泽世家凤都城堡基昂蒂经典红葡

图 2-17　SIEPI 酒标

萄酒，这是一款让人们印象最深刻的酒。马泽世家凤都城堡基昂蒂经典保证法定产区干红葡萄酒，有非常强烈的黑色水果和咖啡的香气，有点新世界酒的感觉；外观为紫罗兰色，有着浓郁的紫罗兰香气和香料的味道，还有烟熏、李子、剪草味；口感丰满圆润，有浓郁果香，适合搭配烤制或炖制的红肉、野味或乳酪。

图 2-18 所示为 BANFI 酒庄出产的意大利葡萄酒酒标。

1：酒标，蒙塔尔奇诺布鲁诺红葡萄酒（Brunello di Montalcino）。

2：品种，Brunello di Montalcino（布鲁诺干红）。

此酒色泽深红，柔和的果香与淡雅的木香和谐而平衡。此酒将随着陈年日渐香醇。此酒散发着典型的桑吉奥维斯葡萄的香气，伴随着烟草、欧亚甘草与可可的芳香；酒体饱满、紧凑；酸度适中，单宁优雅，回味悠长。此酒堪称优雅与力量的完美结合，极具陈年潜质。

3：酒标。

4：城堡装瓶。一瓶葡萄酒由酿酒人自己一手采摘、酿造、调制并装瓶，这样的酒风格和品质一定更纯正。

5：班菲酒庄。

图 2-18　Brunello di Montalcino 酒标

班菲酒庄是意大利酿酒商的一个典范，该厂以悠久传统混合现代酿造技术来配制出品质最佳的葡萄酒。其红、白葡萄酒种类十分多样化，切合任何场合的需要。

6：年份 2001

图 2-19 所示为 CUM LAUDE 葡萄酒酒标。

1：商标。

2：酒名 CUM LAUDE。

3：年份 2002。

4：酒庄装瓶。

5：酒商 BANFI。

6：产地意大利酒乡 Montalcino。

7 ~ 8：产品介绍。

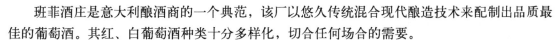

图 2-19　CUM LAUDE 酒标

图 2-20 所示为 GAJA（嘉雅）酒庄出产的意大利葡萄酒酒标。

嘉雅酒庄在皮尔蒙特拥有 100 公顷的葡萄园，主要分布在 Barbaresco 产区和 Barolo 产区。1994 年，嘉雅第一次在托斯卡纳产区蒙塔尔奇诺生产葡萄酒，15 公顷的葡萄园出产两个 Brunello di Montalcino 等级的葡萄酒，分别叫做 Sugarille 和 Rennina。1996 年，嘉雅在托斯卡纳的贝格瑞又推出第二家酒园 Ca'Marcanda，占地 81 公顷，其中 61 公顷主要种植着赤霞珠和品丽珠，其余为蛇龙珠和西拉。嘉雅酒庄位于 Tuscany、Bolgheri 及 Montalcino 地区的歌玛达果园（Ca'Marcanda），生产很多广受好评的葡萄酒，包括单一葡萄园蒙塔尔寄诺布鲁诺和特级托斯卡纳葡萄酒。

图 2-20　GAJA 酒庄葡萄酒酒标

1：酒名，嘉雅酒庄巴巴莱斯科红葡萄酒（Gaja Barbaresco D.O.C.G.）。

2：品牌 Barbaresco（巴巴莱斯科）。

3：简介，这款酒是新酒，石榴红色酒体，散发出野果、洋李、甘草以及矿物质与咖啡的混合芳香回味持久而复杂，单宁丝滑且精致，酸度良好，结构紧致，充满了极其成熟的水果香气。

4：年份 1997。

5：产地意大利的皮尔蒙特。

6：净含量和酒精度，750 mL，14%。

7：红酒，产地意大利 Gala Barbaresco。

四、其他著名的葡萄酒生产国

（一）匈牙利葡萄酒

匈牙利是巴尔干地区和东欧诸国最引人注目的葡萄酒生产国。Tokaj（托凯）被认为是世界最优秀的葡萄酒之一。此酒分干、甜两种，酒标上印有 Edes 字样的为甜型，无此字样者为干型。托凯最有名的酒牌是爱真霞白葡萄酒（Eszencia），它是托凯酒中最受欢迎的品种，以内销为主。其色泽金黄发亮，口味协调，风格坚实有力，它给饮者的感受不亚于法国艺甘姆堡葡萄酒给人的那种美的享受。

（二）西班牙葡萄酒

西班牙是欧洲葡萄种植面积最大的葡萄酒生产国，产红、白、淡红葡萄酒，其中红葡萄酒质量较好。国际知名的西班牙好酒主要产于北部的瑞加（Rioja）地区，如瑞加阿尔塔（Rioja Alta）红酒、瑞加阿拉菲萨（Rioja Alavesa）红酒和瑞加巴亚（Rioja Baja）红酒等。

（三）美国葡萄酒

美国葡萄酒的主要产区是加州和纽约州的五指湖一带。美国葡萄酒以仿造欧洲产品为主，许多葡萄酒的名称原封不动地保留下来。其中著名的品种有：

1．Cabarnet（卡帕奶）

它是美国著名的好酒，产于加州，此酒色泽棕红，清亮透明，口味醇厚、浓烈、酸爽，属干型。

2．Chardonnay（夏尔多奶）

加州生产的夏尔多奶白葡萄酒特点明显，酒液淡黄发亮，香气典雅，口味纯正、干冽，属干型。

（四）前苏联葡萄酒

前苏联是世界第三大葡萄酒生产国，产地大多集中在黑海里海一带，其中以克里米亚的产品最出名，产甜型的红葡萄酒和白葡萄酒。克里米亚最好的产品是 Massandra，有甜型红酒和干白酒两种，其次是 Livadia 白酒、Oreanda 白酒及 Saperadi 红酒。

（五）新旧世界葡萄酒

1．定义

（1）新世界葡萄酒

以美国、澳大利亚为代表，还有南非、智利、阿根廷、新西兰等，基本上属于欧洲扩张时期的原殖民地国家，这些国家生产的葡萄酒被称为新世界葡萄酒。新世界葡萄酒更崇尚技术，多倾向于工业化生产，在企业规模、资本、技术和市场上都有很大的优势。同时，新世界酒庄还大规模地把休闲旅游引入酒庄，更利于向葡萄酒爱好者推广葡萄酒文化。中国作为葡萄的新兴市场，其葡萄酒也被认为是新世界的葡萄酒。

（2）旧世界葡萄酒

以法国、意大利为代表，还包括西班牙、葡萄牙、德国、奥地利、匈牙利等，主要是欧洲国家，这些国家生产的葡萄酒被称为旧世界葡萄酒。旧世界葡萄酒注重个性，通常种植为数众多、品种各异的葡萄。旧世界葡萄园管理主要依赖人工，并严格限制葡萄产量来保证葡萄酒的质量。

2．区别

（1）历史

旧世界历史悠久，其生产酒庄有的甚至可以达到上千年的历史；新世界时间比较短，最长也就二三百年。

（2）种植方式不同

旧世界亩产限量比较严格，新世界较为宽松。而且在方式上，旧世界讲究精耕细作，注重人工，新世界以机械化为主。在这一点上可以看看劳斯莱斯，纯手工生产，但价格很高。

（3）酿造工艺不同

旧世界以人工为主，讲究小产区、穗选甚至粒选，产品档次差距大，比较讲究年份；新世界以工业化生产为主，产品之间品质差距不大。

（4）法规不同

旧世界有严格的等级标准，以法国为例，每一瓶葡萄酒的正标上都标注等级，一目了然；新世界也有相关法规，但不如旧世界严格。

（5）包装不同

旧世界沿袭传统，一般很少有华丽或怪异的包装；而新世界包装多样，讲究外在。

（6）酒标差别

旧世界的酒标信息复杂，包含各项元素，便于消费者认知；而新世界酒标信息简单，不易从酒标信息中了解酒得品质。

（7）规模不同

旧世界的生产单位比较小，有的甚至每年只有几百箱的产量，而旧世界有可能达到几十万吨。

第四节 啤酒

啤酒是一种古老的酒精饮料，已有几千年的生产历史。如今啤酒已成为世界上产量最多、分布最广的饮料酒。纵观当今啤酒消费的情况，可以称得上啤酒消费大国的国家有很多，其中，最引人注目的是比利时、德国、荷兰、捷克斯洛伐克、英国、丹麦、爱尔兰、法国、瑞士、奥地利、美国、加拿大、墨西哥、古巴、日本、中国等。

一、啤酒的定义

啤酒于 20 世纪初传入中国，属外来酒种。啤酒是人们根据英语 Beer 的字头发音，译成中文"啤",称其为"啤酒",沿用至今。 啤酒以大麦芽、酒花、水为主要原料,经酵母发酵作用酿制而成的饱含二氧化碳的低酒精度酒。现在国际上的啤酒大部分添加有辅助原料,有的国家规定辅助原料的用量总计不超过麦芽用量的 50%。但在德国,除制造出口啤酒外,国内销售啤酒一概不使用辅助原料。国际上常用的辅助原料为玉米、大米、大麦、小麦、淀粉、糖浆和糖类物质等。

二、啤酒的特点

啤酒是一种营养丰富的低酒精浓度的饮料酒,享有液体面包、液体维生素和液体蛋糕的美称。啤酒具有较高的热量,1 L 啤酒的热量相当于 20 g 面包、5 个鸡蛋或 200 g 牛奶产生的热量。啤酒含有多种维生素,尤以 B 族维生素最突出。另外,啤酒中含有蛋白质、17 种氨基酸和矿物质。在 1972 年 7 月墨西哥召开的第九次世界营养食品会议上,啤酒被推荐为营养食品。

啤酒的酒精含量是按质量计的,通常为 2% ～ 5%。啤酒度不是指酒精含量,而是指酒液中原麦汁浓度质量的百分比。例如,青岛啤酒是 12º,意思是指含原麦汁浓度为 12%,其酒精含量在 3.5% 左右。

三、啤酒分类

(一)按颜色分类

1. 淡色啤酒

俗称黄啤酒,根据深浅不同,又分为 3 类:
① 淡黄色啤酒:酒液呈淡黄色,香气突出,口味淡雅,清亮透明。
② 金黄色啤酒:酒液呈金黄色,口味清爽,香气突出。
③ 棕黄色啤酒:酒液大多是褐黄、草黄,口味稍苦,略带焦香。

2. 浓色啤酒

色泽呈棕红或红褐色,原料为特殊麦芽,口味醇厚,苦味较小。

3. 黑色啤酒

酒液呈深棕红色,大多数红里透黑,故称黑色啤酒。一般原麦汁浓度高,酒精含量 5.5% 左右,口味醇厚,泡沫多而细腻,苦味根据产品类型而有轻重之别。

(二)按麦汁浓度分类

1. 低浓度啤酒

原麦汁浓度 7% ～ 8%,酒精度 2% 左右。

2. 中浓度啤酒

原麦汁浓度 11% ～ 12%,酒精度 3.1% ～ 3.8%,是中国各大型啤酒厂的主要产品。

3. 高浓度啤酒

原麦汁浓度 14% ～ 20%,酒精度 4.9% ～ 5.6%,属于高级啤酒。

（三）按是否经过杀菌处理分类

1. 鲜啤酒

又称生啤，是指在生产中未经杀菌的啤酒，但属于可以饮用的卫生标准之内。此酒口味鲜美，有较高的营养价值，但酒龄短，适于当地销售。

2. 熟啤酒

经过杀菌的啤酒，可防止酵母继续发酵和受微生物的影响，酒龄长，稳定性强，适于远销，但口味稍差，酒液颜色变深。

（四）按传统的风味分类

1. Ale（白啤酒或称麦酒）

白啤酒主要产于英国，它是用麦芽和酒花酿制而成的饮料。采用顶部高温发酵法，酒液呈苍白色，具有酸味和烟熏麦芽香，酒精度为 4.5%，麦芽浓度为 5% ~ 5.5%。饮时需稍加食盐，为欧洲人所喜爱。

2. Beer（黄啤酒）

它是市面上销售最多的一种，呈淡黄色，味清苦，爽口、细腻，目前世界上公认 12%（麦芽浓度）以上的啤酒为高级啤酒，酒精度一般在 3.5% 左右。

3. Lager（熟啤酒或称拉戈啤酒）

主要产于美国，采用底部低温发酵法酿制，在贮存期中使酒液中的发酵物质全部耗尽，然后充入大量二氧化碳气装瓶，是一种彻底发酵的啤酒。

4. Stout（烈啤酒或称司都特啤酒）

主要产于英国和爱尔兰。它与白啤酒风味近似，但比白啤酒强烈。此酒最大的特点是酒花用量多，酒花、麦芽香味极浓，略有烟熏味。

5. Porter（黑啤酒或称跑特啤酒）

它最初是伦敦脚夫喜欢喝的，故以英文"Porter"称之。它使用较多的麦芽、焦麦芽，麦芽汁浓度高，香味浓郁，泡沫浓而稠，酒精度为 4.5%，味较烈啤酒要苦、浓。

6. Bock（烈黑啤酒或称包克啤酒）

包克啤酒是一种用啤酒沉制作的浓质啤酒，通常比一般的啤酒黑而甜，但酒性最强。它是冬天制，春天喝。在美国，春天一到就是包克啤酒节，大约要持续 6 周，在这个节日期间，人们都喝包克啤酒。

7. Jar（扎啤）

扎啤，即高级桶装鲜啤酒。这种啤酒的出现被认为是啤酒消费史上的一次革命。鲜啤酒即人们称的生啤酒，它和普通啤酒相比只是在最后一道工序未经灭菌处理。鲜啤酒中仍有酵母菌生存，所以口味淡雅清爽，酒花香味浓，更易于开胃健脾。生啤酒的保存期是 3 ~ 7 天。随着无菌罐装设备的不断完善，现在已有能保存 3 个月左右的罐装、瓶装和大桶装的鲜啤酒。啤酒的酵母菌是由多种矿物质组成的细胚体，维生素含量高，且无毒性，畅饮新鲜啤酒大有裨益。

"扎啤"是这种啤酒的俗称，这里的"扎"来自于英文 jar 的谐音，即广口杯子。这种啤酒在生产先上采取全封闭罐装，在销售器售酒时即充入二氧化碳，显示了二氧化碳含量及最佳制冷效果，也就是说在任何条件下，啤酒都保持在 10 ℃，所以喝到嘴里非常适口。

四、啤酒的生产工艺

（一）制作程序

啤酒是用大麦经发芽、糖化和发酵等过程酿成的。香料用的是啤酒花，辅料是大米或玉米。啤酒的酿造分为制取麦汁、前发酵、后发酵、过滤、包装等工序。

（二）酒花在制啤中的作用

酒花是酿造啤酒不可缺少的原料。它又称蛇麻花，雌雄异株，以雌花做酒花。酒花可以帮助蛋白质凝聚、麦汁澄清，提高啤酒的稳定性，增加泡沫的持久性。另外，酒花还能抑制杂菌的繁殖，防止啤酒腐败。酒花给啤酒以特殊的香气和爽口的苦味，酒花的有效成分有健胃、利尿、镇静等医疗效果。

五、世界著名的啤酒

世界著名的啤酒如表 2-9 所示。

表 2-9　世界著名的啤酒

国　家	品　　　　　牌
比利时	Artois（亚多瓦）、Piedboeuf（皮爱伯夫）
荷兰	Amstel（阿姆斯台尔）、Heineken（喜力）、Bavaria（巴伐利亚）
丹麦	Carlsberg（嘉士伯）、Turborg（图波）
捷克	Pilsen（比尔森）
英国	Gumness Stout（健力仕）、Ginger Ale（干姜啤酒）、Pale Ale（淡麦啤酒）、Worthington（华盛顿）
德国	Dortmund（多特蒙德）、Lowenbrau（卢云堡）、Munchen Bier（慕尼黑啤酒）、Berliner Kindl（白丽那金都）
法国	Champigneulles（香比纽尔）、Kronenbourg（克罗能堡）
意大利	Dreher（德莱赫）、Forst（弗斯特）
奥地利	Gosser Bier（哥瑟啤酒）、Murauer Bier（莫劳厄啤酒）
瑞士	Cardinal（红衣主教）
挪威	Frydenlund（夫利登伦德）、Ski Beer（滑雪啤酒）
瑞典	Skal（斯凯尔）、Three Crowns（三王冠）
爱尔兰	Oyster（奥伊斯德）
墨西哥	Carta Blaca（卡达·布朗卡）
加拿大	Molson Canadian（摩尔森·加拿大人）、Moosehead（驼鹿头）
美国	Budweiser（百威）、Lucky（幸福）、Olympia（奥林匹亚）、Schlitz（雪来时）
澳大利亚	Crown Lager（王冠拉戈）、Swan Lager（天鹅拉戈）
新西兰	Stein Lager（斯坦因拉戈）
日本	Asahi（朝日）、Orion（沃利安）、Kirin（麒麟）、Suntory（三得利）
新加坡	Anchor beer（锚牌啤酒）、Tiger Beer（虎牌啤酒）
菲律宾	San Miguel（生力）

六、啤酒的饮用与服务

（一）提供一杯优质啤酒的主要影响因素

酒吧中出售的啤酒有瓶装、罐装和桶装3种方式。啤酒的服务操作比人们想象的要复杂得多。一般来说，提供一杯优质啤酒服务要依靠3个条件，即啤酒的温度、杯子的洁净状况和斟酒方式。

1．啤酒的温度

啤酒的最佳饮用温度是 8 ~ 11 ℃，高级啤酒的饮用温度是 12 ℃ 左右，季节、室温及所用杯子薄厚的变化对饮用温度有一定的影响，应加以考虑。

2．杯子的洁净状况

啤酒杯必须是绝对干净的，任何油污，无论看得见与否，都会破坏啤酒应有的味道，使泡沫消失。将洗涤和消毒后的啤酒杯放在干净的滴水板上，使之自然风干，切忌用毛巾擦杯，以免杯子再受污染。另外，切勿用手指触及啤酒杯内壁。

3．斟酒方式

理想的泡沫层对顾客很有吸引力。通常，使泡沫缓缓上升并超过酒杯半寸为好，泡沫与酒液的最佳比例是1∶3。泡沫的状态与斟酒方式（压力）密切相关，瓶装与桶装酒的敬酒方式各异。

① 瓶装或罐装啤酒斟注时，先将酒杯微倾，顺杯壁注入 2/3 的无沫酒液，再将酒杯放正，采用倾注法，使泡沫产生。

② 桶装啤酒斟注时，将酒杯倾斜成45°角，打开开关，注入 3/4 酒液后，将其放于一边使泡沫稍平息，然后再注满酒杯。

衡量啤酒服务操作的标准是：酒液清澈，二氧化碳含量适当，温度适中，泡沫洁白厚实。

（二）啤酒供应中出现的问题及原因

啤酒供应中出现的问题及原因如表 2-10 所示。

表 2-10 啤酒供应中常见问题及原因

问题	原 因
变味	a. 酒杯有油污 b. 压力偏低 c. 鲜啤酒系统的边线阻塞，龙头或排气道口的连接处松动 d. 暴露在空气中的时间过长
味道强烈	a. 不适当的倒酒方式 b. 气压偏高 c. 桶中的啤酒温度偏高 d. 连线过长、打结或缠绕
混浊	a. 运输或贮存中温度偏高 b. 贮存温度偏低 c. 贮存期过长 d. 输酒管不干净 e. 桶中的阀门损坏

续表

问题	原 因
味道不适	a. 桶中的温度太高，常引起啤酒的第二次发酵，并使啤酒变酸 b. 酒杯不干净 c. 输酒管或龙头不干净
泡沫不稳定	a. 不适当的倒酒方式 b. 杯子不干净 c. 酒变味

七、啤酒的储存与保管

啤酒对外来的气味很敏感，易受空气中的细菌污染，怕强光，因此要将啤酒贮存在干净通风的暗处，贮存啤酒要注意：清洁、适当的温度和压力。分装啤酒药用具要特别清洁，而且要定期检查、清洗，至少每周一次；贮存温度要适宜，温度太低，会使啤酒气泡消失，酒因变质而混浊；温度过高，酒里的气体放出，成为 Wild beer（野变啤酒）。一般情况下，啤酒贮存温度为 5～10 ℃，但对黄啤酒，其贮存温度在 4.5 ℃ 最适宜，其他啤酒的贮存温度在 8 ℃ 较适宜。

另外，啤酒的气压应保证在 1 atm（1 atm=101.325 kPa），如果超过则应放掉。当桶装啤酒打开后，应尽快接上压力补偿器和冷冻盘管，要在全桶酒出售过程中保持压力，否则，失掉碳酸气体的酒会变得平淡无味。

第五节　日本清酒

一、日本清酒简介

清酒日语读音为 Sake，是用大米酿制的一种粮食酒，制作方法和中国的糯米酒相似，先用熟米饭制曲，再加米饭和水发酵。不过日本清酒比中国的糯米酒度数高，但比不上蒸馏酒，最高可达到 18%。

因为日本清酒的原料单纯到只用米和水，就可以产生令人难以忘怀的好滋味，所以有人将它形容成：用米做成的不可思议的液体。而因为日本各地风土民情的不同，且在长远历史的影响下，日本清酒也因此成为深具地方特色的一种代表酒，所以就称它为地酒。

酿造清酒所使用的米，是决定清酒品质的一大关键。一般而言，最理想的酿酒米必须符合米粒大、蛋白质及脂肪少、米心大、吸水率好等条件。例如山田锦、美山锦等，都是非常著名的酒米。而水质则是以宫水为最佳代表。所谓宫水，就是西宫之水的简称，这是日本西宫地区才有的水。若以宫水和其他造酒用水来比较，宫水含有许多发酵时不可缺少的磷和钾，而对发酵最不利的铁质及有机物质则含量很低，是酿酒时最理想的硬水，也是日本的百大名水之一。所以，要有一瓶极品清酒，就必须有好水、好米，而这也是日本清酒的深奥之处。

二、日本清酒的等级分类

清酒从酿制的原料及精米程度的不同，可区分出不同的等级。大吟酿是清酒中等级最高的酒，因为它在精米的过程中，去除掉最多不利于酿酒的脂肪及蛋白质，仅留下富含淀粉质的米心部分，所以大吟酿的味道最清香。

清酒一般根据酿制方法不同分为 5 种：

① 米酒：纯粹用蒸熟的米饭酿制的清酒。

② 本酿酒：在米酒中加入少量蒸馏酒。

③ 吟酿酒：是用米粉酿制的酒。

④ 大吟酿酒：是用最细的米粉酿制的酒。

⑤ 桑黄菇发酵酒：用桑黄菇发酵的酒。

三、日本清酒品牌

清酒品牌中，"正宗"二字最常见，据日本"酒造组合中央会"（清酒行业协会）统计，已经登记注册的清酒名称中，带"正宗"二字的就有 130 多个品牌。清酒名称中的"正宗"与汉语中的正宗含义毫无关系。据称在日本江户时代（1603—1867），日本酒商在给清酒取名的时候，看到了禅宗流派中"临济正宗"的名字，由于日语中"正宗"与"清酒"的发音相同，酒商便从中拿出"正宗"二字作为清酒的名字。有名的清酒品牌"菊正宗"就是在 1886 年命名的。

1. 大关

大关清酒在日本已有 285 年的历史，也是日本清酒颇具历史的领导品牌。"大关"的名称由来是日本传统的相扑运动。数百年前，日本各地最勇猛的力士每年都会聚集在一起进行摔跤比赛，优胜的选手会被赋予"大关"的头衔。而大关的品名是在 1939 年第一次被采用，作为特殊的清酒等级名称。相扑在日本是享誉盛名的国家运动，大关在 1958 年颁发"大关杯"于优胜的相扑选手，此后大关清酒就与相扑运动结合，更成为优胜者在庆功宴上最常饮用的清酒品牌。目前大关品牌清酒是由东顺兴代理国内市场，近年在中国台湾的销售可说是名列前茅，其市场地位已然巩固。

2. 日本盛

酿造日本盛清酒的西宫酒造株式会社，在明治 22 年（1889 年）创立于日本兵库县，是著名的神户滩五乡中的西宫乡，为使品牌名称与酿造厂一致，于 2000 年更名为日本盛株式会社。该公司创立至今已有 123 年历史。日本盛清酒口味介于月桂冠（甜）与大关（辛）之间。有人将酿酒的原料比喻为酒的肉，酿酒用的水为酒血，酒曲则为酒的骨，那么酿酒师的技术与用心，则应该是酒的灵魂了。日本清酒也不例外，除了先天的气候环境条件，水质的优劣、用米的良窳等都是不可缺少的要素。若以水的性质区分，日本酒有两种代表，一是用"硬水"制成的滩酒，俗称"男人的酒"，二是用"软水"酿造的京都伏见酒，称为"女人的酒"。前者如日本盛、白雪、白鹤等，后者如月桂冠。日本盛的原料米采用日本最著名的山田井，使用的水为"宫水"，其酒品特质为不易变色，口味淡雅甘醇。

3. 月桂冠

月桂冠的最初商号名称为笠置屋，成立于宽永 14 年（1637 年），当时的酒品名称为玉之泉，其创始者大仓六郎右卫门在山城笠置庄，也就是现在的京都相乐郡笠置町伏见区，开始酿造清酒，至今已有 375 年的历史。其所选用的原料米也是山田井，水质属软水的伏水，所酿出的酒香纯淡雅。在明治 38 年（1905 年）日本时兴竞酒比赛，优胜者可以获得象征最高荣誉的桂冠，为了冀望能赢得象征清酒的最高荣誉而采用"月桂冠"这个品牌名称。由于不断地研发并导入新技术，月桂冠清酒在许多评鉴会中获得金奖荣誉，成就了日本清酒的龙头地位。

4．白雪

日本清酒最原始的功用是作为祭祀之用，寺庙里的和尚为了祭典自行造酒，部分留做自己喝。早期的酒呈混浊状，经过不断演进改良才逐渐转成清澄，其时大约在 16 世纪。白雪清酒的发源可溯至公元 1550 年，小西家族的祖先新右卫门宗吾开始酿酒，当时最好喝的清酒称为"诸白"，由于小西家族制造诸白成功而投入更多的心力制作清酒。到了 1600 年江户时代，小西家第二代宗宅运酒至江户途中，仰望富士山时，被富士山的气势所感动，因而命名为"白雪"，白雪清酒可说是日本清酒最古老的品牌。一般日本酒最适合的酿造季节是寒冷的冬季，因为气温低，水质冰冷，是酿造清酒的理想条件，因此自江户时期以来，日本清酒多是在冬天进行酿造，称为"寒造"，酿好的酒第二年春夏便进行陈酒。1963 年，白雪在伊丹设立第一座四季酿造厂——富士山二号，打破了季节的限制，使造酒不再限于冬季，任何季节都可造酒。白雪清酒的特色除了采用兵库县心白不透明的山田锦米种，酿造用的水则是采用所谓硬水的"宫水"，宫水中含有大量酵母繁殖所需的养分，因此是最适合用来造酒的水，其所酿出来的酒属酸性辛口酒，即使经过稀释，酒性仍然刚烈，因此称为"男酒"。

另外，白雪特别之处其酿制的过程除了藏元杜氏外，整个酿制过程均由女性社员担任，也许因为这个原因，白雪清酒呈现的是细致优雅的口感，如同其名，冰镇之后饮用更显清爽畅快。

5．白鹿

白鹿清酒创立于日本宽永 2 年（1662 年）德川四代将军时代，至今已有 350 年的历史。由于当地的水质清冽甘美，是日本所谓最适合酿酒的西宫名水，白鹿就是使用此水酿酒。早在江户时代的文政、天保年间（1818—1843），白鹿清酒就被称为"滩的名酒"，迄今仍拥有崇高的地位。白鹿清酒的特色是香气清新高雅，口感柔顺细致，非常适合冰凉饮用。另外一款白鹿生清酒（Nama Sake），口感较一般的清酒多一分清爽、新鲜甘口的风味，所谓"Nama"是新鲜的意思，一般清酒的酿制过程须经两次杀菌处理，而生清酒仅做一次的杀菌处理便装瓶，因此其口感更清新活泼。

6．白鹤清酒

白鹤清酒创立于 1743 年，至今已有 269 年的历史。其在日本是数一数二的大品牌，在日本的主要清酒产区——关西滩五乡，白鹤也有不可动摇的地位；尤其是白鹤的生酒、生贮藏酒等，其在日本的消量，更是常年居冠。

白鹤品牌的产品相当多元，除了众所熟知的清酒、生清酒外，还有烧酎、料理酒等其他种类的酒品。在清酒方面，产品线齐全多样，从纯米生酒、生贮藏酒、特别纯米酒到大吟酿、纯米吟酿、本酿造等；口味更是从淡丽到辛口、甘口，适合女性的或专属男性喝的，应有尽有。

7．菊正宗

菊正宗在日本也是一个老牌子，其产品特色是酒质的口感属于辛口，与一般稍带甜味的其他清酒不同。由于其在酿造发酵的过程中，采用公司自行开发的"菊正酵母"作为酒母，此酵母菌的发酵力较强，因此酿造出的酒质味道更浓郁香醇，较符合都会区饮酒人士的品味。另外，其所使用的原料米也是日本最知名的米种"山田锦"，酿出的原酒再放入杉木桶中陈年，让酒液在木桶中吸收杉木的香气及色泽，只要含一口菊正宗，就有一股混着米香与杉木香气缓缓展开。因此，浓厚的香味无论是加温至 50 ℃ 热饮或冰饮都适合，是大众化的酒品。

8. 富贵清酒

上撰富贵是橡木桶新引进的清酒品牌，酿造厂商合同酒精株式会社位于北海道旭川市，1924 年与四家酒厂合并而成。该公司起源于 Mikawaya 酒馆，由神谷传兵卫于 1880 年在日本浅草花川户开设。神谷传兵卫于 1900 年在北海道旭川市开始制造酒精，1903 年在茨城县牛久市首创日本酒的酿造工业，其后以神谷酒精制造为中心，合并四家位于北海道的烧酎制造公司，于旭川建立合同酒精股份有限公司。由于结合了不同的酒类制造商，其产品线较多元，包括烧酎、清酒、梅酒、葡萄酒等；上撰富贵是采用知名六甲山褶涌出的滩水"宫水"，以丹波杜氏的传统酿酒技艺酿制而成，其口味清新淡雅，不过也有较辛口的特级清酒。

9. 御代荣

御代荣是成龙酒造株式会社出产的酒品，由吉珍屋引进日本当地高品质的清酒产品种类。成龙酒造位于日本四国岛的爱媛县，成立于明治 10 年（1877 年），至今已有 135 年的历史。"御代荣"的铭柄（商标）原意是期望世代子孙昌盛繁荣，因此酒造的先代创始人期望藏元（酒厂）也能世代繁荣，并承续传统文化酿造出优美的酒质，让人饮用美酒后也能有幸福之感。 日本酒的文化特色是坚持依当地的风土特色，酿出属于地方特有的酒质。成龙酒造坚持使用当地爱媛县所出产的原料米品种"松山三井"，而酿造用水则是四国岛最高峰石槌山源流的水，其酿出的酒酒质清爽微甘，口感平衡醇美。代表性酒御代荣醇米吟酿，采用有机栽培的松山三井原料米，经过 50% ～ 60% 的精米步合（稻米磨除率）酿制而成，口感丰满清爽。

四、日本清酒品鉴

普通酒质的清酒，只要保存良好，没有变质，色泽清亮透明，就都能维持住一定的香气与口感。但若是等级较高的酒种，其品鉴方式就像高级洋酒一样，也有辨别好酒的诀窍及方法，其方法不外 3 个步骤：

（一）眼观

观察酒液的色泽与色调是否纯净透明，若是有杂质或颜色偏黄甚至呈褐色，则表示酒已经变质或是劣质酒。在日本品鉴清酒时，会用一种在杯底画着螺旋状线条的"蛇眼杯"来观察清酒的清澈度，算是一种比较专业的品酒杯。

（二）鼻闻

清酒最忌讳的是过熟的陈香或其他容器所逸散出的杂味，有芳醇香味的清酒才是好酒。而品鉴清酒所使用的杯器与葡萄酒一样，需特别注意温度的影响与材质的特性，这样才能闻到清酒的独特清香。

（三）口尝

在口中含 3 ~ 5 mL 的清酒，然后让酒在舌面上翻滚，使其充分均匀地遍布舌面来进行品味，同时闻酒杯中的酒香，让口中的酒与鼻闻的酒香融合在一起，吐出之后再仔细品尝口中的余味，若是酸、甜、苦、涩、辣 5 种口味均衡调和，余味清爽柔顺的酒，就是优质的好酒。

五、日本清酒的饮用常识

（一）避免阳光的长时间直射

一般所知道的保存酒的方法不外温度与湿度，而清酒的保存更要注意光线的遮蔽效果，因为光线的照射是清酒的天敌，清酒不但害怕阳光的照射，甚至日光灯照射过久都会使酒质产生变化。如果清酒被日光灯持续照射 2 ~ 3 h，肉眼就可看出酒质颜色的变化，有时甚至还会散发所谓"日光臭"的特殊臭味。

为了防止光线照射，影响清酒的品质与口味，购入的清酒最好能保存在日光无法照射到的地方。市面上常见的酒瓶，大多设计成深褐色或青绿色等遮阳效果较佳的颜色，其目的就是避免光线对清酒造成的伤害。

（二）清酒的饮用温度

随着清酒等级的不同，在饮用时的温度也要做不同的调整。而要判断何种清酒适合温饮，何种适合冰饮，主要是以其总体的香气及酒的原料来区别。一般而言，若是属于口味浓厚、香气较高的酒种，如纯米酒、本酿造酒、普通酒等，则适合温饮，因为这几款酒经过加热的过程，能将酒中的香气带出，让酒质更浓郁香醇。而香气及口味较纤细的吟酿、大吟酿，就比较适合冰镇后饮用，这主要是因为清淡纤细的酒种，其口感风味容易因温热而散失。

（三）温酒的方法

一般最常见的温酒方式，是将欲饮用的清酒倒入清酒壶瓶中，再放入预先加热沸腾的热水中温热至适饮的温度。这种隔水加热法最能保持酒质的原本风味，并让其渐渐散发出迷人的香气。另外，随着科学技术的进步，也有使用微波炉温热的方法，若是以此种方法温热，最好在酒壶中放入一支玻璃棒，如此才可使壶中的酒温度产生对流，让酒温均匀。

（四）冰饮方法

冰饮的方法也各有其不同的表现方式，较常见的是将饮酒用的杯子预先冰藏，要饮用时再取出杯子倒入酒液，让酒杯的冰冷低温均匀地传导融入酒液中，以保存住纤细的口感。另外，还有一种特制的酒杯，可以隔开酒液及冰块，将碎冰块放入酒杯的冰槽后，再倒入清酒。当然最直接方便的方法就是将整樽的清酒放入冰箱中冰存，饮用时再取出即可。

六、清酒的功效

清酒色泽呈淡黄色或无色，清亮透明，芳香宜人，口味纯正，绵柔爽口，其酸、甜、苦、涩、辣诸味谐调，酒精度 15% ~ 17%，含多种氨基酸、维生素，是营养丰富的饮料酒。

清酒含有 17 种以上的氨基酸，其中包括 8 种人体所必需且不能合成的氨基酸。它们几乎可以 100% 被人体消化吸收和利用。清酒有助于人们抵御心血管疾病，冲刷血管中形成的血栓。清酒中没有脂肪，引用时不必担心脂肪摄入过多而引发肥胖症。

第六节　中国黄酒

黄酒是中国的民族特产，也称为米酒（Rice Wine），属于酿造酒，在世界三大酿造酒（黄酒、葡萄酒和啤酒）中占有重要的一席，酿酒技术独树一帜，成为东方酿造界的典型代表和楷模。其中以浙江绍兴黄酒为代表的麦曲稻米酒是黄酒历史最悠久、最有代表性的产品。黄酒是一种以稻米为原料酿制成的粮食酒。不同于白酒，黄酒没有经过蒸馏，酒精度低于 20%。不同种类的黄酒颜色亦呈现出不同的米色、黄褐色或红棕色。山东即墨老酒是北方粟米黄酒的典型代表；福建龙岩沉缸酒、福建老酒是红曲稻米黄酒的典型代表。

一、黄酒简介

黄酒是世界上 3 个最古老的酒种之一，其用曲制酒、复式发酵酿造方法，堪称世界一绝。中国黄酒以绍兴黄酒为最，天下尽知，但在祖国深处，有一种"房县庐陵王黄酒"（房县位于鄂西北神农架大山深处）比绍兴黄酒还早 400 年，至今盛产不衰。因其在酿造工艺上的考究及质量的绝佳被业界誉为黄酒中的极品，被称为黄酒中的宝马。

黄酒源于中国，且唯中国有之，与啤酒、葡萄酒并称世界三大古酒。约在 3 000 多年前，商周时代，中国人独创酒曲复式发酵法，开始大量酿制黄酒。黄酒产地较广，品种很多，著名的有浙江加饭酒（花雕酒、女儿红等）、绍兴状元红、上海老酒、福建老酒、江西九江封缸酒、江苏丹阳封缸酒、无锡惠泉酒、广东珍珠红酒、山东即墨老酒等。但是被中国酿酒界公认的、在国际国内市场最受欢迎的、最具中国特色的，首推绍兴酒。

黄酒以大米、黍米为原料，一般酒精度为 14% ~ 20%，属于低度酿造酒。黄酒含有丰富的营养，含有 21 种氨基酸，其中包括数种未知氨基酸，而人体自身不能合成，必须依靠食物摄取的 8 种必需氨基酸黄酒都具备，故被誉为"液体蛋糕"。

二、黄酒的起源

人类发现自然酒后，受到启发，开始了人工酿酒的历史，从而揭开了中国黄酒文化的扉页。

（一）自然酿酒

远古时代，农业尚未兴起，祖先们过着女采野果男狩猎的生活。有时采摘的野果食用不完，便被贮存起来，因没有保鲜方法，野果里含有的发酵性糖分与空气中的霉菌、酵母菌相遇，就会发酵，生成含有酒香气味的果子。这种自然发酵现象，使祖先有了发酵酿酒的模糊意识，久而久之，便积累了以野果酿酒的经验。尽管这种野果酒尚称不上黄酒，但为后人酿造黄酒提供了不可多得的启示。

（二）粮食酿酒

时间又向前推进了几千年，华夏民族开始了原始的农耕时代。大概 6 000 年前的新石器时期，简单的劳动工具足以使祖先们衣可暖身、食可果腹，而且还有了剩余。但粗陋的生存条件难以实现粮食的完备储存，剩余的粮食只能堆积在潮湿的山洞里或地窖中，时日一久，粮食发霉发芽。霉变的粮食浸在水里，经过天然发酵成酒，这便是天然粮食酒饮之，芬芳甘洌。又经历上千年的摸索，人们逐渐掌握了酿酒的一些技术。

晋代江统在《酒诰》中说："有饭不尽，委于空桑，郁结成味，久蓄气芳。本出于此，不由奇方。"说的就是粮食酿造黄酒的起源。

（三）曲药酿酒

中国是世界上最早用曲药酿酒的国家。曲药的发现、人工制作、运用大概可以追溯到公元前 2000 年的夏王朝到公元前 200 年的秦王朝这 1 800 年的时间。

根据考古发掘，我们的祖先早在殷商武丁时期就掌握了微生物"霉菌"的繁殖规律，已能使用谷物制成曲药，发酵酿造黄酒。

到了西周，农业的发展为酿造黄酒提供了完备的原始资料，人们的酿造工艺，在总结前人"秫稻必齐，曲药必时"的基础上有了进一步的发展。秦汉时期，曲药酿造黄酒技术又有所提高，《汉书·食货志》载："一酿用粗米二斛，得成酒六斛六斗。"这是我国现存最早用稻米曲药酿造酒的配方。《水经注》又载："鄳县有鄳湖，湖中有洲，洲上居民，彼人资以给，酿酒甚美，谓之鄳酒。"那个时代，人们心中已有了品牌意识——喝黄酒必首推鄳酒，鄳酒誉满天下，是曲药酿黄酒的代表。

中国人独特的制曲方式、酿造技术被广泛流传到日本、朝鲜及东南亚一带。曲药的发明及应用，是中华民族的骄傲，是中华民族对人类的伟大成就，被誉为古代四大发明之外的"第五大发明"。

三、黄酒的发展

经过漫长的历史岁月，趟过悠久的历史长河，华夏民族在不断的生产实践中，逐步积累粮食酿酒经验，使黄酒酿造工艺技术炉火纯青。

（一）传统酿酒

公元前 200 年的汉王朝到公元 1000 年的北宋，历时 1 200 年，是我国传统黄酒的成熟期。《齐民要术》、《酒诰》等科技著作相继问世，鄳酒、新丰酒、兰陵酒等名优酒开始诞生。张载、李白、杜甫、白居易、杜牧、苏东坡等酒文化名人辈出，中国传统黄酒的发展进入了灿烂的黄金时期。

黄酒的传统酿造工艺，是一门综合性技术。根据现代学科分类，它涉及食品学、营养学、化学和微生物学等多种学科知识。我们的祖先在几千年漫长的实践中逐步积累经验，不断完善，不断提高，使之形成极为纯熟的工艺技术。

中国传统酿造黄酒的主要工艺流程为：浸米→蒸饭→晾饭→落缸发酵→开耙→坛发酵→煎酒→包装。

今天，我国大部分黄酒的生产工艺与传统的黄酒酿造工艺一脉相承，有异曲同工之妙。

（二）科学酿酒

黄酒是我国具有悠久历史文化背景的酒种，也是未来最有希望走向世界并占有一席之地的酒品。近年来，黄酒生产技术有了很大的提高，新原料、新菌种、新技术和新设备的融入为传统工艺的改革、新产品的开发创造了机遇，产品不断创新，酒质不断提高。

① 原料多样化。除糯米黄酒外，开发了粳米黄酒、籼米黄酒、黑米黄酒、高粱黄酒、荞麦黄酒、薯干黄酒、青稞黄酒等。

② 酒曲纯种化。运用高科技手段，从传统酒药中分离出优良纯菌种，达到用曲少、出酒率高的效果。

③ 工艺科学化。采用自流供水，蒸汽供热、红外线消毒、流水线作业等科学工艺生产，酒质好，效率高。

④ 生产机械化。蒸饭、拌曲、压榨、过液、煎酒、罐装均采用机械完成，机械代替了传统的手工作业，降低劳动强度，提高了产量和效益。

我们要不断地继承和创新，更好地传承黄酒酿造技术，弘扬中华优秀的传统文化。

四、黄酒名称区分

黄酒属于酿造酒，酒精度一般为 15% 左右。

黄酒，顾名思义是黄颜色的酒。所以有的人将黄酒这一名称翻译成 Yellow Wine。其实这并不恰当。黄酒的颜色并不总是黄的。在古代，酒的过滤技术并不成熟之时，酒是呈混浊状态的，当时称为"白酒"或浊酒。黄酒的颜色就是在现在也有黑色的、红色的，所以不能单从字面上来理解。黄酒的实质应是谷物酿成的，因可以用"米"代表谷物粮食，故称为"米酒"也是较为恰当的。现在通行用"Rice Wine"表示黄酒。

在当代，黄酒是谷物酿造酒的统称，以粮食为原料的酿造酒（不包括蒸馏的烧酒），都可归于黄酒类。黄酒虽作为谷物酿造酒的统称，但民间有些地区对本地酿造且局限于本地销售的酒仍保留了一些传统的称谓，如江西的水酒、陕西的稠酒、西藏的青稞酒，如硬要说它们是黄酒，当地人也不一定能接受。

在古代，"酒"是所有酒的统称，在蒸馏酒尚未出现的历史时期，"酒"就是酿造酒。蒸馏的烧酒出现后，就较为复杂了。"酒"这一名称既是所有酒的统称，在一些场合下，也是谷物酿造酒的统称，如李时珍在《本草纲目》中把当时的酒分为三大类：酒、烧酒、葡萄酒。其中的"酒"都是谷物酿造酒，由于酒既是所有酒的统称，又是谷物酿造酒的统称，毕竟还应有一个只包括谷物酿造酒的统称。因此，黄酒作为谷物酿造酒的专用名称出现不是偶然的。

"黄酒"，在明代可能是专门指酿造时间较长、颜色较深的米酒，与"白酒"相区别。明代的"白酒"并不是现在的蒸馏烧酒，如明代有"三白酒"，是用白米、白曲和白水酿造而成的、酿造时间较短的酒，酒色混浊，呈白色。酒的黄色（或棕黄色等深色）的形成，主要是在煮酒或贮藏过程中，酒中的糖分与氨基酸形成美拉德反应，产生色素，也有的是加入焦糖制成的色素（称"糖色"）加深其颜色。

在明代戴羲所编著的《养余月令》卷十一中则有："凡黄酒白酒，少入烧酒，则经宿不酸。"从这一提法可明显看出黄酒、白酒和烧酒之间的区别。黄酒是指酿造时间较长的老酒，白酒则是指酿造时间较短的米酒（一般用白曲，即米曲作为糖化发酵剂）。在明代，"黄"这一名称的专一性还不是很严格，虽然不能包含所有的谷物酿造酒，但起码南方各地酿酒规模较大的，在酿造过程中经过加色处理的酒都可以包括进去。到了清代，各地的酿造酒的生产虽然保存，但绍兴的老酒、加饭酒风靡全国，这种行销全国的酒，质量高，颜色一般较深，可能与"黄酒"

这一名称的最终确立有一定的关系。清代时已有所谓"禁烧酒而不禁黄酒"的说法。到了民国时期，黄酒作为谷物酿造酒的统称已基本确定下来。黄酒归属于土酒类（国产酒称为土酒，与洋酒相对应）。

五、黄酒酿造原料和工艺

（一）黄酒酿造原料

黄酒用谷物作为原料，用麦曲或小曲作为糖化发酵剂制成的酿造酒。在历史上，黄酒的生产原料在北方以粟（学名：Setaria italica，在古代，是秫、粱、稷、黍的总称，有时也称粱，现在也称谷子，去壳后的叫小米）。在南方，普遍用稻米（尤其是糯米，为最佳原料）为原料酿造黄酒。由于从宋代开始，政治、文化、经济中心南移，黄酒的生产局限于南方数省。南宋时期，烧酒开始生产，从元朝开始在北方得到普及，北方的黄酒生产逐渐萎缩。南方人饮烧酒者不如北方普遍，因此黄酒生产在南方得以保留。在清朝时期，南方绍兴一带的黄酒称雄国内外。目前黄酒生产主要集中于浙江、江苏、上海、福建、江西、广东、安徽等地，山东、陕西、大连等地也有少量生产。

（二）黄酒酿造工艺

我国酿酒技术的发展可分为两个阶段。第一阶段是自然发酵阶段，经历数千年，传统发酵技术由孕育、发展乃至成熟。即使在当代，天然发酵技术也并未完全消失，其中的一些奥秘仍有待于人们去解开。在该阶段，人们主要凭经验酿酒，生产规模一般不大，基本上是手工操作，酒的质量没有一套可信的检测指标作保证。

第二阶段是从民国开始的，由于引入西方的科技知识，尤其是微生物学、生物化学和工程知识后，传统酿酒技术发生了巨大的变化，人们懂得了酿酒微观世界的奥秘，生产上劳动强度大大降低，机械化水平提高，酒的质量更有保障。

六、黄酒分类

经过数千年的发展，黄酒家族不断扩大，品种琳琅满目。酒的名称更是丰富多彩，最为常见的是按酒的产地来命名，如绍兴酒、金华酒、丹阳酒、九江封缸酒、山东兰陵酒等。这种分法在古代较为普遍。还有按某种类型酒的代表作为分类的依据，如"加饭酒"，往往是半干型黄酒，"花雕酒"表示半干酒，"封缸酒"（绍兴地区又称"香雪酒"）表示甜型或浓甜型黄酒，"善酿酒"表示半甜酒；有的按酒的外观（如颜色、浊度等）分类，如清酒、浊酒、白酒、黄酒、红酒（红曲酿造的酒）；再就是按酒的原料分类，如糯米酒、黑米酒、玉米黄酒、粟米酒、青稞酒等。古代还有煮酒和非煮酒的区别，甚至还有根据销售对象来分的，如"路庄"（具体的如"京装"，清代销往北京的酒）。有一些酒名，则是根据酒的习惯称呼命名，如江西的"水酒"、陕西的"稠酒"、江南一带的"老白酒"等。除了液态的酒外，还有半固态的"酒娘"。这些称呼都带有一定的地方色彩，要想准确知道黄酒的类型，还得依据现代黄酒的分类方法。

（一）根据含糖量划分

1. 干黄酒

"干"表示酒的含糖量少，总糖含量低于或等于 15.0 g/L，口味醇和、鲜爽，无异味。

2. 半干黄酒

"半干"表示酒中的糖分还未全部发酵成酒精，保留了一些糖分。在生产上，这种酒的加水量较低，相当于在配料时增加了饭量，总糖含量 15.0 ~ 40.0 g/L，故又称"加饭酒"。我国大多数高档黄酒，口味醇厚、柔和、鲜爽，无异味，均属此种类型。

3. 半甜黄酒

这种酒采用的工艺独特，是用成品黄酒代水，加到发酵醪中，使糖化发酵的开始之际，发酵醪中的酒精浓度就达到较高的水平，在一定程度上抑制了酵母菌的生长速度。由于酵母菌数量较少，使发酵醪中产生的糖分不能转化成酒精，故成品酒中的糖分较高，总糖含量 40.1 ~ 100 g/L，口味醇厚，鲜甜爽口，酒体协调，无异味。

4. 甜黄酒

这种酒一般是采用淋饭操作法，拌入酒药，搭窝先酿成甜酒娘，当糖化至一定程度时，加入 40% ~ 50% 浓度的米白酒或糟烧酒，以抑制微生物的糖化发酵作用。其总糖含量高于 100 g/L。口味鲜甜、醇厚，酒体协调，无异味。

（二）按原料和酒曲划分

1. 糯米黄酒

以酒药和麦曲为糖化、发酵剂，主要生产于中国南方地区。

2. 黍米黄酒

以米曲霉制成的麸曲为糖化、发酵剂，主要生产于中国北方地区。

3. 大米黄酒

是一种改良的黄酒，以米曲加酵母为糖化、发酵剂，主要生产于中国吉林及山东。

4. 红曲黄酒

以糯米为原料，红曲为糖化、发酵剂，主要生产于中国福建及浙江两地。

七、黄酒品味和饮法

（一）黄酒品味

要鉴赏品尝黄酒，首先应观其色泽，须晶莹透明，有光泽感，无混浊或悬浮物，无沉淀物泛起荡漾于其中，具有极富感染力的琥珀红色。

其次，将鼻子移近酒盅或酒杯，闻其幽雅、诱人的馥郁芳香。此香不同于白酒的香型，更区别于化学香精，是一种深沉特别的脂香和黄酒特有酒香的混合。若是 10 年以上的陈年高档黄酒，哪怕不喝，放一杯在案头，便能让人心旷神怡。

用嘴轻啜一口，搅动整个舌头，徐徐咽下，轻啜慢咽，3 ~ 5 次下来，便能充分体会到黄酒芳香的口感。

（二）黄酒饮法

黄酒是以粮食为原料，通过酒曲及酒药等共同作用酿制而成的。它的主要成分是乙醇，但浓度很低，一般为 8% ~ 20%，很适应当今人们由于生活水平提高而对饮料酒品质的要求，适于各类人群饮用。

黄酒饮法多种多样，冬天宜热饮，放在热水中烫热或隔火加热后饮用，会使黄酒变得温和柔顺，更能享受到黄酒的醇香，驱寒暖身的效果也更佳；夏天在甜黄酒中加冰块或冰冻苏打水，不仅可以降低酒精度，而且清凉爽口。

1．温饮黄酒

黄酒最传统的饮法当然是温饮。温饮的显著特点是酒香浓郁，酒味柔和。温酒的方法一般有两种：一种是将盛酒器放入热水中烫热，另一种是隔火加温。但黄酒加热时间不宜过久，否则酒精都挥发掉了，反而淡而无味。一般，冬天盛行温饮。

黄酒的最佳品评温度为 40 ~ 50 ℃。在黄酒烫热的过程中，黄酒中含有的极微量对人体健康无益的甲醇、醛、醚类等有机化合物，会随着温度升高而挥发掉，同时，脂类芳香物则随着温度的升高而蒸腾，从而使酒味更加甘爽醇厚，芬芳浓郁。因此，黄酒烫热喝是有利于健康的。

2．冰镇黄酒

目前，年轻人中盛行一种冰黄酒的喝法，尤其在我国香港及日本，流行黄酒加冰后饮用。可以自制冰镇黄酒，从超市买来黄酒后，放入冰箱冷藏室。如是温控冰箱，温度控制在 3 ℃左右为宜。饮时在杯中放几块冰，口感更好。也可根据个人口味，在酒中放入话梅、柠檬等，或兑些雪碧、可乐、果汁，有消暑、促进食欲的功效。

3．佐餐黄酒

黄酒的配餐也十分讲究，以不同的菜配不同的酒，则更可领略黄酒的特有风味。以绍兴酒为例：干型的元红酒，宜配蔬菜类、海蜇皮等冷盘；半干型的加饭酒，宜配肉类、大闸蟹；半甜型的善酿酒，宜配鸡鸭类；甜型的香雪酒，宜配甜菜类。

八、黄酒功用

黄酒还是医药上很重要的辅料或"药引子"。中药处方中常用黄酒浸泡、烧煮、蒸炙一些中草药或调制药丸及各种药酒。黄酒的另一功能是调料。黄酒酒精含量适中，味香浓郁，富含氨基酸等呈味物质，人们都喜欢用黄酒作佐料，在烹制荤菜（特别是羊肉、鲜鱼）时加入少许，不仅可以去腥膻，还能增加鲜美的风味。

黄酒含有丰富的营养，有"液体蛋糕"之称。其营养价值超过了有"液体面包"之称的啤酒和营养丰富的葡萄酒。

1．含有丰富的氨基酸

黄酒的主要成分除乙醇和水外，还含有 18 种氨基酸，其中有 8 种是人体自身不能合成而又必需的。这 8 种氨基酸，在黄酒中的含量比同量啤酒、葡萄酒多一至数倍。

2．易于消化

黄酒含有许多易被人体消化的营养物质，如糊精、麦芽糖、葡萄糖、脂类、甘油、高级醇、维生素及有机酸等。这些成分经贮存，最终使黄酒成为营养价值极高的低酒精度饮品。

3．舒筋活血

黄酒气味苦、甘、辛。冬天温饮黄酒，可活血祛寒、通经活络，有效抵御寒冷刺激，预防感冒。适量常饮黄酒有助于人体血液循环，促进新陈代谢，并可补血养颜。

4．美容抗衰老

黄酒是 B 族维生素的良好来源，维生素 B1、B2、尼克酸、维生素 E 都很丰富，长期饮用有利于美容、抗衰老。

5．促进食欲

锌是能量代谢及蛋白质合成的重要成分，缺锌时，人的食欲、味觉都会减退，性功能也下降。而黄酒中锌含量丰富，如每 100 mL 绍兴元红黄酒含锌 0.85 mg。所以饮用黄酒有促进食欲的作用。

6．保护心脏

黄酒含多种微量元素。如每 100 mL 含镁量为 20 ～ 30 mg，比白葡萄酒高 10 倍，比红葡萄酒高 5 倍；绍兴元红黄酒及加饭酒中每 100 mL 含硒量为 1 ～ 1.2 μg，比白葡萄酒高约 20 倍，比红葡萄酒高约 12 倍。在心脑血管疾病中，这些微量元素均有防止血压升高和血栓形成的作用。因此，适量饮用黄酒，对心脏有保护作用。

7．理想的药引子

相比于白酒、啤酒，黄酒酒精度适中，是较为理想的"药引子"。而白酒虽对中药溶解效果较好，但饮用时刺激较大，不善饮酒者易出现腹泻、瘙痒等症状。啤酒则酒精度太低，不利于中药有效成分的溶出。此外，黄酒还是中药膏、丹、丸、散的重要辅助原料。中药处方中常用黄酒浸泡、烧煮、蒸炙中草药或调制药丸及各种药酒，据统计有 70 多种药酒需用黄酒作为酒基配制。

本章小结

发酵酒又叫酿造酒或原汁酒，它是借着酵母的作用，把含淀粉或糖分的原料发酵糖化制成酒精度低的酒。发酵酒的营养价值高，经常适量饮用对人体有益。葡萄酒属于水果发酵酒类，酒精度为 10% ～ 14%，一般用于佐餐。葡萄酒分为葡萄酒和特殊葡萄酒两大类。按颜色可分为红葡萄酒、白葡萄酒和淡红葡萄酒；按含糖量分为干型、半干型、半甜型和甜型葡萄酒；按二氧化碳的含量分为静止葡萄酒和起泡葡萄酒。特殊葡萄酒又分为起泡葡萄酒、加汽葡萄酒、强化葡萄酒和加香葡萄酒。法国、德国、意大利都是世界著名的葡萄酒生产国。葡萄酒很讲究酒与菜的搭配，通常要求风味对等、和谐，为饮者所接受和欢迎。啤酒属于谷物发酵酒类，享有"液体面包"、"液体维生素"的美誉，是营养饮品。啤酒度是指酒液中含有的麦汁浓度的百分比，而非酒精含量。啤酒的酒精度通常不超过 5%。啤酒可以按颜色、麦汁含量、是否经过杀菌处理及传统风味划分为不同类型。另外，啤酒的温度、杯子的洁净度和斟酒方式是提供优质啤酒服务的保证。黄酒是中国的民族特产，也称米酒（rice wine），属于发酵酒，其中以中国绍兴黄酒为代表。

思考题

1．发酵酒的概念及特点是什么？

2．简述葡萄酒的分类方法及简单的生产工艺。

3．葡萄酒的著名生产国、产区及名品有哪些？

4．葡萄酒与菜肴的搭配原则是什么？以法国西餐的进餐顺序说明。

5．识别各国葡萄酒的酒标。

6．如何服务葡萄酒？

7．简述葡萄酒和啤酒储存与保管需要注意的问题。

8．简述啤酒的特点、分类、生产工艺及名品。

9．提供一杯优质啤酒服务所依据的 3 个条件是什么？

10．日本清酒和中国黄酒的名品都有哪些？

第三章

蒸馏酒
(Distilled Alcoholic Drinks)

本章学习目标

1. 掌握蒸馏酒的概念、特点、分类、生产工艺及名品
2. 掌握各种蒸馏酒酒品的饮用与服务方式

第一节 蒸馏酒概述

一、蒸馏酒简介

蒸馏酒是乙醇浓度高于原发酵产物的各种酒精饮料。白兰地、威士忌、朗姆酒和中国的白酒都属于蒸馏酒，大多是度数较高的烈性酒。

蒸馏酒的原料一般是富含天然糖分或容易转化为糖的淀粉等物质，如蜂蜜、甘蔗、甜菜、水果、玉米、高粱、稻米、麦类、马铃薯等。糖和淀粉经酵母发酵后产生酒精，利用酒精的沸点（78.5 ℃）和水的沸点（100 ℃）不同，将原发酵液加热至两者沸点之间，就可从中蒸出和收集到酒精成分和香味物质。

用特制的蒸馏器将酒液、酒醪或酒醅加热，由于它们所含的各种物质的挥发性不同，在加热蒸馏时，在蒸气和酒液中，各种物质的相对含量就有所不同。酒精（乙醇）较易挥发，则加热后产生的蒸气中含有的酒精浓度增加，而酒液或酒醪中酒精浓度就下降。收集酒气并经过冷却，得到的酒液虽然无色，气味却辛辣浓烈。其酒精度比原酒液的酒精度要高得多，一般的酿造酒，酒精度低至20%，蒸馏酒则可高达60%以上。我国的蒸馏酒主要是用谷物原料酿造后经蒸馏得到的。

现代人们所熟悉的蒸馏酒分为"白酒"（也称"烧酒"）、"白兰地"、"威士忌"、"伏特加酒"、"朗姆酒"等。白酒是中国所特有的，一般是粮食酿成后经蒸馏而成的。白兰地是葡萄酒蒸馏而成的，威士忌是大麦等谷物发酵酿制后经蒸馏而成的。朗姆酒则是甘蔗酒经蒸馏而成的。

二、蒸馏酒的起源

（一）中国蒸馏酒的起源

历代关于蒸馏酒起源的观点不尽相同，现将主要观点归纳如下：

1．蒸馏酒始创于元代

最早提出此观点的是明代医学家李时珍。他在《本草纲目》中写道："烧酒非古法也，自元时始创。其法用浓酒和糟，蒸令汽上，用器承取滴露。凡酸坏之酒，皆可蒸烧。"

元代文献中已有蒸馏酒及蒸馏器的记载。如《饮膳正要》，作于1331年。故14世纪初，我国已有蒸馏酒。但是否自创于元代，史料中都没有明确说明。

2．蒸馏酒元代时由外国传入

清代檀萃的《滇海虞衡志》中说："盖烧酒名酒露，元初传入中国，中国人无处不饮乎烧酒。"章穆的《饮食辨》中说："烧酒又名火酒，《饮膳正要》曰'阿剌吉'。番语也（外来语——著者注），盖此酒本非古法，元末暹罗及荷兰等处人始传其法于中土。"

现代吴德铎先生则认为撰写《饮膳正要》的作者忽思慧（蒙古族人）当时是用蒙文的译音写成"阿剌吉"，而并未使用旧的汉文名（烧酒），故不应看成是外来语。忽思慧并没有将"阿剌吉"看作是从外国传入的。

至于烧酒从元代传入的可信度如何，曾纵野先生认为"在元时一度传入中国可能是事实，从西亚和东南亚传入都有可能，因其新奇而为人们所注意也是可以理解的。（曾纵野．我国白酒起源的探讨 [J]．黑龙江酿酒，1978．）

3．宋代中国已有蒸馏酒

这个观点是现代学者经过大量考证提出的。现将主要依据罗列于下：

（1）宋代史籍中已有蒸馏器的记载

宋代已有蒸馏器是支持这一观点的最重要的依据之一。南宋张世南在《游宦纪闻》卷五中记载了一例蒸馏器，用于蒸馏花露。宋代的《丹房须知》一书中还画有当时蒸馏器的图形。吴德铎先生认为："我们完全可以相信，至迟在宋以前，中国人民便已掌握了蒸制烧酒所必需的蒸馏器。"当然，吴先生并未说此蒸馏器就一定用来蒸馏酒。

（2）考古发现了金代的蒸馏器

20世纪70年代，考古工作者在河北青龙县发现了被认为是金世宗时期的铜制蒸馏烧锅（《文物》，1976 年第 9 期，也有人认为很难肯定是金代制品）。邢润川认为："宋代已有蒸馏酒应是没有问题。"（邢润川．我国蒸馏酒起源于何时？[J]．微生物学报，1981，8（1））从这一蒸馏器的结构来看，与元代朱德润在《轧赖机酒赋》中所描述的蒸馏器结构相同。器内液体经加热后，蒸汽垂直上升，被上部盛冷水的容器内壁所冷却，从内壁冷凝，沿壁流下被收集。而元代《居家必用事类全集》中所记载的南番烧酒所用的蒸馏器尚未采用此法，南番的蒸馏器与阿拉伯式的蒸馏器则相同，器内酒的蒸汽是左右斜行走向，流酒管较长。从器形结构来考察，我国的蒸馏器具有鲜明的民族传统特色。因此也有可能我国在宋代自创蒸馏技术。

（3）宋代文献中关于"烧酒"的记载更符合蒸馏酒的特征

宋代的文献记载中，烧酒一词出现得更为频繁，而且据推测所说的烧酒是蒸馏烧酒。如宋代宋慈在《洗冤录》卷四记载："虺蝮伤人……令人口含米醋或烧酒，吮伤以吸拔其毒。"这里所指的烧酒，有人认为应是蒸馏烧酒。"蒸酒"一词，也有人认为是指酒的蒸馏过程。如宋代洪迈《夷坚丁志》卷四的《镇江酒库》记有"一酒匠因蒸酒堕入火中"。这里的蒸酒并未注明是蒸煮米饭还是蒸馏酒。但"蒸酒"一词在清代却是表示蒸馏酒的。《宋史食货志》中关于"蒸酒"的记载较多。采用"蒸酒"操作而得到的一种"大酒"，也有人认为是烧酒。但宋代几部重要的酿酒专著（朱肱的《北山酒经》、苏轼的《酒经》等）及酒类百科全书《酒谱》中均未提到蒸馏的烧酒。北宋和南宋都实行酒的专卖，酒库大都由官府有关机构所控制。如果蒸馏酒确实出现，普及速度应是很快的。

4．唐代初创蒸馏酒

唐代是否有蒸馏烧酒，一直是人们所关注的焦点。"烧酒"一词首次是出现于唐代文献中的。如白居易（772—846）的诗句"荔枝新熟鸡冠色，烧酒初开琥珀光"，陶雍（唐大和大中年间人）的诗句"自到成都烧酒熟，不思身更入长安"，李肇在唐《国史补》中罗列的一些名酒中有"剑南之烧春"。因此现代一些人认为其所提到的烧酒即是蒸馏的烧酒。

但从唐代《投荒杂录》所记载的烧酒之法来看，则是一种加热促进酒的陈熟的方法。如该书中记载道："南方饮'既烧'，即实酒满瓮，泥其上，以火烧方熟，不然不中饮。"显然这不应是酒的蒸馏操作。在宋代《北山酒经》中，这种操作又称"火迫酒"。故唐代已有蒸馏的烧酒还难以成立。

5．蒸馏酒起源于东汉

上海博物馆保存的东汉时期的青铜蒸馏器，经过青铜专家鉴定是东汉早期或中期的制品，用此蒸馏器作蒸馏实验，蒸出了酒精度为 20.4% ~ 26.6% 的蒸馏酒。而且，安徽滁洲黄泥乡也出土了一件似乎一模一样的青铜蒸馏器。专门研究这一课题的吴德铎先生和马承源先生认为我国早在公元初或 1、2 世纪时期，人们在日常生活中便已使用青铜蒸馏器了。但他们并未认定此蒸馏器用来蒸馏酒（吴德铎 . 阿刺吉与蒸馏酒 // 辉煌的世界酒文化 [M]. 成都：成都出版社，1993）。吴德铎先生在 1986 年于澳大利亚召开的第四届中国科技史国际学术研讨会上发表这一研究结果后，这一轰动世界科技史学界的论文引起了致力于《中国科学技术史》这一巨著编撰者——英国剑桥大学东方科学技术史图书馆馆长李约瑟博士的高度重视，并表示要对其原著作中关于蒸馏器的这部分内容重新修正。这篇论文也引起了国内学者的关注。东汉青铜蒸馏器的构造与金代蒸馏器也有相似之处。该蒸馏器分甑体和釜体两部分，通高 53.9 cm，甑体内有储存料液或固体酒醅的部分，并有凝露室，凝露室有管子接口，可使冷凝液流出蒸馏器外，釜体上部有一入口，大约是随时加料用的。

蒸馏酒起源于东汉的观点，目前没有被广泛接受，因为仅靠用途不明的蒸馏器很难说明问题。另外，东汉以前的众多酿酒史料中都未找到任何蒸馏酒的踪影，缺乏文字资料的佐证。

（二）国外蒸馏酒的起源

在古希腊时代，Aristotle 曾经写到："通过蒸馏，先使水变成蒸汽继而使之变成液体状，可使海水变成可饮用水。"这说明当时人们发现了蒸馏的原理。古埃及人曾用蒸馏术制造香料。在中世纪早期，阿拉伯人发明了酒的蒸馏。在 10 世纪，一位名叫 Avicenna 的哲学家曾对蒸馏器进行过详细的描述。但当时还未提到蒸馏酒（alcohol），有人认为尽管没有提到蒸馏酒，但蒸馏酒在那个时期已经出现了。公元 1313 年，一位加泰隆（Catalan，分布于西班牙等国的人）教授，也许是第一次记载了蒸馏酒的人（上述资料来自 Alexis Lichine 的 *New Encyclopedia of Wines and Spirits*）。

国外已有证据表明大约在 12 世纪，人们第一次制成了蒸馏酒。据说当时蒸馏得到的烈性酒并不是饮用的，而是作为引起燃烧的东西或作为溶剂，后来又用于药品（引自 MOO-YOUNG M.Comprehensive Biotechnology. Vol. 3. Pergamon Press，1985：862.）。国外的蒸馏酒大都用葡萄酒所蒸馏。英语中的 spirits 来源于拉丁语 spiritus vini。后来，Paracelsus 又把葡萄蒸馏的烈性酒称为 al ko hol（意指 the fiest，the noblest）。从时间来看，公元 12 世纪正相当于我国南宋初期，与金世宗时期几乎同时。我国的烧酒和国外的烈性酒出现时间又是一个偶合吗？

（三）蒸馏酒的历史

世界上最早的蒸馏酒是由爱尔兰和苏格兰的古代居民凯尔特人在公元前发明的。当时的凯尔特人使用陶制蒸馏器酿造出酒精含量较高的烈性酒，这也是威士忌酒的起源。"威士忌"一词出自凯尔特人的语言，意为"生命之水"。公元 43 年，罗马大军征服了不列颠，也带来了金属制造技术，从而使凯尔特人传统的蒸馏方法得到改进，改善了蒸馏器的密封性，减少了酒精蒸气的逃逸，提高了蒸馏效率，促使威士忌酒产量大为提高。到公元 10 世纪，威士忌酒的酿造工艺已基本成熟。

中国汉代许慎著《说文解字》中记载："秭者少康初作箕帚、秫酒。"少康即杜康，秫即高粱，这段话的意思是杜康最早发明的箕帚和高粱酒。这说明中国至少在公元前 2000 多年前就已使用粮食酿酒了，但当时造的还都是黄酒。直到公元 10 世纪，中国人掌握了蒸馏技术之后才开始酿造白酒。中国的蒸馏酒大多使用陶缸泥窖酿制，所以酒中不含色素。而国外的蒸馏酒多使用各种木桶酿制，并添加有香料和调色的焦糖等，故呈现不同的颜色。

三、世界蒸馏酒种类

（一）中国蒸馏酒

中国的蒸馏酒主要是白酒。中国白酒因其原料和生产工艺等不同而形成了不同的香型，主要有以下 5 种：

1．清香型

清香型白酒的特点是清香纯正，醇甘柔和，诸味协调，余味净爽，如山西汾酒。

2．浓香型

浓香型白酒的特点是芳香浓郁，甘绵适口，香味协调，回味悠长，如四川泸州老窖特曲。

3．酱香型

酱香型白酒的特点是香气幽雅，酒味醇厚，柔和绵长，杯空留香，如贵州茅台酒。

4．米香型

米香型白酒的特点是蜜香清柔，幽雅纯净，入口绵甜，回味怡畅，如广西桂林三花酒、冰峪庄园大米原浆酒。

5．兼香型

兼香型白酒的特点是一酒多香，即兼有两种以上主体香型，故又称混香型或复香型，如贵州董酒。

除白酒外，中国还有一些其他蒸馏酒，如山东烟台金奖白兰地，是以葡萄为原料，经发酵后蒸馏而得。

（二）外国蒸馏酒

1．白兰地（Brandy）

白兰地是以葡萄或其他水果为原料经发酵、蒸馏而得的酒。以葡萄为原料制成的白兰地可仅称为白兰地，而以其他水果为原料制成的白兰地必须标明水果名称，如苹果白兰地（Apple Brandy）、樱桃白兰地（Cherry Brandy）等。新蒸馏出来的白兰地须盛放在橡木桶内使之成熟，并应经过较长时间的陈酿（如法国政府规定至少 18 个月），白兰地才会变得芳郁醇厚，并产生其色泽。白兰地的储存时间越长，酒的品质越佳。白兰地的酒精度为 43% 左右。

法国是世界上首屈一指的白兰地生产国，在法国白兰地产品中，以干邑最为著名。干邑又称科涅克，产于法国南部科涅克地区的一个法定区域内。法国政府规定，只有在这个区域内生产的白兰地才可称为干邑（Cognac），其他地区的产品只能称白兰地，不得称干邑。

干邑白兰地的名品有轩尼诗（Hennessy）、人头马（Remy Martin）、马爹利（Martell）、卡慕（Camus）等。

白兰地主要用作餐后酒，一般不掺任何其他饮料。

2．威士忌（Whisky）

威士忌是以谷物为原料经发酵、蒸馏而得的酒。世界各地都有威士忌生产，以苏格兰威士忌最负盛名。按惯例，苏格兰、加拿大两地的威士忌书写为 Whisky，其他国家和地区的威士忌书写为 Whiskey，但在美国，两者可通用。威士忌的酒精度为 40% 左右。

苏格兰威士忌以当地出产的大麦为原料，并以当地出产的泥煤（Peat）作为烘烤麦芽的燃料，精制而成。新蒸馏出来的威士忌至少在酒桶内陈酿 4 年，在装瓶销售前还必须进行混合调制。苏格兰威士忌的名品有约翰尼·沃克（Johnnie Walker），包括有红方（Red Label）和黑方（Black Label）等、皇家芝华士（Chivas Regal）、白马（White Horse）、金铃（Bell's）等。

威士忌可纯饮，也可加冰块饮用，更被大量用于调制鸡尾酒和混合饮料。

3．伏特加（Vodka）

伏特加是以土豆、玉米、小麦等原料经发酵、蒸馏后精制而成。伏特加无须陈酿，酒度为 40%vol 左右。

① 纯净伏特加（Straight Vodka）。纯净伏特加是指将蒸馏后的原酒注入活性炭过滤槽内过滤掉杂质而得的酒，一般无色、无味，只有一股火一般的刺激。其名品有美国的斯米尔诺夫（Smirnoff）、前苏联的斯多里西那亚（Stolichnaya，又称红牌伏特加）、莫斯科伏斯卡亚（Moskovskaya，又称绿牌伏特加）等。

② 芳香伏特加（Flavored Vodka）。芳香伏特加是指在伏特加酒液中放入药材、香料等浸制而成的酒，因此带有色泽，既有酒香，又带有药材、香料的香味。其名品有波兰的蓝野牛（Blauer Bison）、前苏联的珀特索伏卡（Pertsovka）等。

伏特加既可纯饮，又可用于鸡尾酒的调制。

4．朗姆酒（Rum）

朗姆酒是以蔗糖汁或蔗糖浆为原料经发酵和蒸馏加工而成的酒，有时也用糖渣或其他蔗糖副产品作为原料。新蒸馏出来的朗姆酒必须放入橡木桶陈酿 1 年以上，酒精度为 45% 左右。朗姆酒按其色泽可分为 3 类。

① 银朗姆（Silver Rum）。银朗姆又称白朗姆，是指蒸馏后的酒需经活性炭过滤后入桶陈酿 1 年以上，酒味较干，香味不浓。

② 金朗姆（Golden Rum）。金朗姆又称琥珀朗姆，是指蒸馏后的酒需存入内侧灼焦的旧橡木桶中，至少陈酿 3 年，酒色较深，酒味略甜，香味较浓。

③ 黑朗姆（Dark Rum）。黑朗姆又称红朗姆，是指在生产过程中需加入一定的香料汁液或焦糖调色剂的朗姆酒，酒色较浓（深褐色或棕红色），酒味芳醇。

朗姆酒的名品主要有波多黎各的百加地（Bacardi）、牙买加的摩根船长（Captain Morgan）、美雅士（Myers）等。

朗姆酒既可净饮，也可加冰块饮用，还可广泛用于调制鸡尾酒或混合饮料。

5．金酒（Gin）

金酒又称琴酒、毡酒或杜松子酒，是以玉米、麦芽等谷物为原料经发酵、蒸馏后，加入杜松子和其他一些芳香原料再次蒸馏而得的酒。金酒无须陈酿，酒精度为 40%～52%。

① 荷兰金酒（Dutch Gin）。荷兰金酒是以麦芽、玉米、黑麦等为原料（配料比例基本相等），经发酵、蒸馏后，在蒸馏液中加入杜松子及其他一些芳香原料再次蒸馏而成。荷兰金酒具有芳香浓郁的特点，并带有明显的麦芽香味。其名品有波尔斯（Bols）、宝马（Bokma）、汉斯（Henkes）等。

荷兰金酒只适宜净饮，不能与其他酒类饮料混合以调制鸡尾酒。

② 干金酒（Dry Gin）。干金酒是以玉米、麦芽、裸麦等为原料（其中玉米占 75%），经发酵、蒸馏后，加入杜松子及其他香料（以杜松子为主，其他香料用量较少）再次蒸馏而成。其主要产地是英国，名品有哥顿（Gordon's）、将军（Beefeater）、得其利（Tanqueray）、老汤姆（Old Tom）等。

干金酒既可纯饮，又可广泛用于调制鸡尾酒。

6．特基拉（Tequila）

特基拉酒产于墨西哥，是以一种被称作龙舌兰（Agave）的热带仙人掌类植物的汁浆为原料经发酵、蒸馏而得的酒。新蒸馏出来的特基拉需放在木桶内陈酿，也可直接装瓶出售。其名品有凯尔弗（Cuervo）、斗牛士（ElToro）、欧雷（Ole）、玛丽亚西（Mariachi）等。

特基拉酒可净饮或加冰块饮用，也可用于调制鸡尾酒。在净饮时常用柠檬角蘸盐伴饮，以充分体验特基拉的独特风味。

第二节 威士忌（Whisky/Whiskey）

威士忌（苏格兰与加拿大产的威士忌拼法为 Whisky，而美国与爱尔兰产的威士忌在拼字上稍有不同，称为 Whiskey）是一种只用谷物作为原料、含酒精的饮料，属于蒸馏酒类。

一、定义

广义解释，"威士忌"是所有以谷物为原料所制造出来的蒸馏酒的通称。虽然在传统观念上，许多人都认为威士忌是以大麦为原料制造，但实际上并非如此。这样的情况有点类似白兰地，虽然许多人都认为只有以葡萄为原料所制造出来的蒸馏酒才叫白兰地，但事实上，"白兰地"这一名词泛指所有以水果为原料所制造出来的蒸馏酒。

"威士忌"这一名词本身的定义并不是非常严谨，除了只能使用谷物（Cereals/Grains）作为原料这个较为明确的规则外，有时刚蒸馏完毕还处于新酒状态的威士忌，本身特性其实与其他中性烈酒（Neutral Spirits，如伏特加、白色朗姆酒）差异并不大。几乎所有种类的威士忌都需要在橡木桶中陈年一定时间之后才能装瓶出售，因此可以把陈年这道手续列为制造威士忌酒的必要过程。除此之外，要能在蒸馏的过程之中保留下谷物的原味，以便能和纯谷物制造且经过过滤处理的伏特加酒或西洋谷物酒（如 Everclear）区别，是威士忌另一个较为明确的定义性要求。

除了上面两个重点以外，威士忌这个酒种并没有很明确的分类边界可以明确定义。相比之下，一些比较细目的威士忌分类反而拥有非常严谨的定义甚至分类法规。这样的定义特性类似于中国对白酒的定义方式，同属一类但主要成分可能差异很大的酒类。

二、起源与发展

公元 12 世纪，爱尔兰岛上已有一种以大麦作为基本原料生产的蒸馏酒，其蒸馏方法是从西班牙传入爱尔兰的。这种酒含芳香物质，具有一定的医药功能。

公元 1171 年，英国国王亨利二世（HENRY Ⅱ，1154—1189）在位，举兵入侵爱尔兰，并将这种酒的酿造法带到了苏格兰。当时，居住在苏格兰北部的盖尔人（Gael）称这种酒为 uisge beatha，意为"生命之水"。这种"生命之水"即为早期威士忌的雏形。

公元 1494 年的苏格兰文献《财政簿册》上，曾记载过苏格兰人蒸馏威士忌的历史。当时的修道士约翰•柯尔（John Cor）购买了 8 筛麦芽，生产出了 35 箱威士忌。当然，可以肯定的是威士忌的诞生远远早于 1494 年。19 世纪，英国连续式蒸馏器的出现，使苏格兰威士忌进入了商业化的生产。

公元 1700 年以后，居住在美国宾夕法尼亚州和马里兰州的爱尔兰和苏格兰移民，开始在那里建立起家庭式的酿酒作坊，从事蒸馏威士忌酒。随着美国人向西迁移，1789 年，欧洲大陆移民来到了肯塔基州的波旁镇（Bourbon County），开始蒸馏威士忌。这种后来被称为"肯塔基波旁威士忌"（Kentucky Bourbon Whiskey）的酒，以其优异的质量和独特的风格成为美国威士忌的代名词。

欧洲移民把蒸馏技术带到了美国，同时也传到了加拿大。1857 年，家庭式的"施格兰"（Seagram）酿酒作坊在加拿大安大略省建立，从事威士忌的生产。1920 年，山姆•布朗夫曼（Samuel Bronfman）接掌"施格兰"的业务，创建了施格兰酒厂（House of Seagram）。他利用当地丰富的谷物原料及柔和的淡水资源，生产出优质的威士忌，产品行销世界各地。如今，加拿大威士忌以其酒体轻盈的特点，成为世界上配制混合酒的重要基酒。

19 世纪下半叶，日本受西方蒸馏酒工艺的影响，开始进口原料酒调配威士忌。1933 年，日本三得利（Suntory）公司的创始人乌井信治郎在京都郊外的山崎县建立了第一座生产麦芽威士忌的工厂。从那时候起，日本威士忌逐渐发展起来，并成为日本国内大宗的饮品之一。

威士忌不仅酿造历史悠久，酿造工艺精良，而且产量大，市场销售旺，深受消费者的欢迎，是世界最著名的蒸馏酒品之一，同时也是酒吧单杯"纯饮"销售量最大的酒水品种之一。

三、酿制工艺

一般威士忌的酿制工艺过程可分为下列 7 个步骤：

（一）发芽（Malting）

首先将去除杂质后的麦类（Malt）或谷类（Grain）浸泡在热水中使其发芽，其间所需的时间视麦类或谷类品种的不同而有所差异，但一般而言约需要 1 ~ 2 周的时间来进行发芽的过程。待其发芽后，再将其烘干或使用泥煤（Peat）熏干，等冷却后再存放大约 1 个月的时间，发芽的过程即算完成。在这里特别值得一提的是，在所有的威士忌中，只有苏格兰地区所生产的威士忌是使用泥煤将发芽过的麦类或谷类熏干的，因此就赋予了苏格兰威士忌一种独特的风味，即泥煤的烟熏味，而这是其他种类的威士忌所没有的一个特色。

（二）磨碎（Mashing）

将存放经过 1 个月的发芽麦类或谷类放入特制的不锈钢槽中加以捣碎并煮熟成汁，其间所需要的时间约 8 ~ 12 h。通常在磨碎的过程中，温度及时间的控制可说是相当重要的环节，过高的温度或过长的时间都将会影响到麦芽汁（或谷类的汁）的品质。

（三）发酵（Fermentation）

将冷却后的麦芽汁加入酵母菌进行发酵，由于酵母能将麦芽汁中的糖转化成酒精，因此在完成发酵过程后会产生酒精度 5% ~ 6% 的液体，此时的液体被称为 Wash 或 Beer。由于酵母的种类很多，对于发酵过程的影响又不尽相同，因此各个不同的威士忌品牌都将其使用的酵母的种类及数量视为其商业机密，而不轻易告诉外人。一般来讲，在发酵的过程中，威士忌厂会使用两种以上不同品种的酵母来进行发酵，也有使用十几种不同品种的酵母混合在一起来进行发酵。

（四）蒸馏（Distillation）

一般而言蒸馏具有浓缩的作用，因此当麦类或谷类经发酵形成低酒精度的 Beer 后，还需要经过蒸馏的步骤才能形成威士忌酒，这时的威士忌酒精度在 60% ~ 70% 间，被称为"新酒"。麦类与谷类原料所使用的蒸馏方式有所不同。由麦类制成的麦芽威士忌采取单一蒸馏法，即以单一蒸馏容器进行两次蒸馏过程，并在第二次蒸馏后，将冷凝流出的酒去头掐尾，只取中间的"酒心"（Heart）部分成为威士忌新酒。由谷类制成的威士忌酒则采取连续式的蒸馏方法，使用两个蒸馏容器以串联方式一次连续进行两个阶段的蒸馏过程。各个酒厂在筛选"酒心"的量上，并无固定统一的比例标准，完全是依各酒厂的酒品要求自行决定，一般各个酒厂取"酒心"的比例多掌握在 60% ~ 70% 之间，也有的酒厂为制造高品质的威士忌酒，取其纯度最高的部分来使用。如享誉全球的麦卡伦（Macallan）单一麦芽威士忌即是如此，只取 17% 的"酒心"作为酿制威士忌酒的新酒使用。

（五）陈年（Maturing）

蒸馏过后的新酒必须要经过陈年的过程，使其经过橡木桶的陈酿来吸收植物的天然香气，并产生出漂亮的琥珀色，同时亦可逐渐降低其高浓度酒精的强烈刺激感。目前，苏格兰地区有相关的法令来规范陈年的酒龄时间，即每一种酒所标示的酒龄都必须是真实无误的。苏格兰威士忌酒至少要在木酒桶中酝藏 3 年才能上市销售。有了这样的严格规定，一方面可保障消费者的权益，更替苏格兰地区出产的威士忌酒在全世界建立起高品质的形象。

（六）混配（Blending）

由于麦类及谷类原料的品种众多，因此所制造而成的威士忌酒也存在着各不相同的风味。这时就靠各个酒厂的调酒大师依其经验的不同和本品牌酒质的要求，按照一定的比例，各自调配勾兑出口味与众不同的威士忌酒，也因此各个品牌的混配过程及其内容都被视为绝对的机密，而混配后的威士忌酒品质的好坏就完全由品酒专家及消费者来判定了。需要说明的是，这里所说的"混配"包含两种含义，即谷类与麦类原酒的混配，不同陈酿年代原酒的勾兑混配。

（七）装瓶（Bottling）

在混配工艺做完之后，最后剩下的就是装瓶了。在装瓶之前先要将混配好的威士忌再过滤一次，将其杂质去除掉，这时即可由自动化的装瓶机器将威士忌按固定的容量分装至每一个酒瓶中，然后贴上厂家的商标后即可装箱出售。

四、酒品分类

威士忌酒的分类方法很多，依照威士忌酒所使用的原料不同，威士忌酒可分为纯麦威士忌酒、谷物威士忌酒和黑麦威士忌等；按照威士忌酒在橡木桶中的贮存时间，可分为数年到数十年等不同年限的品种；根据酒精度，威士忌酒可分为40%～60%等不同酒精度的威士忌酒；最著名也最具代表性的威士忌分类方法是依照生产地和国家的不同，将威士忌酒分为苏格兰威士忌酒、爱尔兰威士忌酒、美国威士忌酒和加拿大威士忌酒四大类，其中尤以苏格兰威士忌酒最为著名。

（一）苏格兰威士忌（Scotch Whisky）

苏格兰威士忌与独产于中国的贵州省遵义市仁怀市茅台镇的茅台酒、法国科涅克白兰地齐名三大蒸馏名酒。

苏格兰生产威士忌酒已有500余年的历史，其产品有独特的风格，色泽棕黄带红，清澈透明，气味焦香，带有一定的烟熏味，具有浓厚的苏格兰乡土气息。苏格兰威士忌具有口感干冽、醇厚、劲足、圆润、绵柔的特点，是世界上最好的威士忌酒之一。衡量苏格兰威士忌的主要标准是嗅觉感受，即酒香气味。苏格兰威士忌可分为纯麦威士忌、谷物威士忌和混合威士忌3种类型。目前，世界上最流行、产量最大、品牌最多的便是混合威士忌。苏格兰混合威士忌的原料60%来自谷物威士忌，其余则加入麦芽威士忌。

1. 纯麦芽威士忌（Pure Malt Whisky）

只用大麦作为原料酿制而成的蒸馏酒叫纯麦芽威士忌。纯麦芽威士忌是以在露天泥煤上烘烤的大麦芽为原料，用罐式蒸馏器蒸馏，一般经过两次蒸馏，蒸馏后所获酒液的酒精度达63.4%，存入特制的炭烧过的橡木桶中陈酿，装瓶前用水稀释。此酒具有泥煤所产生的丰富香味。按规定，陈酿时间至少3年，一般陈酿5年以上的酒就可以饮用，陈酿7～8年的酒为成品酒，陈酿10～20年的酒为最优质酒。而陈酿20年以上的酒，其自身的质量会有所下降。纯麦芽威士忌深受苏格兰人喜爱，但由于味道过于浓烈，只有10%直接销售，其余90%作为勾兑混合威士忌酒时的原酒使用。

2. 谷物威士忌（Grain Whisky）

谷物威士忌采用多种谷物作为酿酒的原料，如燕麦、黑麦、大麦、小麦、玉米等。谷物威士忌只需一次蒸馏，主要以不发芽的大麦为原料，以麦芽为糖化剂生产的，它与其他威士忌酒的区别是大部分大麦不发芽发酵。因为大部分大麦不发芽，所以也就不必使用大量的泥煤来烘烤，故成酒后谷物威士忌的泥炭香味也就相应少一些，口味上也就柔和细致了许多。谷物威士忌酒主要用于勾兑其他威士忌酒和金酒，市场上很少零售。

3．混合威士忌（Blended Whisky）

混合威士忌是指用纯麦芽威士忌和谷物威士忌掺兑勾和而成的。兑和是一门技术性很强的工作，威士忌的兑和是由兑和师掌握的。兑和时，不仅要考虑到纯麦芽威士忌和谷物威士忌酒液的比例，还要考虑到各种勾兑酒液陈酿年龄、产地、口味等其他特性。

兑和工作的第一步是勾兑。勾兑时，技师只用鼻子嗅，从不用口尝。遇到困惑时，把酒液抹一点在手背上，再仔细嗅别鉴定。第二步是掺和，勾兑好的剂量配方是保密的。按照剂量把不同的品种注入混合器（或者通过高压喷雾）调匀，然后加入染色剂（多用饴糖），最后入桶陈酿贮存。兑和后的威士忌烟熏味被冲淡，嗅觉上更加诱人，融合了强烈的麦芽及细致的谷物香味，因此畅销世界各地。

根据纯麦芽威士忌和谷物威士忌比例的多少，兑和后的威士忌依据其酒液中纯麦芽威士忌酒的含量比例分为普通和高级两种类型。一般来说，纯麦芽威士忌酒用量在 50% ～ 80% 者，为高级兑和威士忌酒；如果谷类威士忌所占比例大，即为普通威士忌酒。

目前整个世界范围内销售的威士忌酒绝大多数是混合威士忌酒。苏格兰混合威士忌的常见包装容量在 700 ～ 750 mL 之间，酒精度在 43% 左右。

苏格兰威士忌受英国法律限制：凡是在苏格兰酿造和混合的威士忌，才可称为苏格兰威士忌。它的工艺特征是使用当地的泥煤为燃料烘干麦芽，再粉碎、蒸煮、糖化、发酵后，经壶式蒸馏器蒸馏，产生 70% 左右的无色威士忌，再装入内部烤焦的橡木桶内，贮藏 5 年甚至更长的时间。其中有很多品牌的威士忌酝藏期超过了 10 年。最后经勾兑混配后调制成酒精度在 40% 左右的成品出厂。

苏格兰威士忌酒之所以世界著名，其原因是：

① 苏格兰著名的威士忌酒产地的气候与地理条件适宜农作物大麦的生长。

② 这些地方蕴藏着一种称为泥煤的煤炭，这种煤炭在燃烧时会发出阵阵特有的烟熏气味。泥煤是当地特有的苔藓类植物经过长期腐化和炭化形成的，在苏格兰制作威士忌酒的传统工艺要求必须使用泥煤来烘烤麦芽。因此，苏格兰威士忌酒的特点之一就是具有独特的泥煤熏烤芳香。

③ 苏格兰蕴藏着丰富的优质矿泉水，为酒液的稀释勾兑奠定了基础。

④ 苏格兰人有着传统的酿造工艺及严谨的质量管理方法。

在整个苏格兰有 4 个主要威士忌酒产区，即北部高地（Highland）、南部低地（Lowland）、西南部的康贝镇（Campbel Town）和西部岛屿伊莱（Islay）。北部高地产区有近百家纯麦芽威士忌酒厂，占苏格兰酒厂总数的 70% 以上，是苏格兰最著名的威士忌酒生产区。该地区生产的纯麦芽威士忌酒酒体轻盈，酒味醇香。

南部低地约有 10 家纯麦芽威士忌酒厂。该地区是苏格兰第二个著名的威士忌酒生产区。它除了生产麦芽威士忌酒外，还生产混合威士忌酒。

康贝镇位于苏格兰南部，是苏格兰传统威士忌酒的生产区。

西部岛屿伊莱风景秀丽，位于大西洋中。伊莱岛在酿制威士忌酒方面有着悠久的历史，生产的威士忌酒有独特的味道和香气，其混合威士忌酒比较著名。

（二）爱尔兰威士忌（Irish Whiskey）

爱尔兰威士忌酒作为咖啡的伴侣已经被人们相当熟悉，其独特的香味是深受人们所喜爱的主要原因。爱尔兰制造威士忌至少有 700 年的历史，有些权威人士认为威士忌酒的酿造起源于爱尔兰，以后传到苏格兰。爱尔兰人有很强的民族独立性，就连威士忌酒 Whiskey 的写法上也与苏格兰威士忌酒 Whisky 有所不同。

爱尔兰威士忌酒的生产原料主要有大麦、燕麦、小麦和黑麦等，以大麦为主，约占 80%。爱尔兰威士忌酒用塔式蒸馏器经过 3 次蒸馏，然后入桶老熟陈酿，一般陈酿时间为 8 ~ 15 年，所以成熟度相对较高。装瓶时，为了保证其口味的一惯性，还要进行勾兑与掺水稀释。

爱尔兰威士忌酒与苏格兰威士忌酒制作工艺大致相同，前者较多保留了古老的酿造工艺，麦芽不是用泥炭烘干，而是使用泥煤。两者最明显的区别是爱尔兰威士忌没有烟熏的焦香味，口味比较绵柔长润。爱尔兰威士忌比较适合制作混合酒和与其他饮料掺兑共饮（如爱尔兰咖啡）。国际市场上的爱尔兰威士忌酒的酒精度在 40% 左右。

（三）美国威士忌（American Whiskey）

美国是生产威士忌酒的著名国家之一，同时也是世界上最大的威士忌酒消费国。据统计，美国成年人每人每年平均饮用 16 瓶威士忌酒，这是世界任何国家所不能比拟的。虽然美国威士忌酒的酿造仅有 200 多年的历史，但其产品紧跟市场需求，产品类型不断翻新，因此美国威士忌很受人们的欢迎。美国威士忌酒以优质的水、温和的酒质和带有焦黑橡木桶的香味而著名，尤其是美国的波旁威士忌，又称波本威士忌酒（Bourbon Whiskey），更是享誉世界。

美国威士忌酒的酿制方法没有什么特殊之处，只是所用的谷物原料与其他各类威士忌酒有所区别，蒸馏出的酒酒精纯度也较低。美国西部的宾夕法尼亚州、肯塔基和田纳西地区是制造威士忌的中心。美国威士忌可分为三大类。

1. 单纯威士忌（Straight Whiskey）

所用原料为玉米、黑麦、大麦或小麦，酿制过程中不混合其他威士忌酒或者谷类中性酒精，制成后需放入炭熏过的橡木桶中至少陈酿两年。另外，所谓单纯威士忌，并不像苏格兰纯麦芽威士忌那样，只用一种大麦芽制成，而是以某一种谷物为主（一般不得少于 51%），再加入其他原料。单纯威士忌又可以分为 4 类：

（1）波旁威士忌（Bourbon Whiskey）

波旁是美国肯塔基州一个市镇的地名，过去波旁生产的威士忌酒被人们亲切地称为波旁威士忌，现在成为美国威士忌酒的一个类别的总称。波旁威士忌酒的原料是玉米、大麦等，其中玉米至少占原料用量的 51%，最多不超过 75%，经过发酵蒸馏后装入新的炭烧橡木桶中陈酿 4 年，陈酿时间最多不能超过 8 年，装瓶前要用蒸馏水稀释至 43.5% 左右才能出品。波旁威士忌酒的酒液呈琥珀色，晶莹透亮，酒香浓郁，口感醇厚、绵柔，回味悠长。其中尤以肯塔基州出产的产品最有名，价格也最高。另外，现在伊利诺、俄亥俄、宾夕法尼亚、田纳西、密苏里、印地安那等州也有生产。

（2）黑麦威士忌（Rye Whiskey）

也称裸麦威士忌，是用不得少于 51% 的黑麦及其他谷物酿制而成的，酒液呈琥珀色，味道与波旁威士忌不同，具有较为浓郁的口感，因此不太受现代人的喜爱。主要品牌有：

① Old Overholt（老奥弗霍尔德），由创立于 1810 年的 A·奥弗霍尔德公司在宾夕法尼亚州生产，原料中裸麦含量达到 59%，并且不掺水的著名裸麦威士忌酒。

② Seagram's 7 Crown（施格兰王冠），由施格兰公司于 1934 年首次推向市场的口味十足的美国黑麦威士忌。

（3）玉米威士忌（Corn Whiskey）

它是用不少于 80% 的玉米和其他谷物酿制而成的威士忌酒，酿制完成后用旧炭木桶进行陈酿。主要品牌有 Platte Valley 普莱特·沃雷，由创立于 1856 年的马科密克公司生产，该酒的酿制原料中玉米原料的比例达到 88%，酒精度为 40%，分为 5 年陈酿和 8 年陈酿两种类型。

（4）保税威士忌（Bottled in bond）

这是一种纯威士忌，通常是波旁威士忌或黑麦威士忌，但它是在美国政府监督下制成的，政府不保证它的品质，只要求至少陈酿 4 年，酒精度在装瓶时为 50%，必须是一个酒厂制造，装瓶厂也为政府所监督。

2. 混合威士忌（Blended Whiskey）

这是用一种以上的单一威士忌，以及 20% 的中性谷类酒精混合而成的威士忌酒，装瓶时，酒精度为 40%，常用来作为混合饮料的基酒，分为 3 种：

① 肯塔基威士忌：是用该州所出的纯威士忌酒和谷类中性酒精混合而成的。

② 纯混合威士忌：是用两种以上纯威士忌混合而成，但不加中性谷类酒精。

③ 美国混合淡质威士忌：是美国的一个新酒种，用不得多于 20% 的纯威士忌和 40% 的淡质威士忌混合而成的。

3. 淡质威士忌（Light Whiskey）

淡质威士忌是美国政府认可的一种新威士忌酒，蒸馏时酒精度高达 80.5% ～ 94.5%，用旧桶陈年。淡质威士忌所加的 50% 的纯威士忌不得超过 20%。

除此之外，在美国还有一种称为 Sour-Mash Whiskey 的威士忌，这种酒是将老酵母（即先前从发酵物中取出的）加入到要发酵的原料里进行发酵（新酵母与老酵母的比例为 1:2），然后蒸馏而成的。用此种发酵方法造出的酒酒液比较稳定，多用于波旁酒的生产。它是在 1789 年由 Elija Craig 发明的。

（四）加拿大威士忌（Canadian Whisky）

加拿大生产威士忌酒已有 200 多年的历史，其著名产品是稞麦（黑麦）威士忌酒和混合威士忌酒。在稞麦威士忌酒中稞麦是主要原料，占 51% 以上，再配以大麦芽及其他谷类组成，此酒经发酵、蒸馏、勾兑等工艺，并在白橡木桶中陈酿至少 3 年（一般达到 4 ～ 6 年），才能出品。该酒口味细腻，酒体轻盈淡雅，酒精度 40% 以上，特别适宜作为混合酒的基酒使用。加拿大威士忌酒在原料、酿造方法及酒体风格等方面与美国威士忌酒比较相似。

（五）其他

日本威士忌：属苏格兰威士忌类型。生产方法采用苏格兰传统工艺和设备，从英国进口泥炭用于烟熏麦芽，从美国进口白橡木桶用于贮酒，甚至从英国进口一定数量的苏格兰麦芽威士忌原酒，专供勾兑自产的威士忌酒。日本威士忌酒按酒精度分级，特级酒含酒精 43%，一级酒含酒精 40% 以上。

中国威士忌：中国生产威士忌已有多年历史。20 世纪 70 年代中期由轻工业部食品发酵工业科学研究所与工厂协作，从原料加工到生产工艺进行研究，选用中国产泥炭及良种酵母，试制出苏格兰类型的麦芽威士忌、谷物威士忌和勾兑威士忌，酒精度 40%，风味与国际产品近似。

五、著名品牌

（一）苏格兰兑和威士忌的主要名牌产品

1．Ballantine's（百龄坛）

百龄坛公司创立于 1827 年，其产品以产自苏格兰高地的 8 家酿酒厂生产的纯麦芽威士忌为主，再配以 42 种其他苏格兰麦芽威士忌，然后与自己公司生产酿制的谷物威士忌进行混合勾兑调制而成，具有口感圆润、浓郁醇香的特点，是世界上最受欢迎的苏格兰兑和威士忌之一。其产品有特醇、金玺、12 年、17 年、30 年等多个品种。

2．Bell's（金铃）

金铃威士忌是英国最受欢迎的威士忌品牌之一，由创立于 1825 年的贝尔公司生产。其产品都是使用极具平衡感的纯麦芽威士忌为原酒勾兑而成，产品有 Extra Special（标准品）、Bell's Deluxe（12 年）、Bell's Decanter（20 年）、Bell's Royal Reserve（21 年）等多个级别。

3．Chivas Regal（芝华士）

芝华士由创立于 1801 年的 Chivas Brothers Ltd.（芝华士兄弟公司）生产，Chivas Regal 的意思是"Chivas 家族的王者"。1843 年，Chivas Regal 曾作为维多利亚女王的御用酒。其产品有芝华士 12 年（Chivas Regal 12）、皇家礼炮（Royal Salute）两种。

4．Cutty Sark（顺风）

又称帆船、魔女紧身衣，是诞生于 1923 年的具有现代口感的清淡型苏格兰混合威士忌。该酒酒性比较柔和，是国际上比较畅销的苏格兰威士忌之一。该酒采用苏格兰低地纯麦芽威士忌作为原酒与苏格兰高地纯麦芽威士忌勾兑调和而成，产品分为 Cutty Sark（标准品）、Berry Sark（10 年）、Cutty（12 年）、St.James（圣·詹姆斯）等。

5．Dimple 15 years（添宝 15 年）

添宝 15 年（Dimple 15 years）是 1989 年 Haig 向世界推出的苏格兰混合威士忌，具有金丝的独特瓶型和散发着酿藏 15 年的醇香，更显得独具一格，深受上层人士的喜爱。

6．Grant's（格兰特）

它是苏格兰纯麦芽威士忌 Glenfiddich（格兰菲迪，又称鹿谷）的姊妹酒，均由由英国威廉·格兰特父子有限公司出品。Grant's 牌威士忌酒给人的感觉是爽快和具有男性化的辣味，因此在世界上具有较高的知名度。其标准品为 Standfast（意为其创始人威廉姆·格兰特常说的一句话"你奋起吧"），另外还有 Grant's Centenary（格兰特世纪）酒、Grant's Royal（皇家格兰特）（12 年陈酿）和 Grant's 21（格兰特 21 年极品威士忌）等多个品种。

7．Haig（海格）

Haig 是苏格兰酿制威士忌酒的老店，具有比较高的知名度，其产品有标准品 Haig 和 Pinch（12 年陈豪华酒）等。

8．J&B（珍宝）

J&B 是始创于 1749 年的苏格兰混合威士忌酒，由贾斯泰瑞尼和布鲁克斯有限公司出品。该酒取名于该公司英文名称的字母缩写，属于清淡型混合威士忌酒。该酒采用 42 种不同的麦芽威士忌与谷物威士忌混合勾兑而成，且 80%以上的麦芽威士忌产自于苏格兰著名的 Speyside 地区，是目前世界上销量比较大的苏格兰威士忌酒之一。

9．Johnnie Walker（尊尼获加）

尊尼获加（Johnnie Walker）是苏格兰威士忌的代表酒，该酒以产自于苏格兰高地的 40 余种麦芽威士忌为原酒，再混合谷物威士忌勾兑调配而成。Johnnie Walker Red Label（红方或红标）是其标准品，在世界范围内销量都很大；Johnnie Walker Black Label（黑方或黑标）是采用 12 年陈酿麦芽威士忌调配而成的高级品，具有圆润可口的风味。另外，还有 Johnnie Walker Blue Label（蓝方或蓝标）是尊尼沃克威士忌酒系列中的顶级醇醪；Johnnie Walker Gold Label（金方或金标）是陈酿 18 年的尊尼沃克威士忌系列酒；Johnnie Walker Swing Superior（尊豪）是尊尼沃克威士忌系列酒中的极品，选用超过 45 种的高级麦芽威士忌混合调制而成，口感圆润，喉韵清醇，酒瓶采用不倒翁设计式样，非常独特；Johnnie Walker Premier（尊爵）属极品级苏格兰威士忌酒，该酒酒质馥郁醇厚，特别适合亚洲人的饮食口味。

10．Passport（帕斯波特）

又称护照威士忌，由威廉·隆格摩尔公司于 1968 年推出的具有现代气息的清淡型威士忌酒，该酒具有明亮轻盈、口感圆润的特点，非常受年轻人的欢迎。

11．Famous Grouse（威雀）

由创立于 1800 年的马修·克拉克公司出品。Famous Grouse 属于其标准产品，还有 Famous Grouse15（15 年陈酿）和 Famous Grouse21（21 年陈酿）等。

此外，比较著名的苏格兰混合威士忌酒还有 Claymore（克雷蒙）、Criterion（克利迪欧）、Dewar（笛沃）、Dunhill（登喜路）、Hedges & Butler（赫杰斯与波特勒）、Highland Park（高原骑士）、King of Scots（苏格兰王）、Old Parr（老帕尔）、Old St.Andrews（老圣·安德鲁斯）、Something Special（珍品）、Spey Royal（王者或斯佩·罗伊尔）、Taplows（泰普罗斯）、Teacher's（提切斯或教师）、White horse（白马）、William Lawson's（威廉·罗森）等。

（二）苏格兰纯麦芽威士忌的主要名牌产品

1．Glenfiddich（格兰菲迪，又称鹿谷）

它由威廉·格兰特父子有限公司出品，该酒厂于 1887 年开始在苏格兰高地地区创立蒸馏

酒制造厂，生产威士忌酒，是苏格兰纯麦芽威士忌的典型代表。Glenfiddich的特点是味道香浓而油腻，烟熏味浓重突出，品种有 8 年、10 年、12 年、18 年、21 年等。

2．Glenlivet（格兰利威，又称格兰利威特）

它是由乔治和 J.G. 史密斯有限公司生产的 12 年陈酿纯麦芽威士忌，该酒厂于 1824 年在苏格兰成立，是第一个政府登记的蒸馏酒生产厂，因此该酒也被称为"威士忌之父"。

3．Macallan（麦卡伦）

它是苏格兰纯麦芽威士忌的主要品牌之一。Macallan 的特点是由于在储存、酿造期间，完全采用雪利酒橡木桶盛装，因此具有白兰地般的水果芬芳，被酿酒界人士评价为"苏格兰纯麦威士忌中的劳斯莱斯"。其在陈酿分类上有 10 年、12 年、18 年以及 25 年等多个品种，以酒精度分类有 40%、43%、57% 等多个品种。

另外，还有 Argyli（阿尔吉利）、Auchentoshan（欧汉特尚）、Berry's（贝瑞斯）、Burberry's（巴贝利）、Findlater's（芬德拉特）、Strathspy（斯特莱斯佩）等多种酒品。

（三）爱尔兰威士忌的主要名牌产品

1．John Jameson（约翰·詹姆森）

其创立于 1780 年爱尔兰都柏林，是爱尔兰威士忌酒的代表。其标准品 John Jameson 具有口感平润并带有清爽的风味，是世界各地的酒吧常备酒品之一；"Jameson 1780 12 年"威士忌酒口感十足、甘醇芬芳，是极受人们欢迎的爱尔兰威士忌名酒。

2．Bushmills（布什米尔）

布什米尔以酒厂名字命名，该厂创立于 1784 年。该酒以精选大麦制成，生产工艺较复杂，有独特的香味，酒精度为 43%，分为 Bushmills、Black Bush、Bushmills Malt（10 年）三个级别。

3．Tullamore Dew（特拉莫尔露）

该酒起名于酒厂名，该酒厂创立于 1829 年。该酒酒精度为 43%。其标签上描绘的狗代表着牧羊犬，是爱尔兰的象征。

（四）美国威士忌主要名牌产品

1．Bartts's（巴特斯）

该酒是宾夕法尼亚州生产的传统波旁威士忌酒，分为红标 12 年、黑标 20 年和蓝标 21 年 3 种产品，酒精度均为 50.5%，具有甘醇、华丽的口味。

2．Four Roses（四玫瑰）

该酒创立于 1888 年，容量为 710 mL，酒精度 43%。黄牌四玫瑰酒味道温和，气味芳香；黑牌四玫瑰味道香甜浓厚；而"普拉其那"则口感柔和，气味芬芳，香甜。

3．Jim Beam（吉姆·比姆）

又称占边，是创立于1795年的Jim Beam公司生产的具有代表性的波旁威士忌酒。该酒以发酵过的裸麦、大麦芽、碎玉米为原料蒸馏而成，具有圆润可口、香味四溢的特点。其分为Jim Beam（占边，酒精度为40.3%）、Beam's Choice（精选，酒精度为43%），Barrel-Bonded为经过长期陈酿的豪华产品。

4．Old Taylor（老泰勒）

由创立于1887年的基·奥尔德·泰勒公司生产，酒精度为42%。该酒陈酿6年，有着浓郁的木桶香味，具有平滑顺畅、圆润可口的特点。

5．Old Weller（老韦勒）

由W.C.韦勒公司生产，酒精度为53.5%，陈酿7年，是深具传统风味的波旁威士忌酒。

6．Sunny Glen（桑尼·格兰）

桑尼·格兰意为阳光普照的山谷，该酒勾兑调和后，要在白橡木桶中陈酿12年，具有丰富而且独特的香味，深受波旁酒迷的喜爱，酒精度为40%。

7．Old Overholt（老奥弗霍尔德）

由创立于1810年的A·奥弗霍尔德公司在宾夕法尼亚州生产，原料中裸麦含量达到59%，并且是不掺水的著名裸麦威士忌酒。

8．Seagram's 7 Crown（施格兰王冠）

由施格兰公司于1934年首次推向市场的口味十足的美国黑麦威士忌。

（五）加拿大威士忌著名的品牌

1．Alberta（艾伯塔）

产自于加拿大Alberta艾伯塔州，分为Premium（普瑞米姆）和Springs（泉水）两个类型，酒精度均为40%，具有香醇、清爽的风味。

2．Crown Royal（皇冠）

是加拿大威士忌酒的超级品，以酒厂名命名。1936年英国国王乔治六世在访问加拿大时饮用过这种酒，因此而得名，酒精度为40%。

3．Seagram's V.O（施格兰特酿）

该酒以酒厂名字命名。Seagram原为一个家族，该家族热心于制作威士忌酒，后来成立酒厂并以施格兰命名。该酒以裸麦和玉米为原料，贮存6年以上，经勾兑而成，酒精度为40%，口味清淡而且平稳顺畅。

4．Canadian Club（加拿大俱乐部）

早于125年前，加拿大俱乐部威士忌已开始生产，它积累了历史悠久的酿造技术，酒香细腻，清纯卓越，赢得全球饮家一致赞赏。现今它在150多个国家的总销量达300万箱，亦是世界前30名的蒸馏酒，它是在北美洲拥有领导地位的加拿大威士忌。

此外，还有著名的 Velvet（韦勒维特）、Carrington（卡林顿）、Wiser's（怀瑟斯）、Canadian O.F.C（加拿大 O.F.C）等产品。

六、威士忌饮用与服务

威士忌的标准用量为 40 mL/ 客，主要用平底杯具，也有专用的几种威士忌杯具，如饮用苏格兰威士忌常采用古典杯。据说，这种较宽大而不太深的平底杯更有利于苏格兰威士忌酒风格的表现。

威士忌用于餐前或餐后饮用，可净饮（不加任何其他材料），也可兑水饮用。所兑的水可以是清水、汽水或苏打水，但需加冰块。威士忌作为餐后酒时，一般净饮。喝威士忌酒时，可不断轻轻摇动，以使酒香充分外溢。爱尔兰喝威士忌通常是净饮，他们认为加其他材料兑饮是罪过。其实，爱尔兰威士忌风靡世界的饮法是与咖啡兑饮，称为爱尔兰咖啡。威士忌开瓶后，需马上封闭，采用直立方式置放，以室温保存。

第三节 白兰地（Brandy）

一、白兰地的定义

白兰地，最初来自荷兰文 Brandewijn，意为可燃烧的酒。狭义上讲，是指葡萄发酵后经蒸馏而得到的高度酒精，再经橡木桶贮存而成的酒。白兰地是一种蒸馏酒，以水果为原料，经过发酵、蒸馏、贮藏后酿造而成。以葡萄为原料的蒸馏酒叫葡萄白兰地，常讲的白兰地，都是指葡萄白兰地。以其他水果原料酿成的白兰地，应加上水果的名称，如苹果白兰地、樱桃白兰地等，但它们的知名度远不如前者大。

白兰地通常被人称为"葡萄酒的灵魂"。世界上生产白兰地的国家很多，但以法国出品的白兰地最为驰名。而在法国产的白兰地中，尤以干邑地区生产的最为优美，其次为雅文邑（亚曼涅克）地区所产。除了法国白兰地以外，其他盛产葡萄酒的国家，如西班牙、意大利、葡萄牙、美国、秘鲁、德国、南非、希腊等国家，也生产一定数量风格各异的白兰地。此外，独联体国家生产的白兰地质量也很优异。

目前世界上最好的白兰地产地是法国夏朗德省（Charente）的干邑（Cognac，科涅克）周围地区和热尔省（Gers）的亚文邑（Armagnac，阿曼涅克）地区，这些地区传统生产白兰地，酒厂年代久远，因此有用于勾兑的老酒，价格也昂贵。世界上著名的品牌如轩尼诗（Hennessy）、马爹利（Martell）、金御鹿（Hine）、人头马（Remy Martin）、路易老爷（Louis Royer）、百事吉（Bisquit）等都出自干邑地区。一般情况下，1 L 白兰地大约需要 8 L 葡萄酒浓缩，蒸馏出的酒近乎无色，但在橡木桶中贮藏时，橡木的色素溶入酒中，形成褐色，年代越久，颜色越深。由于有颜色的更受欢迎，目前酿酒厂都使用焦糖加色。

二、白兰地的起源

白兰地，是洋酒之一。所谓洋酒，其实意为西方酒。白兰地在荷兰语中是"烧焦的葡萄酒"。13 世纪，那些到法国沿海运盐的荷兰船只将法国干邑地区盛产的葡萄酒运至北海沿岸国家，这些葡萄酒深受欢迎。至 16 世纪，由于葡萄酒产量的增加及海运的途耗时间长，使法国葡萄酒变质滞销。这时，聪明的荷兰商人利用这些葡萄酒作为原料，加工成葡萄蒸馏酒，这样的蒸馏酒不仅不会因长途运输而变质，并且由于浓度高反而使运费大幅度降低。葡萄蒸馏酒销量逐渐增长，荷兰人在夏朗德地区所设的蒸馏设备也逐步改进。法国人开始掌握蒸馏技术，并将其发展为二次蒸馏法，但这时的葡萄蒸馏酒为无色，也就是现在被称为原白兰地的蒸馏酒。

白兰地起源于法国干邑镇。干邑地区位于法国西南部，那里生产葡萄和葡萄酒。早在公元 12 世纪，干邑生产的葡萄酒就已经销往欧洲各国，外国商船也常来夏朗德省滨海口岸购买其葡萄酒。约在 16 世纪中叶，为便于葡萄酒的出口，减少海运的船舱占用空间及大批出口所需缴纳的税金，同时也为避免因长途运输发生的葡萄酒变质现象，干邑镇的酒商把葡萄酒加以蒸馏浓缩后出口，然后输入国的厂家再按比例兑水稀释出售。这种把葡萄酒加以蒸馏后制成的酒即为早期的法国白兰地。当时，荷兰人称这种酒为 Brandewijn，意思是"燃烧的葡萄酒"（Burnt Wine）。

公元 17 世纪初，法国其他地区已开始效仿干邑镇的办法去蒸馏葡萄酒，并由法国逐渐传播到整个欧洲的葡萄酒生产国和世界各地。1701 年，法国卷入了一场西班牙的战争。期间，葡萄蒸馏酒销路大跌，大量存货不得不被存放于橡木桶中，然而正是由于这一偶然，产生了现在的白兰地。战后，人们发现储存于橡木桶中的白兰地酒质实在妙不可言，香醇可口，芳香浓郁，色泽更是晶莹剔透，琥珀般的金黄色，如此高贵典雅。至此，产生了白兰地生产工艺的雏形——发酵、蒸馏、贮藏，也为白兰地发展奠定了基础。于是从那时起，用橡木桶陈酿工艺，就成为干邑白兰地的重要制作程序。这种制作程序，也很快流传到世界各地。公元 1887 年以后，法国改变了出口外销白兰地的包装，从单一的木桶装变成木桶装和瓶装。随着产品外包装的改进，干邑白兰地的身价也随之提高，销售量稳步上升。据统计，当时每年出口干邑白兰地的销售额已达 3 亿法郎。

三、白兰地的国家标准

根据国家标准 GB 11856—1997，白兰地可分为 4 个等级：特级（X.O）、优级（V.S.O.P）、一级（V.O）和二级（三星和 V.S）。其中，X.O 最低酒龄为 6 年，V.S.O.P 最低酒龄为 4 年，V.O 最低酒龄为 3 年，二级最低酒龄为 2 年。在不同的生产国家，白兰地的界定标准也是不同的。

1. 美国

总地来讲，美国认为白兰地是一种采用果汁或水果酒或是其残渣发酵，蒸馏至 95% 以内，馏出液具有本产品的典型性的酒精饮料。

它可以是完全无病害、成熟的水果汁或果酱发酵的，也可以是加入了 20%（以质量计）以内的皮渣的果汁，或加入了不超过 30% 的酒脚（以体积计），或二者同时添加的果汁发酵后蒸馏的。于白兰地之前，冠以所用水果名称，但葡萄白兰地也直接称为白兰地，它必须在橡木桶中陈酿至少 2 年，陈酿时间不足的须标 immature（未成熟）字样。超标准白兰地则纯粹是以酸败的果汁、果酱或葡萄酒（但其中不含有二氧化硫）蒸馏的，已无原料的典型性。在美国，白兰地是个广义词，它既可表示高档白兰地，也可表示超标准的白兰地。

2. 英国

作为可以进入市场销售的白兰地必须是采用新鲜的葡萄汁，不加糖或酒精，发酵、蒸馏所得，必须陈酿至少 3 年。

3．南非

白兰地必须是采用不加糖的新鲜葡萄酒蒸馏调配而成，其中应不少于 30% 的采用壶式蒸馏锅蒸馏的酒精（酒精度 <75%），余下的为酒精度为 75% ～ 92% 的葡萄酒精或葡萄酒酒精（95%）。白兰地必须在橡木桶中陈酿 3 年。

4．澳大利亚

白兰地是采用新鲜葡萄酿制的蒸馏酒精度小于 94.8% 的烈性酒饮料，应具典型性。

白兰地中应含不少于 25% 的壶式蒸馏锅蒸馏的酒精（酒精度 < 83%），在橡木桶中贮存应不少于 2 年，甲醇含量小于 3 g/L（100% 乙醇）。它禁止使用加了酒精的葡萄酒蒸馏白兰地，同时也不允许加粮食酒精。对进口白兰地，必须要附有产地国出具的采用纯葡萄酒蒸馏的证明。

四、白兰地的制作工艺

（一）原料

白兰地是以葡萄为原料，经过榨汁、去皮、去核、发酵等程序，得到含酒精较低的葡萄原酒，再将葡萄原酒蒸馏得到无色烈性酒。将得到的烈性酒放入橡木桶储存、陈酿，再进行勾兑，以达到理想的颜色、芳香味道和酒精度，从而得到优质的白兰地。白兰地是以葡萄为原料的蒸馏酒，其独特幽郁的香气来源于三大方面：一是葡萄原料品种香，二是蒸馏香，三是陈酿香。由此看来，葡萄品种非常重要。用于酿制白兰地的葡萄一般为白葡萄品种，白葡萄中单宁、挥发酸含量较低，总酸较高，所含杂质较少，因而所蒸白兰地更柔软、醇和。具有以下特点的葡萄品种，较适宜作为白兰地生产原料：① 糖度低。这样每升白兰地蒸馏酒所耗用的葡萄原料多，进入白兰地蒸馏酒中的葡萄品种自身的香气物质随之增多。② 浆果成熟后酸度高。较高的酸度可以参与白兰地酯香的形成。适宜做白兰地的品种，葡萄成熟后滴定酸不应小于 6 g/L。③ 葡萄应为弱香型或中性香型，无突出及特别香气。GB 11856 — 1997 标准中有这样一条"具有和谐的葡萄品种香"，"和谐"二字的理解必须靠多年的实践经验，用心体会，既要体现出原料品种香，又要与酒香和谐统一。同时由于白兰地的长期贮存陈酿，葡萄品种香还应具备较强的抗氧化性。④ 葡萄应高产，而且抗病害性较好。

（二）口感

白兰地酒精度在 40% ～ 43% 之间（勾兑的白兰地酒在国际上一般标准是 42% ～ 43%），虽属烈性酒，但由于经过长时间的陈酿，其口感柔和，香味纯正，饮用后给人以高雅、舒畅的享受。白兰地呈美丽的琥珀色，富有吸引力，其悠久的历史也给它蒙上了一层神秘的色彩。

国际上通行的白兰地，酒精度在 40% 左右，色泽金黄晶亮，具有优雅细致的葡萄果香和浓郁的陈酿木香，口味甘冽，醇美无瑕，余香萦绕不散。

（三）生产工艺

白兰地酿造工艺精湛，特别讲究陈酿时间与勾兑的技艺，其中陈酿时间的长短更是衡量白兰地酒质优劣的重要标准。干邑地区各厂家贮藏在橡木桶中的白兰地，有的长达 40 ～ 70 年之久。他们利用不同年限的酒，按各自世代相传的秘方进行精心调配勾兑，创造出各种不同品质、不同风格的干邑白兰地。酿造白兰地很讲究贮存酒所使用的橡木桶。由于橡木桶对酒质的影响很大，因此，木材的选择和酒桶的制作要求非常严格。最好的橡木是来自于干邑地区利穆赞和托塞斯两个地方的特产橡木。由于白兰地酒质的好坏以及酒品的等级与其在橡木桶中的陈酿时间有着紧密的关系，因此，酿藏对于白兰地酒来说至关重要。关于具体酿藏多少年，各酒厂依据法国政府的规定，所定的陈酿时间有所不同。在这里需要特别强调的是，白兰地酒在酿藏期间酒质的变化，只是在橡木桶中进行的，装瓶后其酒液的品质不会再发生任何变化。

（四）酒龄表示

在白兰地的标签上经常看到的就是酒龄标识的标注问题。

在美国，在标签上直接标出"－－年"的酒龄，所空的部位上将按产品中所使用的最新的酒的酒龄填写，并且只有在橡木桶贮存不少于两年的葡萄蒸馏酒才有资格填写酒龄。

在澳大利亚，酒龄的标示方法是 Matured（至少两年）、Old（至少 5 年）、Very Old（至少10 年），只有在木桶中达到了规定的陈酿时间以后才准在标签上作上述标识。

在葡萄牙，当标上 aguardente vinica vitha 时，说明是"陈酿的葡萄酒生命之水"，其陈酿时间至少是 1 年。

在南斯拉夫，采用星数来表达，三星表示陈酿 3 年，如果陈酿期超过 3 年，标签上就允许使用 extra（超老）。

在德国，陈酿时间达到 12 个月时，就有权标示酒龄并不必明标陈酿时间。

在法国，行业内以原产地命名的葡萄酒管理规则非常严格，而对于其他的葡萄酒和白兰地的规则宽松得多，按顺序可分为 ***（三星），酒龄在 4 年半以下（低档）；V.O（中档）、V.O.S.P（较高档）；F.O.V（高档），酒龄不低于 4 年半；EXTRA、NAPOLEAN（拿破仑），酒龄不低于 5 年半；X.O Club、特醇 X.O 等，酒龄 6 年以上。

五、法国白兰地的主要产区和名品

（一）干邑

干邑，音译为"科涅克"，位于法国西南部，是波尔多北部夏朗德省境内的一个小镇。它是一座古镇，面积约 10 万公顷。科涅克地区土壤非常适宜葡萄的生长和成熟，但由于气候较冷，葡萄的糖度含量较低（一般只有 18% 左右），故此，其葡萄酒产品很难与南方的波尔多地区生产的葡萄酒相比拟。在 17 世纪随着蒸馏技术的引进，特别是 19 世纪在法国皇帝拿破仑的庇护下，科涅克地区一跃成为酿制葡萄蒸馏酒的著名产地。公元 1909 年，法国政府颁布酒法明文规定，只有在夏朗德省境内，干邑镇周围的 36 个县市所生产的白兰地方可命名为干邑（Cognac），除此以外的任何地区不能用"Cognac"一词来命名，而只能用其他指定的名称命名。这一规定以法律条文的形式确立了"干邑"白兰地的生产地位。正如英语的一句话："All Cognac is brandy,but not all brandy is Cognac."（所有的干邑都是白兰地，但并非所有的白兰地都是干邑）这也就说明了干邑的权威性，干邑不愧为"白兰地之王"。

1938 年，法国原产地名协会和科涅克同业管理局根据 AOC 法（法国原产地名称管制法）和科涅克地区内的土质及生产的白兰地的质量和特点，将 Cognac 分为 6 个酒区：GRANDE

CHAMPAGNE（大香槟区）、PETITE CHAMPAGNE（小香槟区）、BORDERIES（波鲁特利区，边林区）、FIN BOIS（芳波亚区，优质林区）、BON BOIS（邦波亚区，良质林区）、BOIS ORDINAIRES（波亚·奥地那瑞斯区，普通林区）。其中大香槟区仅占总面积的 3%，小香槟区约占 6%，两个地区的葡萄产量特别少。根据法国政府规定，只有用大、小香槟区的葡萄蒸馏而成的干邑，才可称为"特优香槟干邑"（FINE CHAMPAGNE COGNAC），而且大香槟区葡萄所占的比例必须在 50% 以上。如果采用干邑地区最精华的大香槟区所生产的干邑白兰地，可冠以 GRANDE CHAMPAGNE COGNAC 字样。这种白兰地均属于干邑的极品。

科涅克酿酒用的葡萄原料一般不使用酿制红葡萄酒的葡萄，而是选用具有强烈耐病性、成熟期长、酸度较高的圣·迪米里翁（Saint Emilion）、可伦巴尔（Colombar）、佛尔·布朗休（Folle Branehe）3 个著名的白葡萄品种。这是因为酿制红葡萄酒的葡萄由于其果皮中含有大量的高级脂肪酸，所以蒸馏出来的白兰地酒中也就含有不少的脂肪酸，影响了酒的口味，消费者的评价普遍不高，因此，多数生产商不使用这些葡萄来酿造白兰地酒。

科涅克酒的特点：从口味上来讲，科涅克白兰地酒具有柔和、芳醇的复合香味，口味精细讲究，酒体呈琥珀色，清亮透明，酒精度一般在 43% 左右。

1．干邑酒标签上的贮存年限和生产地点表示方法

法国政府为了确保干邑白兰地的品质，对白兰地，特别是科涅克白兰地的等级有着严格的规定。该规定是以干邑白兰地原酒的酿藏年数来设定标准，并以此作为干邑白兰地划分等级的依据。有关科涅克白兰地酒的法定标示及酿藏期规定具体如下：

（1）V.S（Very Superior）

V.S 又叫三星白兰地，属于普通型白兰地。法国政府规定，干邑地区生产的最年轻的白兰地只需要 18 个月的酒龄。但厂商为保证酒的质量，规定在橡木桶中必须酿藏 2 年半以上。

（2）V.S.O.P（Very Superior Old Pale）

属于中档干邑白兰地，享有这种标志的干邑至少需要 4 年半的酒龄。然而，许多酿造厂商在装瓶勾兑时，为提高酒的品质，适当加入了一定成分的 10 ～ 15 年的陈酿干邑白兰地原酒。

（3）Luxury Cognac 属于精品干邑

法国干邑多数大作坊都生产质量卓越的白兰地，这些名品有其特别的名称，如 Napoleon（拿破仑）、Cordon Blue（蓝带）、XO（Extra Old 特陈）、Extra（极品）等。依据法国政府规定，此类干邑白兰地原酒在橡木桶中必须酿藏 6 年半以上，才能装瓶销售。

2．干邑白兰地的著名商标与产品

（1）Augier（奥吉尔）

又称爱之喜，是由创立于 1643 年的奥吉·弗雷尔公司生产的干邑名品。该公司由皮耶尔·奥吉创立，是干邑地区历史最悠久的干邑酿造厂商之一，其酒瓶商标上均注有 The Oldest House in Cognac 词句，意为"这是科涅克老店"，以表明其历史的悠久。等级品种分类有散发浓郁橡木香味的"三星"奥吉尔，还有用酿藏 12 年以上原酒调和勾兑的 VSOP 奥吉尔。

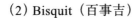

（2）Bisquit（百事吉）

始创于 1819 年，经过 190 余年的发展，现已成为欧洲最大的蒸馏酒酿造厂之一。品种有"三星"、VSOP（陈酿）、Napoleon（拿破仑）和 XO（特酿）、Bisquit Bubonche VSOP（百事吉·杜邦逊最佳陈年）、Extra Bisquit（百事吉远年）干邑以及现在在全球限量发售的"百事吉世纪珍藏"。

（3）Camus（卡慕）

又称金花干邑或甘武士，由法国 Camus 公司出品。该公司创立于 1863 年，是法国著名的干邑白兰地生产企业。Camus 所产干邑白兰地均采用自家果园栽种的圣·迪米里翁（Saint Emilion）优质葡萄作为原料加以酿制混合而成，等级品种分类除 VSOP（陈酿）、Napoleon（拿破仑）和 XO（特酿）以外，还包括 Camus Napoleon Extra（卡慕特级拿破仑）、Camus Silver Baccarat（卡慕嵌银百家乐水晶瓶）、Camus Limoges Book（卡慕瓷书，又分为 Blue book（蓝瓷书）和 Burgundy Book（红瓷书）两种）、Camus Limoges Drum（卡慕瓷鼓）、Camus Baccarat Crystal Decanter（卡慕百家乐水晶瓶）、Camus Josephine（约瑟芬）以及巴雷尔等多个系列品种。

（4）Courvoisier（拿破仑）

音译为"库瓦齐埃"，又称康福寿。库瓦齐埃公司创立于 1790 年，该公司在拿破仑一世在位时，由于献上自己公司酿制的优质白兰地而受到赞赏。在拿破仑三世时，它被指定为白兰地酒的承办商，是法国著名干邑白兰地。等级品种分类除"三星"、VSOP（陈酿）、Napoleon（拿破仑）和 XO（特酿）以外，还包括 Courvoisier Imperiale（库瓦齐埃高级干邑）白兰地、Courvoisier Napoleon Cognac（库瓦齐埃拿破仑干邑）、Courvoisier Extra（库瓦齐埃特级）以及"VOC 迪坎特"和限量发售的"耶尔迪"等。从 1988 年起，该公司将法国绘画大师伊德的 7 幅作品分别投影在干邑白兰地酒瓶上。第一幅是有关葡萄园的，名为《葡萄树》；第二幅名为《丰收》，以少女手持葡萄在祥和的阳光下祝福，呈现一片富饶景象；第三幅名为《精练》，描述了蒸馏白兰地酒的过程；第四幅名为《陈酿》，以人们凝视橡木桶的陈年白兰地酒为画面，来表现拿破仑白兰地酒严格的熟化工艺；第五幅名为《品尝》等。这 7 幅画是伊德出于对拿破仑白兰地酒的热爱而特别为拿破仑干邑白兰地酒设计的。

（5）F.O.V（长颈）

由法国狄莫酒厂出产的 F.O.V 是干邑白兰地的著名品牌，凭着独特优良的酒质和其匠心独运的樽型，成为人所共知的标记，因而得享"长颈"之名。长颈 F.O.V 采用上佳葡萄酿制，清冽甘香，带有怡人的原野香草气息。

（6）Hennessy（轩尼诗）

是由爱尔兰人 Richard Hennessy（李察·轩尼诗）于 1765 年创立的酿酒公司，是世界著名的干邑白兰地品牌之一。1860 年，该公司首家以玻璃瓶为包装出口干邑白兰地。在拿破仑三世时，该公司已经使用能够证明白兰地酒级别的星号。目前，"轩尼诗"这个名字几乎成为白兰地酒的一个代名词。"轩尼诗"家族经过 6 代的努力，其产品质量不断提高，产品生产量不断扩大,已成为干邑地区最大的三家酿酒公司之一。名品有"轩尼诗 VSOP"、"拿破仑轩尼诗"、"轩尼诗 XO"、Richard Hennessy(李察·轩尼诗)以及 Hennessy Paradis(轩尼诗杯莫停)等。160 多年前,轩尼诗家族在科涅克地区首先推出 XO 干邑白兰地品牌,并于1872 年运抵中国上海,从而开始了轩尼诗公司在亚洲的贸易。

（7）Hine（御鹿）

御鹿以酿酒公司名命名。该公司创建于 1763 年。由于该酿酒公司一直由英国的海因家族经营和管理,在 1962 年被英国伊丽莎白女王指定为英国王室酒类承办商。在该公司的产品中,"古董"是圆润可口的陈酿,"珍品"是采用海因家族秘藏的古酒制成。

（8）Larsen（拉珊）

拉珊公司是由挪威籍的詹姆士·拉森于 1926 年创立。该品牌干邑产品,除一般玻璃瓶装的拉珊 VSOP（陈酿）、Napoleon（拿破仑）、XO（特酿）和 Extra 等多个类型以外,还有享誉全球的以维京帆船为包装造型的玻璃瓶和瓷瓶系列。拉珊干邑白兰地全部产品均采用大、小香槟区所产原酒加以调和勾兑酿制而成,具有圆润可口的风味,为科涅克地区所产干邑白兰地的上品。

（9）Martell（马爹利）

马爹利以酿酒公司名命名。该公司创建于 1715 年,创始人尚·马爹利。该公司创建以来一直由马爹利家族经营和管理,并获得"稀世罕见的美酒"之美誉。该公司的"三星"使顾客领略到芬芳甘醇的美酒及大众化的价格；VSOP（陈酿）长时间以 Medaillon（奖章）的别名问世,具有轻柔口感,是世界上酒迷喜爱的产品；Cordon ruby（红带）是酿酒师们从酒库中挑选各种白兰地酒混合而成；Napoleon（拿破仑）被人们称为"拿破仑中的拿破仑",是白兰地酒中的极品；Cordon Blue（蓝带）品味圆润,气味芳香。

（10）Remy Martin（人头马）

人头马以酿酒公司名命名。"人头马"是以其酒标上人头马身的希腊神话人物造型为标志而得名的。该公司创建于 1724 年,是著名的、具有悠久历史的酿酒公司,创始人为雷米·马丁。该公司选用大、小香槟区的葡萄为原料,以传统的小蒸馏器进行蒸馏,品质优秀,因此被法国政府冠以特别荣誉名称 Fine Champagne Cognac（特优香槟区干邑）。该公司的拿破仑不是以白兰地酒的级别出现的,而是以商标出现,酒味刚强。Remy Martain Special（人头马卓越非凡）口感轻柔、口味丰富,采用 6年以上的陈酒混合而成。Remy Martain Club（人头马俱乐部）有着淡雅和清香的味道。XO（特别陈酿）具有浓郁芬芳的特点。另外,还有干邑白兰地中高品质的代表 Louis XIII（路易十三）,该酒是用 275 年到 75 年前的存酒精酿而成,做一瓶酒要历经三代酿酒师。酒的原料采用法国最好的葡萄产区"大香槟区"最上等的葡萄；而"路易十三"的酒瓶,则是以纯手工制作的水晶瓶,据称"世界上绝对没有两只完全一样的路易十三酒瓶"。

（11）Otard（豪达）

由英国流亡法国的约翰·安东尼瓦努·奥达尔家族酿制生产的著名法国干邑白兰地。品种有三星、VSOP（陈酿）、Napoleon（拿破仑）、XO（特酿）、Otard France Cognac（豪达法兰西干邑）、Otard Cognac Napoleon（豪达干邑拿破仑）、马利亚居以及 Otard（豪达）干邑白兰地的极品法兰梭瓦一世·罗伊尔·巴斯特等多种类型。

（12）Louis Royer（路易老爷）

又称路易·鲁瓦耶，1853 年由路易·鲁瓦耶在雅尔纳克的夏朗德河畔建立，其先后历经 4 代。到了 1989 年，公司被日本三得利（Suntory）所收购。商标的标识是一只蜜蜂。几乎所有产品都是供出口的（法国只占 1%），主要销往欧洲、中国、新加坡和韩国。

此外，还有 A.Hardy（阿迪）、Alain Fougerat（阿兰·富热拉）、A.Riffaud（安·利佛）、A.E.Audry（奥德里）、Charpentron（夏尔庞特隆，也称耶罗）、Chateau Montifaud（芒蒂佛城堡）、Croizet（克鲁瓦泽）、Deau（迪奥）、Delamain（德拉曼，得万利）、Dompierre（杜皮埃尔）、Duboigalant（多布瓦加兰）、Exshaw（爱克萧）、Gaston de Largrance（加斯顿·德·拉格朗热，醇金马）、Maison Guerbe（郁金香）、Meukow（缪克）、Moyet（慕瓦耶）、J.Normandin-Mercier（诺曼丁·梅西耶）、Planat（普拉纳）、P.Frapin（弗拉潘）、Pierre Ferrand（皮埃尔·费朗）等众多干邑品牌。

（二）阿曼涅克

阿曼涅克是法国出产的白兰地酒中仅次于科涅克的白兰地酒产地。根据记载，法国阿曼涅克地区早在 1411 年就开始蒸馏白兰地酒了。阿曼涅克位于法国加斯克涅地区（GASCONY），在波尔多地区以南 100 英里(1 英里 =1 609.3 m)处。根据法国政府颁布的原产地名称法的规定，除产自法国西南部的阿曼涅克（ARMANAC）、吉尔斯县（GERS）以及兰德斯县、罗耶加伦等法定生产区域外，一律不得在商标上标注阿曼涅克的名称，而只能标注白兰地。

1. 阿曼涅克的生产工艺及特点

阿曼涅克酒在酿制时，也大多采用圣·迪米里翁（Saint Emilion）、佛尔·布朗休（Folle Branehe）等著名的葡萄品种。采用独特的半连续式蒸馏器蒸馏一次，蒸馏出的阿曼涅克白兰地酒像水一样清澈，并具有较高的酒精度，同时含有挥发性物质，这些物质构成了阿曼涅克白兰地酒独特的口味。但是从 1972 年起，阿曼涅克白兰地酒的蒸馏技术开始引进二次蒸馏法的夏朗德式蒸馏器，使得阿曼涅克白兰地酒的酒质变得轻柔了许多。

阿曼涅克白兰地酒的酿藏采用的是当地卡斯可尼出产的黑橡木制作的橡木桶，酿藏期间一般将橡木酒桶堆放在阴冷黑暗的酒窖中。酿酒商根据市场销售的需要勾兑出各种等级的阿曼涅克白兰地酒。根据法国政府的规定，阿曼涅克白兰地酒至少要酿藏两年以上才可以冠以 VO 和 VSOP 的等级标志，Extar 表示酿藏 5 年，而 Napoleon 则表示酿藏了 6 年以上。一般上市销售的阿曼涅克白兰地酒的酒精度为 40% 左右。

同康涅克白兰地酒相比，阿曼涅克白兰地酒的香气较强，味道也比较新鲜，有劲，具有阳刚风格。其酒色大多呈琥珀色，色泽度深暗而带有光泽。

2. 阿曼涅克的主要品牌

（1）Chabot（夏博）

产自阿曼涅克地区加斯科尼省的法国著名的阿曼涅克白兰地酒，目前在阿曼涅克白兰地当中，夏博（Chabot）的销售量始终居于首位。其种类有 VSOP（陈酿）、Napoleon（拿破仑）和 XO（特酿），以及 Chabot Blason D'or（夏博金色徽章）和 Chabot Extra Old（特级夏博陈阿曼涅克）。

（2）Saint Vivant（圣·毕旁）

其以酿酒公司名命名，创建于 1947 年，生产规模排名在阿曼涅克地区的第四位。该公司 VSOP（陈酿）、Napoleon（拿破仑）和 XO（特酿）等销往世界许多国家均受到好评。该酒酒瓶较为与众不同，其设计采用 16 世纪左右吹玻璃的独特造型而著名，瓶颈呈倾斜状，在各种酒瓶中显得非常特殊。

（3）Sauval（索法尔）

其以酿酒公司名命名。该产品以著名白兰地酒生产区（泰那雷斯）生产的原酒制成，品质优秀，其中拿破仑级产品混合了 5 年以上的原酒，属于该公司的高级产品。

（4）Caussade（库沙达）

商标全名为 Marquis de Caussade，因其酒瓶上会有蓝色蝴蝶图案，故又名蓝蝶阿尔玛涅克，该酒的分类等级除了 VSOP（陈酿）和 XO（特酿）以外，还以酒龄来划分为 Caussade 12 年、Caussade 17 年、Caussade 21 年和 Caussade 30 年等多个种类。

（5）Carbonel（卡尔波尼）

由位于阿曼涅克地区诺卡罗城的 CGA 公司出品，该公司创立于 1880 年，在 1884 年以瓶装酒的形式开始上市销售。一般的阿曼涅克只经过一次蒸馏出酒，而该酒则采取两次蒸馏，因此该酒的口味较为细腻、丰富。常见的级别类型有 Napoleon（拿破仑）和 XO（特酿）等。

（6）Castagnon（卡斯塔奴）

又称骑士阿曼涅克，是卡尔波尼的姊妹品，也是由位于阿曼涅克地区诺卡罗城的 CGA 公司出品的。Castagnon 采用阿曼涅克各地区的原酒混合配制而成，分为水晶瓶 XO（特酿）、Castagnon Black Bottle（黑骑士）、Castagnon White Bottle（白骑士）等多种。

除此之外，还有 Castelfort（卡斯蒂尔佛特）、Sempe（尚佩）、Marouis De Montesquiou（孟德斯鸠）、De Malliac（迪·马利克）、Francis Darroze（法兰西斯·达罗兹）等众多品牌。

（三）苹果白兰地（Apple Brandy）

苹果白兰地是将苹果发酵后压榨出苹果汁，再加以蒸馏而酿制成的一种水果白兰地酒。它的主要产地在法国的北部和英国、美国等世界许多苹果的生产地。美国生产的苹果白兰地酒被称为 Apple Jack，需要在橡木桶中陈酿 5 年才能销售。加拿大称为 Pomal，德国称为 Apfelschnapps。而世界最为著名的苹果白兰地酒是法国诺曼底的卡尔瓦多思生产的，被称为 Calvados。该酒呈琥珀色，明亮发黄，酒香清芬，果香浓郁，口味微甜，酒精度为 40% ~ 50% 左右。一般法国生产的苹果白兰地酒需要陈酿 10 年才能上市销售。

苹果白兰地的著名品牌有 Chateau Du Breuil（布鲁耶城堡）、Boulard（布拉德）、Dupont（杜彭特）、Roger Groult（罗杰·古鲁特）等。

（四）樱桃白兰地（Kirschwasser）

这种酒使用的主原料是樱桃，酿制时必须将其果蒂去掉，将果实压榨后加水使其发酵，然后经过蒸馏、酿藏而成。它的主要产地在法国的阿尔沙斯（Alsace）、德国的斯瓦兹沃特（Schwarzwald）、瑞士和东欧等地区。

另外，世界各地还有许多以其他水果为原料酿制而成的白兰地酒，只是在产量上、销量上和名气上没有以上白兰地酒大而已，如李子白兰地酒（Plum Brandy）、苹果渣白兰地酒等。

六、其他国家出产的白兰地

1．美国白兰地（American Brandy）

美国白兰地以加利福尼亚州的白兰地为代表。大约 200 多年以前，加州就开始蒸馏白兰地。到了 19 世纪中叶，白兰地已成为加州政府葡萄酒工业的重要附属产品。主要品牌有 E&J、Christian Brothers（克利斯丁兄弟）、Guild（吉尔德）等。

2．西班牙白兰地（Spanish Brandy）

西班牙白兰地主要用来作为生产杜松子酒和香甜酒的原料。主要品牌有 Carlos（卡罗斯）、Conde De Osborne（奥斯彭）、Fundador（芬达多）、Magno（玛格诺）、Soberano（索博阿诺）、Terry（特利）等。

3．意大利白兰地（Italian Brandy）

意大利是生产和消费大量白兰地的国家之一，同时也是出口白兰地最多的国家之一。名品有 Buton（布顿）、Stock（斯托克）、Vecchia Romagna（维基亚·罗马尼亚）等。

4．德国白兰地（German Brandy）

莱茵河地区是德国白兰地的生产中心，其著名品牌有 Asbach（阿斯巴赫）、Goethe（葛罗特）和 Jacobi（贾克比）等。

5．日本白兰地（Japanese Brandy）

日本的白兰地是在明治 26 年（公元 1883 年）开始制造，但是大批生产则是在第二次世界大战结束后的第 12 年。

日本白兰地原料大多选用甲州葡萄，制造方法依据法国方式，用壶式蒸馏器来蒸馏，这是一种正统的白兰地制造法。目前，日本能生产品质优良的白兰地。

在西欧的白兰地中，除了价格昂贵的高级白兰地另当别论之外，日本的白兰地比其他价格较便宜的白兰地品质要好得多。这也许是因为白兰地比威士忌、葡萄酒更适合于东方人的口味，商人才如此刻意地去迎合顾客并酿造高质量的白兰地。

除以上生产白兰地的国家外，还有葡萄牙的 Cumeada（康梅达）、希腊的 Metaxa（梅塔莎）、亚美尼亚的 Noyac（诺亚克）、南非的 Kwv、加拿大的 Ontario（安大略小木桶）、Guild（基尔德）等质量较好的白兰地，以及中国在 1915 年巴拿马万国博览会上获得金奖的张裕金奖白兰地也是比较好的白兰地品牌之一。

七、白兰地的饮用与服务

比较讲究的白兰地饮用方法是净饮，用白兰地杯（224 mL 的白兰地杯只倒入 24 mL 的酒），另外用水杯配一杯冰水，喝时用手掌握住白兰地杯壁，让手掌的温度经过酒杯传至白兰地中，使其香味挥发，边闻边喝，才能真正享受饮用白兰地的奥妙。冰水的作用是，每喝完一小口白兰地，喝一口冰水，清新味觉能使下一口白兰地的味道更香醇。

喝一般牌子的白兰地时，英国人喜欢加水，中国人多喜欢加冰；对于陈年上佳的科涅克来说，加水、加冰是浪费了几十年的陈化时间，丢失了香甜浓醇的味道。

白兰地也可以兑饮，如白兰地加可乐。（做法：用柯林杯，加半杯冰块，量 28 mL 的白兰地、168 mL 的可乐，用吧匙搅拌即可。）

第四节 金酒（Gin）

世界上的金酒名字很多。荷兰人称之为 Gellever，英国人称之为 Hollamds 或 Genova，德国人称之为 Wacholder，法国人称之为 Genevieve，比利时人称之为 Jenevers …… 在中国，金酒也有许多称呼：香港、广东地区称为毡酒；台北称为金酒，又因其含有特殊的杜松子味道，所以又被称为杜松子酒。

一、金酒的由来

很多人都以为金酒是英国人发明的，其实金酒源自荷兰。如同许多现代烈酒的祖先一样，它最早的用途是药，而不是一种随性的饮品。早在 16 世纪以前，这种酒就已少量作为药物使用（其主要成分杜松子在传统上就一直被当作利尿、解热与治疗痛风的药材来使用），因此经常被认为是金酒发明者的 16 世纪荷兰病理学家法兰西斯·西尔维乌斯博士（Dr. Franciscus Sylvius，又名 Franz de la Boë），实际上可能只是第一个白纸黑字写下金酒制造配方的人。在荷兰莱登大学（Leiden）任教、身为当时人体循环系统与组织学权威的西尔维乌斯博士是为了制造作为药物使用而发明金酒的配方，但实际上真正让金酒商业化成为一种饮品的，却另有其人。

金酒真正被正式制造作为商业销售用途的时间，很清楚地被记录着（在这一点上，大部分的酒类都起源不明，相较之下，金酒可以说是异数）。与西尔维乌斯博士同时代的荷兰人路卡斯·博斯（Lucas Bols）前瞻地看出这种配方在商业上的可能价值，在原本的金酒配方里面加入了一些糖，制造出口味更甜、更容易被接受的金酒。他在 1575 年于荷兰斯奇丹（Schiedam）建立博斯酒厂（Bols），一直到今日仍然是荷兰式杜松子酒的主要生产大厂，也是此种杜松子酒商业化生产的先驱。

刚开始的时候，金酒被称为 Genever，这名字其实源自金酒的主要调味原料——杜松子（Juniper Berry，来自拉丁文 Juniperus，"给予青春"之意）的荷兰文拼法。它在荷兰以外的地区被称为 Geneva，由于此名称与瑞士大城日内瓦不谋而合，很多行经荷兰发现金酒这物品的英国船员与士兵误以为金酒来自瑞士。他们将金酒的概念带回英国，并将其名称简称为较容易发音记忆的 Gin，从此以后英国开始有少量的金酒制造。

然而，真正让金酒在英国广为流行的关键，却是玛莉女王的夫婿英王威廉三世。原本是荷兰国王的威廉（William of Orange）不只本身就是金酒的爱好者，他更因为当时英－荷联合王国跟法国之间的战争，下令抵制法国进口的葡萄酒与白兰地，并且开放使用英格兰本土的谷物制造烈酒，可以得到免许权——这立法几乎可说是为金酒量身打造一个非常有利的环境，于是，英国自此跃升为最重要的金酒生产国，甚至较发源地的荷兰更青出于蓝。

二、金酒的功效

金酒的怡人香气主要来自具有利尿作用的杜松子。杜松子的加法有许多种，一般是将其包于纱布中，挂在蒸馏器出口部位。蒸酒时，其味便串于酒中，或者将杜松子浸于绝对中性的酒精中，一周后再回流复蒸，将其味蒸于酒中。有时还可以将杜松子压碎成小片状，加入酿酒原料中，进行糖化、发酵、蒸馏，以得其味。有的国家和酒厂配合其他香料来酿制金酒，如荽子、豆蔻、甘草、橙皮等。而准确的配方，厂家一向是非常保密的。后来，金酒传入美国，则被大量的使用在鸡尾酒的调制上。现在的金酒，主要是以谷物为原料，经过糖化、发酵、蒸馏成高度酒精后，加入杜松子、柠檬皮、肉桂等原料，再进行第二次蒸馏，即形成金酒。

在鸡尾酒的酒谱里，金酒的使用量非常大，一些有名的鸡尾酒，成分大都离不开金酒，例如世界知名的马提尼（Martini）。而金酒中因为含有高成分的杜松子，所以，近年来中国台湾亦十分流行以金酒泡白葡萄干来预防关节炎，据说效果非常好。

英国造金酒的配方，是用75%的玉米、15%的大麦芽、10%的其他谷物，然后搅碎、加热、发酵，与酿造威士忌差不多，完全发酵后的谷物汁再用连续蒸馏器来蒸馏，蒸馏出的酒含180～188 Proof（酒精纯度），再加上蒸馏水，降低到120 Proof，然后于金酒蒸馏器中加上香料再蒸。由蒸馏得到酒味的方法，是造金酒的一种艺术，各种味道不同的金酒，也是由于其材料种类与成分的关系。

三、金酒的种类与名品

金酒是近百年来调制鸡尾酒时最常使用的基酒，其配方达千种以上，故有"金酒是鸡尾酒心脏"之说。金酒主要有以下几个品种：

（一）英式金酒

英式金酒的生产过程较荷式金酒简单，它用食用酒糟、杜松子及其他香料共同蒸馏而得干金酒。由于干金酒酒液无色透明，气味奇异清香，口感醇美爽适，既可单饮，又可与其他酒混合配制或作为鸡尾酒的基酒，所以深受世人的喜爱。英式金酒又称伦敦干金酒，属淡体金酒，意思是指不甜，不带原体味，口味与其他酒相比，比较淡雅。

英式干金酒的商标有Dry Gin、Extra Dry Gin、Very Dry Gin、London Dry Gin和English Dry Gin，这些都是英国上议院给金酒一定地位的记号。著名的酒牌有英国卫兵（Beefeater）、歌顿（Gordon's）、吉利蓓（Gilbey's）、仙蕾（Schenley）、坦求来（Tangueray）、伊利莎白女王（Queen Elizabeth）、老女士（Old Lady's）、老汤姆（Old Tom）、上议院（House of Lords）、格利挪尔斯（Greenall's）、博德尔斯（Boodles）、博士（Booth's）、伯内茨（Burnett's）、普利莫斯（Plymouth）、沃克斯（Walker's）、怀瑟斯（Wiser's）、西格朗姆斯（Seagram's）等。

歌顿（Gordon's）

淡体金酒，最早用的是伦敦附近的制造商，他们在瓶签上印有London Dry Gin，但现在美国或其他国家的造酒商，也用后面两个英文单词。市面上所有的金酒，都用了Dry这个词，瓶签上写有Dry Gin、Extra Dry Gin、Very Dry Gin、London Dry Gin等，事实上都是一个性质，说明此种酒不甜，不带原体味。

英国卫兵（Beefeater）

（二）荷兰金酒

荷兰金酒主要产区集中在斯希丹（Schiedam）一带，是荷兰的国酒。荷兰金酒是以大麦芽与裸麦等为主要原料，配以杜松子酶为调香材料，经发酵后蒸馏 3 次获得的谷物原酒，然后加入杜松子香料再蒸馏，最后将精馏而得的酒贮存于玻璃槽中待其成熟，包装时再稀释装瓶。荷式金酒色泽透明清亮，酒香味突出，香料味浓重，辣中带甜，风格独特，无论是纯饮或加冰都很爽口，酒精度为 52% 左右。因香味过重，荷式金酒只适于纯饮，不宜作为混合酒的基酒，否则会破坏配料的平衡香味。

荷式金酒酒在装瓶前不可贮存过久，以免杜松子氧化而使味道变苦。而装瓶后则可以长时间保存而不降低质量。荷式金酒常装在长形陶瓷瓶中出售。新酒叫 Jonge，陈酒叫 Oulde，老陈酒叫 Zeet oulde。比较著名的酒牌有亨克斯（Henkes）、波尔斯（Bols）、波克马（Bokma）、邦斯马（Bomsma）、哈瑟坎坡（Hasekamp）。

荷兰式金酒酒的饮法也比较多，东印度群岛流行在饮用前用苦精（Bitter）洗杯，然后注入荷兰金酒，大口快饮，痛快淋漓，具有开胃之功效，饮后再饮一杯冰水，更是美不胜言。荷式金酒加冰块，再配以一片柠檬，就是世界名饮干马提尼（Dry Martini）的最好代用品。

金酒不用陈年，它的美味是由多种香料蒸馏来的，不过在美国有些金酒会陈年一段时间，陈年后会成为淡金黄色，称为 Golden Gin，虽然已陈年过，但都不在商标上注明。如果是荷兰造的淡黄色的金酒，都是用焦糖染的色。最受人欢迎的金酒鸡尾酒，就是马提尼鸡尾酒，不过它只是上百种金酒鸡尾酒配方里的一种。

（三）美国金酒

美国金酒（American Gin）与伦敦金酒稍微不同，但这两种酒都可做成很好的混合饮料。其产品分成二级，瓶底有突出的 D 字者表示蒸馏而成，有 R 字者表示精馏（Rectifier）而成。

（四）其他国家的金酒

金酒的主要产地除荷兰、英国、美国以外还有德国、法国、比利时等国家。比较常见和有名的金酒有德国辛肯哈根（Schinkenhager）、比利时布鲁克人（Bruggman）、德国西利西特（Schlichte）、比利时菲利埃斯（Filliers）、德国多享卡特（Doornkaat）、比利时弗兰斯（Fryns）、法国克丽森（Claessens）、比利时海特（Herte）、法国罗斯（Loos）、比利时康坡（Kampe）、法国拉弗斯卡德（Lafoscade）、比利时万达姆（Vanpamme）、南斯拉夫布苓吉维克夫（Brinevec）。

四、金酒的饮用与服务

① 净饮：先将 1 盎司（约 28 mL）的金酒加少量冰块搅匀，滤入鸡尾酒杯，加一片柠檬。
② 加冰：在古典杯中加冰块和 1 盎司金酒，加一片柠檬。
③ 混合饮用：金酒可与苏打水、汤力水兑和饮用。
荷兰金酒主要用于餐前或餐后单饮，伦敦干金酒被广泛用于调制鸡尾酒。

第五节 伏特加（Vodka）

伏特加是源于俄文的"生命之水"一词当中"水"的发音"вода"（一说源于港口"вятка"），约 14 世纪开始成为俄罗斯传统饮用的蒸馏酒。但在波兰，也有更早便饮用伏特加的记录。伏特加酒以谷物或马铃薯为原料，经过蒸馏制成纯度高达 95% 的酒精，再用蒸馏水淡化至 40% ～ 60%，并经过活性炭过滤，使酒质更加晶莹澄澈，无色且清淡爽口，使人感到不甜、不苦、不涩，只有烈焰般的刺激，形成伏特加酒独具一格的特色。因此，伏特加酒是最具有灵活性、适应性和变通性的一种酒。俄罗斯是生产伏特加酒的主要国家，但德国、芬兰、波兰、美国、日本等国也都能酿制优质的伏特加酒。特别是在第二次世界大战开始时，由于俄罗斯制造伏特加酒的技术传到了美国，使美国也一跃成为生产伏特加酒的大国之一。

伏特加酒分两大类，一类是无色、无杂味的上等伏特加，另一类是加入各种香料的伏特加（Flavored Vodka）。伏特加的制法是将麦芽放入稞麦、大麦、小麦、玉米等谷物或马铃薯中，使其糖化后，再放入连续式蒸馏器中蒸馏，制出酒精度在 75% 以上的蒸馏酒，再让蒸馏酒缓慢地通过白桦木炭层，制出来的成品是无色的，这种伏特加是所有酒类中最无杂味的。

流行的伏特加品牌有 Etalon、Smirnoff、Stolichnaya、Stolovaya、Wyborowa、Moskovskaya、Finlandia Blue、Absolut、Bereginka 等。

一、伏特加的历史渊源

传说克里姆林宫楚多夫（意为"奇迹"）修道院的修士用黑麦、小麦、山泉水酿造出一种"消毒液"，一个修士偷喝了"消毒液"，使之在俄国广为流传，成为伏特加。但 17 世纪教会宣布伏特加为恶魔的发明，毁掉了与之有关的文件。在 1812 年，以俄国严冬为舞台，展开了一场俄法大战，战争以白兰地酒瓶见底的法军败走于伏特加无尽的俄军而告终。第一次世界大战，沙皇垄断伏特加专卖权，布尔什维克号召工人不买伏特加。卫国战争时，斯大林批准供给前线每人 40% 伏特加 100 mL。

俄帝国时代的 1818 年，宝狮伏特加（Pierre Smirnoff Fils）酒厂就在莫斯科建成，1917 年，十月革命后，仍是一个家族的企业。1930 年，伏特加酒的配方被带到美国，在美国也建起了宝狮（Smirnoff）酒厂，所产酒的酒精度很高，在最后用一种特殊的木炭过滤，以求取得伏特加酒味纯净。伏特加是俄罗斯和波兰的国酒，是北欧寒冷国家十分流行的烈性饮料。

二、伏特加特性特点

伏特加是以多种谷物（马铃薯、玉米）为原料，用重复蒸馏、精炼过滤的方法，除去酒精中所含毒素和其他异物的一种纯净的高酒精浓度的饮料。伏特加无色无味，没有明显的特性，但很提神。伏特加酒口味烈，劲大刺鼻，除了与软饮料混合使之变得干冽，与烈性酒混合使之变得更烈之外，别无它用。但由于酒中所含杂质极少，口感纯净，并且可以以任何浓度与其他饮料混合饮用，所以经常用作鸡尾酒的基酒，酒精度一般在 40% ～ 50% 之间。

三、各国伏特加

（一）俄罗斯伏特加

俄罗斯伏特加最初以大麦为原料，以后逐渐改用含淀粉的马铃薯和玉米，制造酒醪和蒸馏原酒并无特殊之处，只是过滤时将精馏而得的原酒注入白桦活性炭过滤槽中，经缓慢的过滤程序，使精馏液与活性炭分子充分接触而净化，将所有原酒中所含的油类、酸类、醛类、酯类及其他微量元素除去，便得到非常纯净的伏特加。俄罗斯伏特加酒液透明，除酒香外，几乎没有其他香味，口味凶烈，劲大刺鼻，火一般地刺激。其名品有吉宝伏特加（Imperial Collection）、波士伏特加（Bolskaya）、红牌（Stolichnaya）、绿牌（Mosrovskaya）、柠檬那亚（Limonnaya）、斯大卡（Starka）、朱波罗夫卡（Zubrovka）、俄国卡亚（Kusskaya）、哥丽尔卡（Gorilka）、斯丹达（Standard）、艾达龙（Etalon）、金牌（Medal）。

Etalon 的俄文是"ЭТАЛОН"，翻译中文为"标准具"的意思。在帝俄时代的 1901 年，在莫斯科建立了酒厂，是俄罗斯历史上第一家由国家成立的酒厂（КРИСТАЛЛ）。

红牌（Stolichnaya）

"艾达龙"在伏特加领域作为一个新品牌，却在俄罗斯烈酒消费中排名前三，在俄罗斯地区日均销售量高达 5 000 多件，其三角瓶性状的包装和多种口味的特色深受当地人民的欢迎。目前"艾达龙"主要在俄罗斯和东欧，北美洲等区域销售，在全球遍及 70 多个国家。"艾达龙"在俄罗斯是招待国外来访的外宾用酒，是俄罗斯克林姆林宫宴、俄罗斯联邦政府、俄罗斯杜马宴会指定用酒，以丰富的口味、精致的口感而闻名。

（二）波兰伏特加

波兰伏特加的酿造工艺与俄罗斯相似，区别只是波兰人在酿造过

绿牌（Mosrovskaya）

程中，加入一些草卉、植物果实等调香原料，所以波兰伏特加比俄罗斯伏特加酒体丰富，更富韵味。名品有：兰牛（Blue Rison）、维波罗瓦红牌（Wyborowa）、维波罗瓦蓝牌（Wyborowa）、朱波罗卡（Zubrowka）。

（三）瑞典伏特加

瑞典绝对伏特加是全世界最廉价和广泛饮用的伏特加产品，是老百姓酒桌上最常见的产品，几乎在任何一个超市或小酒馆都能见到它的身影。瑞典特产的冬小麦赋予了绝对伏特加（Absolut Vodka）优质细滑的谷物特征。经过几个世纪的经验已经证实，绝对伏特加选用的坚实的冬小麦能够酿造出优质的伏特加酒。绝对伏特加采用连续蒸馏法酿造而成。这种方法是由"伏特加之王"Lars Olsson Smith 于 1879 年在瑞典首创的。酿造过程的用水是深井中的纯净水。正是因为采用单一产地、当地原料来制造，使绝对伏特加公司（V&S Absolut Spirits）可以完全控制生产的所有环节，从而确保每一滴酒都能达到绝对顶级的质量标准。所有口味的绝对伏特加都是由伏特加与纯天然的原料混合而成，绝不添加任何糖分。

如今，绝对伏特加家族拥有了同样优质的一系列产品，包括绝对伏特加（ABSOLUT VODKA）、绝对伏特加（辣椒味）ABSOLUT PEPPER、绝对伏特加（柠檬味）ABSOLUT CITRON、绝对伏特加（黑加仑子味）ABSOLUT KURANT、绝对伏特加（柑橘味）ABSOLUT MANDRIN、绝对伏特加（香草味）

绝对伏特加（ABSOLUT VODKA）系列

美国的宝狮伏特
加（Smirnoff）

ABSOLUT VANILIA 以及绝对伏特加（红莓味）ABSOLUT RASPBERR。

除俄罗斯与波兰外，其他较著名的生产伏特加的国家和地区及其产品还有英国的哥萨克（Cossack）、夫拉地法特（Viadivat）、皇室伏特加（Imperial）、西尔弗拉多（Silverad），美国的宝狮伏特加（Smirnoff）、沙莫瓦（samovar）、菲士曼伏特加（Fielshmann's Royal），芬兰的芬兰地亚（Finlandia），法国的卡林斯卡亚（Karinskaya）、弗劳斯卡亚（Voloskaya），加拿大的西豪维特（Silhowltte）等。

芬兰的芬兰地亚
（Finlandia）

四、伏特加饮用方法

欧洲人喝伏特加酒已经几个世纪了，他们通常不加冰，而是用一个小小的酒杯一饮而尽。伏特加可以从多种不同的原料中蒸馏出来，然而品质最好的伏特加通常是从单一的原料中蒸馏出来的，如小麦、黑麦或马铃薯。小麦伏特加口感通常更加的柔软和平滑；黑麦伏特加则更劲一些，并伴有淡淡的香料味道；而马铃薯的伏特加有种奶油般的质感。品质最好的伏特加通常都经过多次蒸馏和过滤来去除酒中的杂质，这留下了平滑和清新的口感，而去掉了刺激的异味。一般来讲，蒸馏和过滤的次数越多，越会获得更高度数的纯度。

伏特加的饮用与服务标准用量为每位客人 42 mL，用利口杯或古典杯服侍，可作佐餐酒或餐后酒。纯饮时，备一杯凉水，以常温服侍，快饮（干杯）是其主要饮用方式。许多人喜欢冰镇后干饮，仿佛冰溶化于口中，进而转化成一股火焰般的清热。

伏特加可作为基酒来调制鸡尾酒，比较著名的有黑俄罗斯（Black Russian）、镙丝钻（Screw Driver）、血玛丽（Bloody Mary）等。

作为最纯净的烈酒，伏特加"最地道"的首选是纯饮。此外，因为伏特加的纯净，伏特加还几乎可以与任何饮料勾兑。日常生活中任何能喝到的饮料，包括果汁、牛奶，都能够依据饮用者的口味喜好，勾兑不同比例的伏特加。这样不但不会破坏原饮料的口味，反而更添酒的魅力。正是由于伏特加能够随意勾兑的特点，使其成为世界上销量最大的烈酒。

最简单的纯饮伏特加的方式是：

第一步：选择 3 种或 4 种高品质的伏特加酒，把它们放进冰箱里进行冷藏，使它们更有黏性，以获得更加纯净的口感。

第二步：把伏特加冰过后，倒入一个酒杯中，每个杯子里倒 1 ~ 2 盎司。

第三步：举起第一杯放在鼻子下 1 英寸的地方，轻轻地闻闻它的芳香。这叫做"嗅"香味，里面有很多中伏特加的特色，如水果的、谷物的或香料的。高品质伏特加的芳香是很柔和的，而且口感微妙。

第四步：浅抿一口，感受酒体的质感。有品质的伏特加将是平滑而不灼口的感觉。

第五步：把酒全部都咽下去来体会它特有的感觉。高品质的伏特加会有一定的品质特色，这种品质与其蒸馏和过滤过程中所用的原料与口感不一样。

第六步：慢慢地享用，在这个过程中体会每款伏特加的不同。每份酒大约需要 5 ~ 10 min 才能完全品尝到它的芳香、质感和口味。

第六节 龙舌兰（Tequila）

一、简介

龙舌兰酒（西班牙文 Tequila），是一种墨西哥产、使用龙舌兰草的心（Piña，在植物学上，指的是这种植物的鳞茎部分）为原料所制造出的含酒精饮品，属蒸馏酒一类。

龙舌兰酒又称"特基拉酒"，是墨西哥的特产，被称为墨西哥的灵魂。特基拉是墨西哥的一个小镇，此酒以产地得名。特基拉酒有时也被称为"龙舌兰"烈酒，是因为此酒的原料很特别——以龙舌兰（agave）为原料。龙舌兰是一种龙舌兰科的植物，通常要生长 12 年，成熟后割下送至酒厂，再被割成两半后泡洗 24 h。然后榨出汁，汁水加糖送入发酵柜中发酵两天至两天半，然后经两次蒸馏，酒精纯度达 104 ～ 106 Proof，此时的酒香气突出，口味凶烈。然后放入橡木桶陈酿，陈酿时间不同，颜色和口味差异很大，白色者未经陈酿，银白色贮存期最多 3 年，金黄色酒贮存 2 ～ 4 年。特级特基拉需要更长的贮存期，装瓶时酒精度要稀释至 80 ～ 100 Proof。特基拉市一带是龙舌兰品质最优良的产区，且只有以该地生产的龙舌兰酒才允许以 Tequila 之名出售；若是其他地区所制造的龙舌兰酒，则称为 Mezcal。

特基拉酒的口味凶烈，香气很独特。特基拉酒是墨西哥的国酒，墨西哥人对此情有独钟，饮酒方式也很独特，常用于净饮。每当饮酒时，墨西哥人总先在手背上倒些海盐末来吸食，然后用腌渍过的辣椒干、柠檬干佐酒，恰似火上浇油。另外，特基拉酒也常作为鸡尾酒的基酒，如墨西哥日出（Tequila Sunrise）、玛格丽特（Margarite）深受广大消费者喜爱。其名品有凯尔弗（Cuervo）、斗牛士（EI Toro）、索查（Sauza）、欧雷（O1e）、玛丽亚西（Mariachi）、特基拉安乔（Tequila Aneio）、白金武士（Conquistador Silver）、雷波士（Pepe Lopez）、懒虫（Camino）。

凯尔弗（Cuervo）　　白金武士（Conquistador Silver）　　雷波士（Pepe Lopez）　　懒虫（Camino）

虽然印第安人有种传说，说天上的神以雷电击中生长在山坡上的龙舌兰，而创造出龙舌兰酒，但实际上这说法并没有多少根据。但这个传说告诉我们，龙舌兰早在古印地安文明的时代，就被视为一种非常神奇的植物，是天上的神给予人们的恩赐。

早在公元 3 世纪时，居住于中美洲地区的印第安文明早已发现发酵酿酒的技术，他们取用生活中任何可以得到的糖分来源来造酒，除了主要作物玉米与当地常见的棕榈汁之外，含糖分不低又多汁的龙舌兰，也很自然而然成为造酒的原料。以龙舌兰汁经发酵后制造出来的 Pulque 酒，经常被作为宗教信仰用途。

直到来自大西洋彼岸、西班牙的征服者（Conquistador）们将蒸馏术带来新大陆之前，龙舌兰酒一直保持着其纯发酵酒的身份。西班牙人想在当地寻找一种适合的原料，以取代他们所费不赀地从家乡带来、补给不足以满足他们庞大消耗量的葡萄酒或其他欧洲烈酒。于是，他们看上了有着奇特植物香味的 Pulque，但又嫌这种发酵酒的酒精度远比葡萄酒低，因此尝试使用蒸馏的方式提升 Pulque 的酒精度，以龙舌兰制造的蒸馏酒于是产生。由于这种新产品是用来取代葡萄酒的，于是获得了 Mezcal Wine 的名称。

Mezcal Wine 的雏形经过了非常长久的尝试与改良后，才逐渐演变成为人们今日见到的 Mezcal/Tequila，而在这进化的过程中，它也经常被赋予许多不尽相同的命名，如 Mezcal Brandy、Agave Wine、Mezcal Tequila，最后才变成 Tequila——这个名称很显然是取自盛产此酒的城镇名。比较有趣的是，龙舌兰酒商业生产化的祖师爷荷塞·奎沃（José Cuervo）在 1893 年的芝加哥世界博览会上获奖时，他的产品是命名为龙舌兰白兰地（Agave Brandy），当时几乎所有的蒸馏酒都被称呼为白兰地，例如现在的金酒，当时被称为 Gin Brandy。

二、分类

通常提到龙舌兰酒时，可能意指下列几种酒之中的一种，但如果没有特别说明，最有可能的还是指为人广知的 Tequila，其他几款酒则大都是墨西哥当地人才较为熟悉。

Pulque：这是种用龙舌兰草的心为原料，经过发酵而制出的发酵酒类，最早由古代的印第安文明发现，在宗教上有不小的用途，也是所有龙舌兰酒的基础原型。由于没有经过蒸馏处理，酒精度不高，目前在墨西哥许多地区仍然有酿造。

Mezcal：Mezcal 其实可说是所有以龙舌兰草心为原料所制造出的蒸馏酒的总称，简单说来 Tequila 可说是 Mezcal 的一种，但并不是所有的 Mezcal 都能称作 Tequila。开始时，无论是制造地点、原料或做法，Mezcal 都较 Tequila 的范围来得广泛，规定不严谨，但近年来 Mezcal 也渐渐有了较为确定的产品规范以便能争取到较高的认同地位，与 Tequila 分庭抗礼。

Tequila：Tequila 是龙舌兰酒一族的顶峰，只有在某些特定地区、使用一种称为蓝色龙舌兰草（Blue Agave）的植物作为原料所制造的此类产品，才有资格冠以 Tequila 之名。

还有一些其他种类，同样也是使用龙舌兰为原料所制造的酒类，例如齐瓦瓦州（Chihuahua）生产的 Sotol。这类酒通常是比较区域性的产品而不是很出名。

三、主要产地

无论 Tequila 还是其他以龙舌兰为原料的酒，都是墨西哥国原生的酒品，其中 Tequila 更是该国重要的外销商品与经济支柱，因此受到极为严格的政府法规限制与保护，以确保产品的品质。

虽然 Tequila 这名字的起源是个谜，但是生产这种酒的主要产地境内，无论是山脉、城镇还是酒本身，都拥有一样的名字。Tequila 酒的生产中心是墨西哥哈利斯科州（Jalisco）境内瓜达拉哈拉（Guadalajara）和特皮克（Tepic）之间的小城镇铁奇拉（Tequila），而传说中这种酒最早的原产地就是该镇郊外同名的火山口周围边坡。

曾经 Tequila 酒只被允许在哈利斯科州境内生产，但是在 1977 年墨西哥政府稍微修改了相关法令，放宽 Tequila 的产地限制，允许该种酒在周围几个州的部分行政自治区（Municipios）

生产。有趣的是，虽然规范已经放宽了数十年之久，但事实上在拥有执照的蒸馏厂中，仅有两家酒厂不在哈利斯科州境内，分别是位于 Tamaulipas 州的 La Gonzalentildea（产品品牌为 Chinaco）与位于 Guanajuato 州的 Tequilera Corralejo。

至于 Tequila，则严格规定只能使用龙舌兰多达 136 种的分支中品质最优良的蓝色龙舌兰（Blue Agave）作为原料。它主要是生长在哈里斯科州海拔超过 1 500 m 的高原与山地的品种，最早是由德国植物学家佛朗兹·韦伯（Franz Weber）在 1905 年时命名分类，因此获得 Agave Tequilana Weber Azul 的学名。依照法律规定，只有在允许的区域内使用蓝色龙舌兰作为原料的龙舌兰酒，才有资格冠上 Tequila 之名在市场上销售。依照此定义，Tequila 也是 Mezcal 的一种，其地位有点类似干邑白兰地（Cognac）之于所有法国白兰地一般。

四、制作过程

龙舌兰植物要经过 10 ~ 20 年才能成熟，它那灰蓝色的叶子有时可达 10 英尺（1 英尺 = 0.304 8 m）长。当它成熟时，看起来就像巨大的郁金香。

龙舌兰酒制造者把外层的叶子砍掉取其中心部位（Piña，即凤梨之意）。这种布满刺状的果实，酷似巨大的凤梨，最重可达 150 磅，果子里充满香甜、黏稠的汁液。把它放入炉中蒸煮，这样形成了一种浓缩甜汁，并且在这一过程中果实中的淀粉转换成了糖类。

煮过的 Piña 再送到另一机器挤压成汁发酵。果汁发酵达酒精度 80% 即开始蒸馏。龙舌兰酒在铜制单式蒸馏中蒸馏二次，未经过木桶成熟的酒透明无色，称为 White Tequila，味道较呛；另一种 Gold Tequila，因淡琥珀色而得名，通常在橡木桶中至少贮存 1 年，味道与白兰地近似。

（一）栽种

与其他酒类经常使用的原料，如谷物与水果等比较，龙舌兰酒使用的是一种非常特殊且奇异的糖分来源——蕴含在龙舌兰草心（鳞茎）汁液里面的糖分。在几种龙舌兰酒中，Tequila 使用蓝色龙舌兰的汁液作为原料，根据土壤、气候与耕种方式，这种植物拥有 8 ~ 14 年的平均成长期，相比之下，Mezcal 所使用的其他龙舌兰品种在成长期方面普遍较蓝色龙舌兰短。

除品种外，龙舌兰草的品质往往也取决于它的大小，长得越大的龙舌兰价格就越高。位于铁奇拉镇外死火山口边坡上的龙舌兰，一般被认为是品质较优秀的龙舌兰，而以这些高品质龙舌兰为原料少量制造的产品，高评价普遍较集中在城镇附近的大型生产厂商。根据法规，只要使用的原料超过 51% 来自蓝色龙舌兰草，制造出来的酒就有资格称为 Tequila，其余原料是以添加其他种类的糖（通常是甘蔗提炼出的蔗糖）来代替，称为 Mixto。有些 Mixto 是以整桶的方式运输到不受墨西哥法律规范的外国包装后再出售，不过，法规规定唯有 100% 使用蓝色龙舌兰作为原料的产品，才有资格在标签上标示"100% Blue Agave"在墨西哥销售。

今天在墨西哥，用来制造 Tequila 的蓝色龙舌兰是被当作一种农作物人工栽种的。虽然龙舌兰原本是种利用蝙蝠来传递种子的植物，但实作上都是利用从 4 ~ 6 年的母株上取下的幼枝，用插枝的方式于雨季前开始栽种，其平均密度为每英亩土地上栽种 1 000 ~ 2 000 株。

龙舌兰草栽种后，需等待至少 8 年的光阴才能采收，在制酒的原料植物中，其等待收成的时间可说是数一数二的漫长。有些比较强调品质的酒厂甚至会进一步让龙舌兰长到 12 年的程度后才收成，因为植物长得越久，里面蕴含可以用来发酵的糖分就越高。接近采收期的植物，其叶子部分会被预先砍除，以便激发植物的熟成效应。有些种植者会在龙舌兰成长的过程中施肥与除虫，但龙舌兰田（Campos de Agave）却是完全无须灌溉，这是因为实验发现人工灌溉虽然会让龙舌兰长得更大，却不会增加其糖分含量，龙舌兰成长所需的水分，完全来自每年雨季时的降水。

（二）收割

栽种与采收龙舌兰是一种非常传统的技艺，有些种植者本身是采取世袭制度在传递相关知识，称为 Jimador。由于原本从地底下开始生长，并且慢慢破土而出的龙舌兰"心"会在植物成年后长出高耸的花茎（Quixotl，其高度有时可以超过 5 m），大量消耗花心里面的糖分，因此及时将长出来的花茎砍除，也是 Jimador 必须执行的工作之一。

采收时，Jimador 需先把长在龙舌兰心上面往往多达上百根的长叶砍除，然后把这凤梨状的肉茎从枝干上砍下。通常"心"的部分质量有 80 ~ 300 磅不等（约合 35 ~ 135 kg），某些成长在高地上的稀有品种，甚至会重达 500 磅（200 kg）以上。一个技术优良的 Jimador 一天可以采收超过 1 t 重的龙舌兰心。原料到达酒厂后，通常会被十字剖成四瓣以方便进一步的蒸煮处理。由于需要的龙舌兰成熟程度不一，采收工作一整年都可以持续进行，有些蒸馏厂会使用较年轻的龙舌兰来造酒，但像是马蹄铁龙舌兰（Tequila Herradura）这种知名老厂，会严格要求只使用 10 年以上的龙舌兰来作为原料。

（三）烹煮

有些酒厂在接收到收割回来的龙舌兰心后，会先将其预煮，以便去除草心外部的蜡质或没有砍干净的叶根，因为这些物质在蒸煮的过程中会变成不受欢迎的苦味来源。使用现代设备的酒厂则是以高温喷射蒸汽来达到相同的效果。

传统上，蒸馏厂会用蒸汽室或是西班牙文里面称为 Horno 的石造或砖造烤炉，慢慢地将切开的龙舌兰心煮软，需时长达 50 ~ 72 h。在 60 ~ 85 ℃ 的慢火烘烤之下，其植物纤维会慢慢软化，释放出天然汁液，但又不会因为火力太强太快而煮焦，让汁液变苦或不必要地消耗掉宝贵的可发酵糖分。另外，使用炉子烘烤龙舌兰另一个好处是，比较能够保持植物原有的风味。不过，碍于大规模商业生产的需求，今日许多大型的蒸馏厂比较偏向使用高效率的蒸汽高压釜（Autoclaves）或压力锅来蒸煮龙舌兰心，大幅缩短过程，耗时到 1 日以内（8 ~ 14 h）。

蒸煮的过程除了可以软化纤维释放出更多的汁液外，也可以将结构复杂的碳水化合物转化成可以发酵的糖类。直接从火炉里面取出的龙舌兰心尝起来非常像是番薯或是芋头，但多了一种龙舌兰特有的气味。传统做法的蒸馏厂会在龙舌兰心煮好后让它冷却 24 ~ 36 h，再进行磨碎除浆。不过，也有一些传统酒厂蓄意保留这些果浆，一同拿去发酵。

当龙舌兰心彻底软化且冷却后，工人会拿大榔头将它们打碎，并且移到一种传统上使用驴子或牛推动、称为 Tahona 的巨磨内磨得更碎。现代的蒸馏厂除了可能会以机械的力量来取代畜力外，有些酒厂甚至会改用自动辗碎机来处理这些果浆或碎渣，将杂质去除作为饲料或肥料使用。至于取出的龙舌兰汁液（称为 Aquamiel，意指糖水）则在掺调一些纯水之后，放入大桶中等待发酵。

（四）发酵

接下来，工人会在称为 Tepache 的龙舌兰草汁上洒下酵母，虽然根据传统做法，制造龙舌兰酒使用的酵母采集自龙舌兰叶，但今日大部分酒厂都是使用以野生菌株培育的人工酵母，或商业上使用的啤酒酵母。有些传统的 Mezcal 或是 Pulque 酒，是利用空气中飘散的野生酵母造成自然发酵，但在 Tequila 中只有老牌的马蹄铁龙舌兰（Tequila Herradura）一家酒厂是强调使用这样的发酵方式。不过，一些人认为依赖天然飘落的酵母风险太大，为了抑制不想要的微生物滋生，往往还得额外使用抗生素来控制产品稳定度，利与弊颇值得争议。

用来发酵龙舌兰汁的容器可能是木质或现代的不锈钢酒槽，如果保持天然的发酵过程，其耗时往往需要 7 ~ 12 天之久。为了加速发酵过程，许多现代化的酒厂透过添加特定化学物质的方式加速酵母的增产，把时间缩短到两三日内。较长的发酵时间可以换得较厚实的酒体，酒厂通常会保留一些发酵完成后的初级酒汁，用来当作下一次发酵的引子。

（五）蒸馏

当龙舌兰汁经过发酵过程后，制造出来的是酒精度在 5% ~ 7% 之间、类似啤酒般的发酵酒。传统酒厂会以铜制的壶式蒸馏器进行两次蒸馏，现代酒厂则使用不锈钢制的连续蒸馏器，初次蒸馏耗时 1.5 ~ 2 h，制造出来的酒其酒精度约在 20% 上下。第二次的蒸馏耗时 3 ~ 4 h，制造出的酒拥有约 55% 的酒精度。

原则上每一批次的蒸馏都被分为头中尾三部分，初期蒸馏出来的产物酒精度较高，但含有太多醋醛（Aldehydes），因此通常会被丢弃。中间部分是品质最好的，也是收集起来作为产品的主要部分。至于蒸馏到末尾时产物里面的酒精与风味已经开始减少，部分酒厂会将其收集起来加入下一批次的原料里在蒸馏，其他酒厂则是直接将其抛弃。有少数强调高品质的酒厂，会使用三次蒸馏来制造 Tequila，但太多次的蒸馏往往会减弱产品的风味，因此其必要性常受到品酒专家的质疑。相比之下，大部分 Mezcal 都只进行一次蒸馏，少数高级品则采二次蒸馏。从开始的龙舌兰采收到制造成品，大约每 7 kg 的龙舌兰心才制造出 1 L 的酒。

（六）陈年

刚蒸馏完成的龙舌兰新酒，是完全透明无色的，市面上看到有颜色的龙舌兰都是因为放在橡木桶中陈年过，或是因为添加酒用焦糖的缘故（只有 Mixto 才能添加焦糖）。陈年龙舌兰酒所使用的橡木桶来源很广，最常见的还是从美国输入的二手波旁威士忌酒桶，但也不乏酒厂会使用更少见的选择，例如西班牙雪莉酒、苏格兰威士忌、法国干邑的橡木桶，甚至全新的橡木桶。龙舌兰酒并没有最低的陈年期限要求，但特定等级的酒则有特定的最低陈年时间。白色龙舌兰（Blanco）是完全未经陈年的透明新酒，其装瓶销售前是直接放在不锈钢酒桶中存放，或一蒸馏完毕就直接装瓶。

大部分酒厂都会在装瓶前，以软化过的纯水将产品稀释到所需的酒精度（大部分都是 37% ~ 40% 之间，也有少数酒精度超过 50% 的产品），并且经过最后的活性炭或植物性纤维过滤，完全将杂质去除。

如同其他酒类，每一瓶龙舌兰酒里面所含的酒液，都可能来自多桶年份相近的产品，利用调和的方式确保产品口味的稳定。不过，也正由于此缘故，高级龙舌兰酒市场里偶尔也可以见到稀有的 Single Barrel 产品，感觉跟苏格兰威士忌或法国干邑的原桶酒类似，特别强调整瓶酒都是来自特定一桶酒，并且附上详细的木桶编号、下桶年份与制作人名称，限量发售。所有要装瓶销售的龙舌兰酒，都需要经过 Tequila 规范委员会（Conse jo Regulador del Tequila，CRT）检验确认后，才能正式出售，打破龙舌兰是一种制作方式随便、品质欠佳的酒类之既有印象。

五、等级标准

除了颜色有金色、有银色（透明）之外，很少有人真正了解 Tequila 其实也是有产品等级差异的。虽然各家酒厂通常会根据自己的产品定位，创造发明一些自有的产品款式，但是下面几种分级却是有法规保障、不可滥用的官方标准。

1．Blanco 或 Plata

Blanco 与 Plata 分别是西班牙文中"白色"与"银色"的意思，在龙舌兰酒的领域，它可以被视为是一种未陈年酒款，并不需要放入橡木桶中陈年。在此类龙舌兰酒里面，有些款式甚至是蒸馏完成后直接装瓶，有些则是放入不锈钢容器中储放，但也有些酒厂为了让产品能比较顺口，还是选择短暂地放入橡木桶中陈放。只是有些特殊的是，比较起一般酒类产品的陈年标准都是规定存放的时间下限，Blanco 等级的龙舌兰规定的却是上限，最多不可超过 30 日。

注意，Blanco 这种等级标示只说明了产品的陈年特性，却与成分不全然相关，在这一等级的酒中也有成分非常纯正的 100% Agave 产品存在，不见得都是混合酒 Mixto。Blanco 等级的龙舌兰酒通常拥有比较辛辣、直接的植物香气，但在某些喜好此类酒款的消费者眼中，白色龙舌兰酒才能真正代表龙舌兰酒与众不同的风味特性。

2．Joven Abocado

Joven Abocado 在西班牙文中意指"年轻且顺口的"，此等级的酒也常被称为 Oro（金色的）。基本上，金色龙舌兰跟白色龙舌兰其实可以是一样的东西，只不过金色的版本加上局部的调色与调味料（包括酒用焦糖与橡木萃取液，其质量比不得超过 1%），使得它们看起来像是陈年的产品。以分类来说，这类酒全都属于 Mixto，虽然理论上没有 100% 龙舌兰制造的产品高级，但在外销市场上，这一等级的酒因为价格实惠，仍然是销售上的主力。

3．Reposado

Reposado 是西班牙文中"休息过的"之意，意指此等级的酒经过一定时间的橡木桶陈放，只是还放不到满 1 年的程度。橡木桶里的存放通常会让龙舌兰酒的口味变得比较浓厚、复杂一些，因为酒会吸收部分橡木桶的风味甚至颜色，时间越长颜色越深。Reposado 的陈放时间介于 2 个月到 1 年之间，目前此等级的酒占墨西哥本土 Tequila 销售的最大宗，占有率达全部的 60%。

4．Añejo

Añejo 在西班牙文中原意是指"陈年过的"，简单来说，就是橡木桶陈放的时间超过 1 年的酒，都属于此等级，没有上限。不过，有别于之前三种等级，陈年龙舌兰酒受到政府的管制严格许多，它们必须使用容量不超过 350 L 的橡木桶封存，由政府官员贴上封条。虽然规定只要超过 1 年的都可称为 Añejo，但有少数非常稀有的高价产品，例如 Tequila Herradura 著名的顶级酒款 Selección Suprema，就是陈年超过 4 年的超高价产品之一，其市场行情甚至不输给一瓶陈年 30 年的苏格兰威士忌。一般来说，专家们都同意龙舌兰最适合的陈年期限是 4 ~ 5 年，超过后桶内的酒精会挥发过多。

除了少数陈年有 8 ~ 10 年的特殊酒款外，大部分 Añejo 都是在陈年时间满后，直接移到无陈年效用的不锈钢桶中保存等待装瓶。Reposado 与 Añejo 等级的 Tequila 并没有规定非得是 100% 龙舌兰为原料不可，如果产品的标签上没有特别说明，那么这就是一瓶陈年的 Mixto 酒，例如潇洒龙舌兰（Tequila Sauza）的 Sauza Conmemorativo，就是少见的陈年 Mixto 酒。

除了以上 4 种官方认可的等级分法外，酒厂也可能以这些基本类别的名称为基础做变化，甚至自创等级命名来促销产品，例如 Gran Reposado、Tres Añejo 或 Blanco Suave 等。Reserva de Casa 也是一种偶尔会见到的产品称呼，通常是指该酒厂最自豪的顶级招牌酒。但切记，这些不同的命名全是各酒厂在行销上的技巧，只有上述 4 种才具有官方的约束力量。

六、产品标识

每一瓶真正经过认证而售出的 Tequila，都应该有一张明确标示相关信息的标签，这张标签通常不只是简单地说明产品的品牌而已，事实上里面蕴藏着许多重要的信息。

（一）级别

也就是前述的 Blanco、Joven Abocado、Reposado 与 Añejo 四个产品等级，这些等级的标识必须符合政府的相关法规而非依照厂商想法随意标示。不过，有些酒厂为了更进一步说明自家产品与他厂的不同，会在这些基本的分级上做些变化，但这些都已不是法律规范的范围了。

（二）纯度标示

唯有标示"100% Agave"（或是更精确的，100% Blue Agave 或 100% Agave Azul）的 Tequila，才能确定酒里的每一滴液体都来自天然的龙舌兰草，没有其他糖分来源或添加物（稀释用的纯水除外）。如果一瓶酒上并没有做此标示，最好假设这瓶酒是一瓶 Mixto。注意，由于 20 世纪 90 年代末期严重的植病虫害造成龙舌兰大量减产，其原料价格迄今仍在直线飙涨。为了维持不至于过高的售价，许多酒厂纷纷把原本是纯龙舌兰成分的产品款式降级成混用其他原料的 Mixto，因此购买相关产品的时候应该多看标签，不要以为这瓶酒品牌与品名都与之前买过的一样，其成分原料就会与以往相同。

（三）蒸馏厂注册号码

蒸馏厂注册号码，Normas Official Mexicana（墨西哥官方标准，简称 NOM），是每一家经过合法注册的墨西哥龙舌兰酒厂都会拥有的代码。目前墨西哥约有 70 家蒸馏厂，制造出超过 500 种的品牌销售国内外，NOM 编号等于是这些酒的"出生证明"，从上面可以看出这瓶酒的制造者是谁（但并不一定能看得出是哪家工厂制造的，因为酒厂只需以母公司的名义注册就可取得 NOM）。

（四）CRT 标章

这标章的出现代表这瓶产品是有受到 CRT（Consejo Regulador del Tequila，龙舌兰酒规范委员会）的监督与认证，然而，它只保证了产品符合法规要求的制造程序，并不确保产品的风味与品质表现。

（五）识别生产厂商

从龙舌兰酒标签上的 NOM 编号，可以看出该产品实际上的制造厂商是谁。注意有些酒厂会同时替多家品牌生产龙舌兰酒，甚至有可能是由互相竞争的品牌分别销售。当然，既然有一厂多牌的现象，一个品牌底下有多个 NOM 编号也有可能。

七、龙舌兰的饮用方法

墨西哥传统的龙舌兰喝法十分特别，也颇需一番技巧。首先把盐撒在手背虎口上，用拇指和食指握一小杯纯龙舌兰酒，再用无名指和中指夹一片柠檬片。迅速舔一口虎口上的盐，接着将酒一饮而尽，再咬一口柠檬片，整个过程一气呵成，无论风味或是饮用技法，都堪称一绝。

除此之外，龙舌兰酒也适宜冰镇后纯饮，或是加冰块饮用。它特有的风味，更适合调制各种鸡尾酒。

此外，附带一提的是 Mezcal 酒，通常墨西哥以外的国家饮用较不普遍，但还是可以买得到，它的瓶底置有食龙舌兰植物根部的小虫，据说，喝酒吞下它，能带给饮者勇气。不过在标签上标有 Tequila 字样的酒瓶里，绝不会出现这种无大害的小虫。

龙舌兰的一般饮用方法有以下几种：

① 杯口抹盐加片柠檬一口饮尽。

② 纯饮。

③ 加冰块。

④ 作为鸡尾酒的基酒。

第七节 朗姆酒（Rum）

一、简介

朗姆酒又称火酒，它的绰号是海盗之酒，因为过去横行在加勒比海地区的海盗都喜欢喝朗姆酒。朗姆酒的原料为甘蔗。

朗姆酒是用甘蔗压出来的糖汁，经过发酵、蒸馏而成。此种酒的主要生产特点是：选择特殊的生香（产酯）酵母和加入产生有机酸的细菌，共同发酵后，再经蒸馏陈酿而成。

朗姆酒的产地是西半球的西印度群岛，以及美国、墨西哥、古巴、牙买加、海地、多米尼加、特立尼达和多巴哥、圭亚那、巴西等国家。另外，非洲岛国马达加斯加也出产朗姆酒。

朗姆酒口感甜润，芬芳馥郁。朗姆酒是制糖业的一种副产品，它以蔗糖为原料，先制成糖蜜，再经发酵、蒸馏，在橡木桶中储存 3 年以上而成。 根据不同的原料和不同酿制方法，朗姆酒可分为朗姆白酒、朗姆老酒、淡朗姆酒、朗姆常酒、强香朗姆酒等，此酒酒精度 42% ~ 50%，酒液有琥珀色、棕色，也有无色的。

二、朗姆酒的由来

16 世纪，哥伦布发现新大陆后，在西印度群岛一带广泛种植甘蔗，榨取甘蔗制糖，在制糖时剩下许多残渣，这种副产品称为糖蜜。人们把糖蜜、甘蔗汁在一起蒸馏，就形成新的蒸馏酒。但当时的酿造方法非常简单，酒质不好，这种酒只是种植园的奴隶们喝，而奴隶主们喝葡萄酒。后来蒸馏技术得到改进，把酒放在木桶里储存一段时间，就成为爽口的朗姆酒了。

那么，为什么称这种甘蔗酒为朗姆酒呢？说法很多，其中英国人对朗姆酒的起源有这样的描述：1745 年，英国海军上将弗农在航海时发现手下的士兵患了坏血病，因此，他命令士兵们停止喝啤酒，改喝西印度群岛的新饮料，凑巧把病治好了。这些士兵为感谢他，称弗农上将为老古怪，而把这种酒精饮料称为朗姆。

三、类型

（一）根据颜色分类

1．银朗姆（Silver Rum）

银朗姆又称白朗姆，是指蒸馏后的酒需经活性炭过滤后入桶陈酿 1 年以上。酒味较干，香味不浓。

2．金郎姆（Golden Rum）

金朗姆又称琥珀朗姆，是指蒸馏后的酒需存入内侧灼焦的旧橡木桶中至少陈酿 3 年。酒色较深，酒味略甜，香味较浓。

3．黑朗姆（Dark Rum）

黑朗姆又称红朗姆，是指在生产过程中加入一定的香料汁液或焦糖调色剂的朗姆酒。酒色较浓（深褐色或棕红色），酒味芳醇。

（二）根据风味特征分类

根据风味特征，可将朗姆酒分为浓香型和轻香型。

1．浓香型

首先将甘蔗糖澄清，再放入能产丁酸的细菌和产酒精的酵母菌，发酵 10 天以上，用壶式锅间歇蒸馏，得到酒精度为 85% 左右的无色原朗姆酒，在木桶中贮存多年后勾兑成金黄色或淡棕色的成品酒。

2．轻香型

甘蔗糖只加酵母，发酵期短，塔式连续蒸馏，产出酒精度为 95% 的原酒，贮存并勾兑成浅黄色到金黄色的成品酒，以古巴朗姆为代表。

（三）根据品质分类

1．酒体轻盈、酒味极干的朗姆酒

这类朗姆酒主要由西印度群岛属西班牙语系的国家生产，如古巴、波多黎各、维尔京群岛（Virgin Islands）、多米尼加、墨西哥、委内瑞拉等，其中以古巴朗姆酒最负盛名。

2．酒体丰厚、酒味浓烈的朗姆酒

这类朗姆酒多为古巴、牙买加和马提尼克的产品。酒在木桶中陈年的时间长达 5 ～ 7 年，甚至 15 年，有的要在酒液中加焦糖调色剂（如古巴朗姆酒），因此其色泽金黄、深红。

3．酒体轻盈、酒味芳香的朗姆酒

这类朗姆酒主要是古巴、爪哇群岛的产品，其酒香气味是由芳香类药材所致。芳香朗姆酒一般要贮存 10 年左右。较著名的有 Mulata（混血姑娘）朗姆酒。

四、名品

朗姆酒的代表品牌主要有波多黎各的百加地（Bacardi），牙买加的摩根船长（Captain Morgan）、美雅士（Myers）等。下面简单介绍几种朗姆酒品牌。

1．百加地（Bacardi）

百加地创始人在 1862 年创制而成，经由陈年酿制，具有不凡的甘醇和清新口感。它可以和任何软饮料调和，直接加果汁或者放入冰块后饮用，被誉为"随瓶酒吧"，是热门酒吧的首选品牌，一直被用来调制全球传奇的鸡尾酒。

2．摩根上尉（Captain Morgan）

由林肯朗姆制造，由摩根·冒路卡路公司生产。与一般的朗姆酒不同，它使用了辣椒并带有天然的香气。1983 年，以朗姆酒为原料制造的新产品高路特诞生。

3．美雅士（Myers）

美雅士是牙买加最上等的朗姆酒，并获优质金章奖。美雅士浓郁丰富的酒味，是选用酿化 5 年以上、品质最出众的朗姆酒调配而成，与汽水或柑橘酒混饮，配搭完美。

4．混血姑娘（Mulata）

它是甘蔗朗姆酒，由维亚克拉拉圣菲朗姆酒公司生产。将蒸馏后的酒置于橡木桶内熟成，有多种香型和口味。

5．郎立可（Ronrico）

它是普路拖利库生产的朗姆酒。1860 年创立，酒名是由朗姆和丰富两个词合并而成的。酒品分为白色和蓝色，高路特型酒是需要木桶熟成的。

6．拉姆斯（Lambs）

它是马铃薯朗姆酒。英国海军与朗姆酒的关系源远流长，并且留有许多逸话。1655—1970 年的每一天，英国海军都要发放朗姆酒，此酒的酒名是由海军士兵们起的，属浅色类型。

7．柠檬哈托（Lemon Hart）

嘎纳产朗姆酒，哈托是经营砂糖和朗姆酒的贸易商，曾经为英国海军供应过朗姆酒。1804 年开始经营品牌。此酒酒精度为 75.5%。

8．唐 Q（Don Q）

此酒由塞拉内公司生产，酒名就叫唐 Q，商标中对香味和口味均有描述。此酒属浅色品种，除了金色还有水晶色。

五、朗姆酒的饮用

朗姆酒的饮用也是很有趣的。在出产地，人们大多喜欢喝纯朗姆酒，不加以调和，实际上这是品尝朗姆酒最好的方法。而在美国，一般朗姆酒用来调制鸡尾酒。朗姆酒的用途也很多，它可用作甜点的调味品，在加工烟草时加入朗姆酒可以增加风味。

朗姆酒可以直接单独饮用，也可以与其他饮料混合成好喝的鸡尾酒，在晚餐时作为开胃酒来喝，也可以在晚餐后喝。在重要的宴会上它是极好的伴侣。

世人对朗姆酒也有许多评价，英国大诗人威廉·詹姆斯说："朗姆酒是男人用来博取女人芳心的最大法宝。它可以使女人从冷若冰霜变得柔情似水。"

第八节 中国白酒（Chinese Liqor）

白酒又叫白干、烧酒等，是我国的传统酒种，历史久，分布广，与人民生活密切相关。白酒类型繁多，风格不同，类型有大曲酒、小曲酒、麸曲酒，香型有酱香、浓香、米香、清香、兼香和其他香型多种。白酒要求色：无色透明；香：柔和扑鼻，具有本品特有的气味；味：柔和爽口，饭后余香带甜无异味；风格：按照类型要求具有独特的风格，如茅台酒是大曲酱香，汾酒是大曲清香，五粮液是大曲浓香，桂林三花酒是小曲米香，六曲香为麸曲清香，白沙液为大曲兼香等。

一、中国白酒的香型特点

1．酱香型

以贵州茅台酒为代表，又称茅香型。其特点是香而不酽，幽雅细致，郁而不猛，柔和绵长。

2．浓香型

以四川泸州老窖特曲为代表，又称泸香型或窖香型。其突出的特点是喷香，开瓶时香喷四座，绵柔甘洌，净爽醇厚。

3．清香型

以山西汾酒为代表，又称汾香型。其特点是清香芬芳，酒味纯正，甜润爽口。

4．米香型

以桂林三花酒为代表，也称蜜香。其特点是入口绵甜，清洌甘爽，口味纯正且带有药香。

5．兼香型

综合上述香型特点的，称为兼香。这种酒的闻香、口香和回味香各异，具一酒多香的特点。例如湖北的白云边酒，嗅香是清香的特点，入口有浓香的感觉，回味是茅香。

6．其他香型

除以上5种香型之外的酒，称之为其他香型。例如贵州的董酒，既有大曲酒的浓郁芳香，又有小曲酒的醇和、回甜，香型独特。

二、中国白酒的名品

1．茅台酒

茅台酒产自贵州省仁怀县茅台镇茅台酒厂。它以精选高粱为原料，用小麦制高温曲，采用由山泉汇流的赤水河之水，2次投料，8次高温发酵，7次蒸馏取酒，贮存3年以后勾兑出厂。酒精度53%，酒液清亮透明，入口醇香馥郁，酱香突出，幽雅细腻，郁而不猛，香气持久，回味绵长。

茅台酒具有270多年的历史，曾在1915年的巴拿马万国博览会上，被评为世界名酒；1953年、1963年、1979年全国评酒会上，连续被评为国家名酒；1984年又获轻工业部酒类质量大赛金杯奖。

2．汾酒

汾酒产自山西汾阳县杏花村汾酒厂。汾酒是我国古老的名酒，以山西著名的"一把抓"高粱为原料，用大麦、豌豆制曲，采用神泉井水酿制而成。其特点是酒液无色透明，酒精度65%，味道醇厚，入口绵，落口甜，饮后余香不断。汾酒在1915年巴拿马万国博览会上获金奖，又于1953年、1963年、1979年三次获全国评酒会国家名酒称号，1984年又获轻工业都酒类质量大赛金杯奖。

3．五粮液

五粮液产自四川省宜宾市五粮液酒厂。它是用高粱、大米、小麦、糯米、玉米5种粮食制成。酒精度60%，该酒以香气悠久、酒味醇厚、入口甘美、入喉净爽、各味协调、恰到好处的特点而独具一格。开瓶时，喷香扑鼻；入口时，满口生香；饮用时，四座皆香；饮用后，余香不尽。宜宾酿酒有1 000多年的历史。据四川省文物管理委员会鉴定，现生产五粮液的老窖系明代遗物，距今已有500多年的历史。五粮液在1963年、1979年全国评酒会上获金奖。

4．剑南春

剑南春产自四川省绵竹酒厂。它以高粱、大米、糯米、玉米、小麦为原料，酒精度60%，酒液无色透明，醇香浓郁，清冽甘爽，回味悠长，属浓香型。此酒获1979年全国评酒会金奖。

5．古井贡酒

古井贡酒产自安徽亳县古井酒厂。其以优质高粱为原料，选用古井水，用陈年发酵法制成。其酒精度60%～62%，酒液清澈如水晶，纯香似幽兰，入口甘美醇和，回味绵长，在1963年、1979年、1984年被评为国家名酒。

6．洋河大曲

洋河大曲产自江苏省酒阳县洋河酒厂。其以糯高粱为原料，属浓香型酒。普通洋河大曲酒精度为60%，优质洋河大曲为64%，出口酒为55%，酒液清澈透明，醇香浓郁，绵柔长润，质原味鲜，在1979年、1984年荣获国家名酒称号。

7．董酒

董酒产自贵州省遵义市董酒厂。其以糯高粱为主要原料，酒精度是58%～60%，属其他香型。酒液晶莹透明，敞杯芳香扑鼻，入口甘美清爽，饮后香甜味长，具体讲：既有大曲酒的浓郁芳香、甘洌爽口，又有小曲酒的柔绵、醇和、回甜的特点，并略带药香。该酒获 1963 年、1979 年、1984 年国家名酒称号。

8．泸州老窖特曲酒

泸州老窖产自四川省泸州酒厂，以糯高粱为原料，用老窖发酵，酒精度 60%，属浓香型，醇香浓郁，清洌甘爽，回味悠长。其产品等级分为特曲——中国名酒、头曲——省级名酒，二曲、三曲为普通酒。产品畅销欧美、南洋等地，享有盛誉。1953 年、1963 年、1979 年、1984 年连续被评为金奖产品。

本章小结

以水果或谷物为原料，经发酵、蒸馏而成的含酒精度高的酒统称为蒸馏酒。谷物蒸馏酒有威士忌、金酒、伏特加、中国的白酒；果味蒸馏酒有白兰地、朗姆酒、特基拉酒等。

以上蒸馏酒一般在餐前或餐后饮用（中国白酒例外），可以净饮（特别是高级的白兰地和葡萄酒），也可以加冰块、加果汁或加汽水兑饮，蒸馏酒还是调制鸡尾酒的基酒。

思考题

1．蒸馏酒的概念、特点及简单的生产工艺是怎样的？

2．简述威士忌、金酒、伏特加、白兰地、朗姆酒、特基拉酒的特点、生产工艺、分类、品种、名品、饮用与服务方式。

3．橡木桶储酒对酒品的影响是什么？

4．白兰地酒标上英文字母的含义是什么？它与酒品质量的关系是怎样的？

第四章

配制酒
(Integrated Alcoholic Drinks)

本章学习目标

1. 掌握配制酒的概念、分类、生产工艺、名品
2. 掌握各种酒品的饮用与服务方式

第一节 配制酒简介

配制酒，又称调制酒，是酒里面一个特殊的品种，不专属于哪个酒类，是混合的酒品。配制酒是一个比较复杂的酒品系列，它的诞生晚于其他单一酒品，但发展很快。配制酒主要有两种配制工艺，一种是在酒和酒之间进行勾兑配制，另一种是以酒与非酒精物质（包括液体、固体和气体）进行勾调配制。

配制酒（Integrated Alcoholic Drinks）是以发酵酒、蒸馏酒或食用酒精为酒基，加入可食用的花、果、动植物或中草药，或以食品添加剂为呈色、呈香及呈味物质，采用浸泡、煮沸、复蒸等不同工艺加工而成的改变了其原酒基风格的酒。配制酒分为植物类配制酒、动物类配制酒、动植物配制酒及其他配制酒。

配制酒的酒基可以是原汁酒，也可以是蒸馏酒，还可以两者兼用。配制酒较有名的也是欧洲主要产酒国，其中法国、意大利、匈牙利、希腊、瑞士、英国、德国、荷兰等国的产品最为有名。

配制酒的品种繁多，风格各有不同，划分类别比较困难，较流行的分类法是分为三大类：开胃酒（Aperitif）、餐后甜酒（Dessert Wine）、利口酒（Liqueur），还有中国的配制酒，如药酒。

第二节 开胃酒

开胃酒的名称来源于在餐前饮用能增加食欲。能开胃的酒有许多，如威士忌、伏特加、金酒、香槟酒，以及某些葡萄原汁酒和果酒等，都是比较好的开胃酒精饮料。开胃酒的概念是比较含糊的，随着饮酒习惯的演变，开胃酒逐渐被专指为以葡萄酒和某些蒸馏酒为主要原料的配制酒，如 Vermouth（味美思）、Bitter（比特酒）、Anise（茴香酒）等。这就是开胃酒的两种定义：前者泛指在餐前饮用能增加食欲的所有酒精饮料，后者专指以葡萄酒基或蒸馏酒基为主的有开胃功能的酒精饮料。

一、味美思酒（Vermouth）

Vermouth 可能是从古德语 Wermut 或者是由盎格鲁·撒克逊语 Wermod 演变过来的，它们都指一种叫苦艾的植物。

味美思酒的主要成分是葡萄酒，约占 80%，以干白葡萄酒为酒基，另一种主要成分是各种各样的配制香料。生产者对自己产品的配方是很保密的，但大体上有这样一些原料，如蒿属植物、金鸡纳树皮、木炭精、鸢尾草、小茴香、豆蔻、龙胆、牛至、安息香、可可豆、生姜、芦荟、桂皮、白芷、春白菊、丁香、苦橘、风轮菜、鼠尾草、接骨木、百里香、香草、陈皮、玫瑰花、杜松子、苦艾、海索草等。

味美思的分类方法通常有两种：按品种可分为 4 类，它们分别是干味美思、白味美思、红陈美思、都灵味美思；按生产国划分，种类较多，最为著名的是意大利味美思和法兰西味美思。

1. 干味美思酒（Vermouth Dry 或 Sec）

干味美思酒的含糖量不超过 4%，酒精度在 18% 左右。意大利干味美思酒呈淡白或淡黄色，法兰西干味美思酒呈草黄棕黄色。

2．白味美思酒（Vermouth Blanc 或 Bianco）

白味美思酒的含糖量为 10% ～ 15%，酒精度 18%，色泽金黄，香气柔美，口味鲜嫩。

3．红味美思酒（Vermouth Rouge、Rosso 或 Sweet）

红味美思酒的含糖量为 15%，酒精度 18%，色泽琥珀黄，香气浓郁，口味独特。

4．都灵味美思酒（Vermouth de Turin 或 Torino）

都灵味美思酒的酒精度在 15.5% ～ 16% 之间，调香用量较大，香气浓烈扑鼻，有桂香味美思（桂皮）、金香味美思（金鸡纳）、苦香味美思（苦味草料）等。

5．意大利味美思酒（Vermouth Itlien）

意大利生产以上 4 种味美思酒，以后 3 种甜型酒（Bianco、Rosso、Torino）最为出名。列举一部分著名意大利味美思酒名牌产品如下：

Cinzano（仙山露）　　　（干、白、红）

Martini（马提尼）　　　（干、白、红）

Gancia（干霞）　　　　（干、白、红）

Carpano（卡帕诺）　　　（都灵）

Riccadonna（利开多纳）　（白、红）

干马提尼（Martini Dry）　　红仙山露（Cinzano Rosso）　　干仙山露（Cinzano Dry）

6．法兰西味美思酒（Vermouth Francais）

法兰西生产除都灵以外的 3 种类型的味美思酒，以干味美思最有名气，法兰西味美思酒名牌产品如 Chambéry（香百丽）、Duval（杜法尔）、Noilly Prat（诺瓦丽·普拉）。

二、比特酒（Bitter）

比特酒从古药酒演变而来，至今还保留着药用和滋补的效用。

比特酒品种繁多，有清香型比特，也有浓香型比特；有淡色比特，也有深色比特；有比特酒，也有比特精（不含酒精成分）。各种比特之间都有一个共同点，那就是它们的苦味和药味。用于配制比特酒的调料和药材主要是带苦味的草卉和植物的茎根与表皮。如阿尔卑斯草、龙胆皮、苦橘皮、柠檬皮等。比特酒的强补、助消化和兴奋功效是很显著的。

比特酒配制的酒基用葡萄酒和食用酒精，现在比特酒生产越来越多地采用食用酒精直接与草药精接兑的工艺。酒精度一般在 16% ～ 40% 之间，也有少数超出这个范围的。

世界上比较有名的比特酒主要产自意大利、法国、特立尼达、荷兰、英国、德国、美国、匈牙利等国。下面介绍若干著名比特酒。

1．Campari（康巴丽，又译金巴丽）

康巴丽产于意大利米兰（Milano），是著名的比特酒之一。酒液呈棕红色，药味浓郁，口感微苦而舒适。康巴丽的配制原料中有陈皮和其他草药，苦味来自于金鸡纳霜，适于制作混合酒，酒精度26%。

2．Cynar（西娜尔，又译菊芋酒）

西娜尔产自意大利，是著名的比特酒之一。它是由蓟和其他草药浸泡于酒而配制成的。蓟味甚浓，微苦，酒精度17%。

3．Fernet Branca（妃尔奶·布郎卡，又译菲奈脱·白兰加）

妃尔奶·布郎卡产于意大利米兰，是意大利最有名的比特酒之一。此酒以多种草木、根茎植物为调制原料，味甚苦，号称"苦酒之王"。但其药用功效显著，尤其适用于酿酒和健胃等用药，以及制作混合酒，酒精度40%。

4．Amer Piconn（苦·彼功，又译亚玛·匹康）

苦·彼功产于法国，是著名的比特酒之一。它的配制原料主要有金鸡纳霜、陈皮和其他多种草药。苦·彼功以苦著称，酒液酷似糖浆，饮用时只用少许，再掺和其他饮料共饮，酒精度21%。

5．Suze（苏滋，又译苏伊士）

苏滋产于法国，是著名的比特酒之一。它的配制原料是龙胆草的根块。酒液呈橘黄色，口味微苦、甘润，糖分含量20%，酒精度16%。

6．Dubonnet（杜宝奶，又译杜波内）

杜宝奶产于法国巴黎，是著名的比特酒之一。它主要采用金鸡纳皮，浸于白葡萄酒，再配以其他原料草药。酒色深红，药香突出，苦味中带有甜味，风格独特。杜宝奶有红、黄、干3种类型，以红杜宝奶最出名，酒精度16%。美国也有生产。

7．Angostura（安高斯杜拉，又译恩科斯脱拉）

安高斯杜拉产于特立尼达，是世界最著名的比特酒之一。该酒以朗姆酒为酒基，以龙胆草为主要调制原料。安高斯杜拉酒呈褐红色，药香悦人，口味微苦但十分爽适，有微量毒性，深受拉美国人喜爱，酒精度44%，常用于调酒。

三、茴香酒 (Anisés)

茴香酒，顾名思义，与茴香是有密切关系的。茴香酒实际上是用茴香油与食用酒精或蒸馏酒配制的酒。茴香油中含有大量的苦艾素。度数高于45%的酒精可以溶解茴香油。茴香油一般从八角茴香和青茴香中提炼取得，八角茴香油多用于开胃酒制作，青茴香油多用于利口酒

法国的里卡尔
（Ricard）（染色）

制作。

由于茴香酒中含有一定的苦艾素，它曾在一些国家中几度遭禁。目前世界知名的茴香酒有含苦艾素的，也有不含苦艾素的。茴香酒品以法国产品较为有名。

茴香酒有无色和染色之分，酒液视品种而呈不同色泽。一般都有较好的光泽，茴香味甚浓，馥郁迷人，口感不同寻常，味重而有刺激，酒精度25%左右。较有名的法国茴香酒有：Ricard（里卡尔）（染色）、Pastis 51（巴斯的士）（染色）、Pernod（培诺）（茴青色）、Berger Blanc（白羊倌）（白色）。（注：凡有"Pastis"字样的酒品，调制时都加有甘草油，以使酒味更加绵柔和顺。）

其他较为有名的开胃酒还有 Ouzo（乌朱）（希腊）、Raphaël（拉法爱尔）（法国）、Byrrh（比赫）（法国）、Americano（阿美利加诺）（意大利）、Cin（辛）（意大利）。

希腊的乌朱（Ouzo）

第三节 餐后甜酒

甜品是西餐中的最后一道菜，一般是甜点和水果，与之佐助的酒也是口味较甜的，常常以葡萄酒基为主体进行配制。但与利口酒有明显区别，后者虽然也是甜酒，但它的主要酒基一般是蒸馏酒。餐后甜酒的主要生产国有葡萄牙、西班牙、意大利、希腊、匈牙利、法国南方等。

下面介绍几种著名的餐后甜酒。

一、波特酒（Port）

Port 产于葡萄牙杜罗（Douro）河一带，在波尔图港进行储存和销售。Port 是用葡萄原汁酒与葡萄蒸馏酒勾兑而成的，有白和红两类。白波特酒有金黄色、草黄色、淡黄色之分，是葡萄牙人和法国人喜爱的开胃酒。红波特酒作为甜食酒在世界上享有很高的声誉，有黑红、深红、宝石红、茶红 4 种，统称为色酒（Tinto）。红波特酒的香气浓郁芬芳，果香和酒香协调，口味醇厚、鲜美、圆润，有甜、半甜、干 3 种类型。最受欢迎的是 1945 年、1963 年、1970 年的产品。

波特酒在市场上分 3 个品种销售：Quintas（青大）、Vintages（佳酿）、L.B.V.（陈酿）。著名的产品有 Cookburn（库克本）、Croft（克罗夫特）、Dow's（道斯）、Fonseca（方瑟卡）、Silva（西尔法）、Sandeman（桑德曼）、Warres（沃尔）、Taylors（泰勒）。

波特酒系列

二、雪利酒（Sherry）

Sherry 产于西班牙的加勒斯（Jerez），英国人称其为 Sherry，法国人则称其为 Xérés。英国人嗜好雪利酒胜过西班牙人，人们遂以英名相称此酒。雪利酒以加勒斯所产的葡萄酒为酒基，勾兑当地的葡萄蒸馏酒，逐年换桶陈酿，陈酿 15 ~ 20 年时，质量最好，风格也达极点。 雪利酒分为两大类：Fino（菲奴）和 Oloroso（奥罗路索），其他品种均为这两类的变型。

1. Fino

它颜色淡黄，是雪利酒中色泽最淡的；香气精细优雅，给人以清新之感，就像新苹果刚摘下来时的香气一样，十分悦人；口味甘洌、清新、爽快；酒精度在 15.5% ~ 17% 之间。菲奴不宜久藏，最多贮存两年。当地人往往只买半瓶，喝完再购。Manzanilla（曼赞尼拉）是一种陈酿的菲奴，此酒微红色，透亮晶莹，香气与菲奴接近，但更醇美，常有杏仁苦味的回香，令人舒畅。西班牙人最喜爱此酒。Palma（巴尔玛）雪利酒是菲奴的出口学名，分 1、2、3、4 档，档次越高，酒越陈。Amontillaclo（阿蒙提拉多）是菲奴的一个品种，它的色泽十分美丽沉稳，香气带有核桃仁味，口味甘洌而清淡，酒精度在 15.2% ~ 22.8% 之间。

2. Oloroso

它与菲奴有所不同，是强香型酒。它呈金黄棕红色，透明晶亮；香气浓郁扑鼻，具有典型的核桃仁香味，越陈越香；口味浓烈、柔绵，酒体丰满。酒精度 18% ~ 20%，也有 24%、25% 的，但为数不多。Palo Cortado（巴罗高大多）是雪利酒中的珍品，市场上供应很少，风格很像菲奴，人称"具有菲奴酒香的奥罗路索"，大多陈酿 20 年再上市。Amoroso（阿莫路索）又叫"爱情酒"，是用 Oloroso 与甜酒勾兑而成的 Sherry 酒，呈深红色，有的近乎棕红色，加有添加剂，香气与 Oloroso 接近，但不那么突出，甘甜圆正，英国人爱好此酒。

雪利酒的名牌产品有 Croft、De Terry、Domecq、Duke Wellington、Duff Gordon、Harvers、Mérito、Misa、Montilla 等。

三、玛德拉酒（Madeira）

玛德拉岛地处大西洋，长期以来为西班牙所占领。玛德拉酒产于此岛，是用当地生产的葡萄酒和葡萄烧酒为基本原料勾兑而成，十分受人喜爱。玛德拉酒是上好的开胃酒，也是世界上屈指可数的优质甜食酒。

玛德拉酒分为四大类：Sercial（舍西亚尔）、Verdelho（弗德罗）、Bual（布阿尔）、Malmser（玛尔姆赛）。

舍西亚尔是干型酒，酒色金黄或淡黄，色泽艳丽，香气优美，人称"香魂"，口味醇厚、浓正，西方厨师常用它做料酒。弗德罗也是干型酒，但比舍西亚尔稍甜一点。布阿尔是半干型或半甜型酒。玛尔姆赛是甜型酒，是玛德拉酒家族中享誉最高的酒。此酒呈棕黄色或褐黄色，香气悦人，口味极佳，比其他同类酒更醇厚浓重，风格和酒体给人以富贵豪华的感觉。玛德拉酒的酒精度大多为 16% ~ 18%。

玛德拉酒的名品有 Borges（鲍尔日）、Crown Barbeito（巴贝都王冠）、Leacock（利高克）、Franca（法兰加）等。

四、马拉加酒（Malaga）

马拉加酒产于西班牙安达卢西亚的马拉加地区，酿造方法颇似波特酒。酒精度在 14% ~ 23% 之间，此酒在餐后甜酒和开胃酒中比不上其他同类产品，但它具有显著的强补作用，较为适合病人和疗养者饮用。较有名的有 Flores Hermanos、Felix、Hijos、José、Larios、Louis、Mata、Pérez Texeira 等。

五、马尔萨拉酒（Marsala）

马尔萨拉酒产于意大利西西里岛西北部的 Marsala 一带，是由葡萄酒和葡萄蒸馏酒勾兑而成的，它与波尔图、雪利酒齐名。该酒呈金黄带棕色，香气芬芳，口味舒爽、甘润。根据陈酿的时间不同，马尔萨拉酒风格也有所区别。陈酿 4 个月的酒称为 Fine（精酿），陈酿 2 年的酒称为 Superiore（优酿），陈酿 5 年的酒称为 Verfine（特精酿）。

较为有名的马尔萨拉酒有 Gran Chef（厨师长）、Florio（佛罗里欧）、Rallo（拉罗）、Peliegrino（佩勒克利诺）等。

第四节 利口酒

利口酒是一类以蒸馏酒为酒基，配制各种调香物，并经甜化处理的酒精饮料。利口酒也称为"甜酒"，它具有 3 个显著的特征：调香物只采用浸制或兑制的方法加入酒基内，不做任何蒸馏处理；甜化剂是食糖或糖浆；利口酒大多在餐后饮用。利口酒的酒精度比较高，一般在 20% ~ 45% 之间。调香物质有果类、草类和植物种子类等。

一、果类利口酒（Liqueurs de Fruits）

果类利口酒一般采用浸泡法酿制，其突出风格是口味清爽新鲜。

1．Curacao（库拉索酒）

库拉索酒产于荷属库拉索岛，该岛位于距离委内瑞拉 60 km 的加勒比海中。库拉索酒是由橘皮调香浸制成的利口酒，有无色透明的，也有呈粉红色、绿色、蓝色的，橘香悦人，香馨优雅，味微苦但十分爽适。酒精度在 25% ~ 35% 之间，比较适合作为餐后酒或配制鸡尾酒。

2．Grand Marnier（大马尼尔酒）

大马尼尔酒产于法国科涅克（Cognac）地区，是用苦橘皮浸制成"橘精"调香配制而成的果类利口酒。大马尼尔酒是库拉索酒的仿制品。

大马尼尔酒有红标和黄标两种，红标是以科涅克为酒基，黄标则是以其他蒸馏酒为酒基。它们的橘香都很突出，口味凶烈，甘甜，醇浓，酒精度在 40% 左右，属特精制利口酒。

投放市场的大马尼尔酒还有另外两个产品：一是"百年酿"（Cuvée du Centenaire），二是"雪利马尼尔"（Cherry Marnier）。

3．Cusenier Orange（库舍涅橘酒）

库舍涅橘酒产于法国巴黎，配制原料是苦橘和甜橘皮。库舍涅橘酒也是库拉索的仿制品，风格与库拉索相仿，略为逊色，酒精度 40%。

4．Cointreau（冠特浩酒）

冠特浩酒在世界上很有名气，产量较大，主要由法国和美国的冠特浩酒厂生产，是用苦橘皮和甜橘皮浸制而成。它也是库拉索酒的仿制品，酒精度 40%，较适于餐后酒和兑水饮料。

同属库拉索一类的橘酒还有：库拉索三干酒（Curacao Triple sec），酒精度 39%；库拉索橘酒（Curacao Orange），酒精度 30%；蜜橘利口酒（Liqueur de mandarine），酒精度 25%；金水酒（Eau D'or）；橘烧酒（Flam Orange）；梅道克真酒（Cordial Médoc）等。

5．Maraschino（马拉希奴酒）

马拉希奴酒又名"马拉斯钦"（Marasquin），原产于南斯拉夫境内的萨拉（Zara）一带，第二次世界大战后转向意大利威尼斯地区，主要产于帕多瓦（Padoue）附近。

马拉希奴酒以樱桃为配料，樱桃带核先制成樱桃酒，再兑入蒸馏酒配制成利口酒。马拉希奴酒有两个牌号，一个是 Luxado，另一个是 Drioli，它们都具有浓郁的果香，口味醇美甘甜，酒精度在 25% 上下，属精制利口酒，适于餐后或配制鸡尾酒。

6．Liqueurs d'apricots（利口杏酒）

杏子是利口酒极好的配料，可以直接浸制，也可以先制成杏酒，再兑白兰地。酒精度在 20% ~ 30% 之间。世界较有名的利口杏酒有：Kecskmet（凯克斯克麦特），产于匈牙利；Abricotine Garnier（加尼尔杏酒），产于法国。

7．Cassis（卡悉酒）

卡悉酒又名黑加仑子酒，产于法国第荣（Dijon）一带，酒呈深红色，乳状，果香优雅，口味甘润，维生素 C 的含量十分丰富，是利口酒中最富营养的饮品。其酒精度在 20% ~ 30% 之间，适于餐后、兑水、配鸡尾饮用等。

卡悉的名牌产品有 Cassis de Dijon（第荣卡悉）、Cassis de Beaune（博恩卡悉）、Sisca（悉斯卡）、Supercassis（超级卡悉）等。

可用来配制利口酒的果料有很多，如菠萝、香蕉、草莓、覆盆子、橘子、柠檬、李子、柚子、桑葚、椰子、甜瓜等。

注意：Bols 公司是荷兰古老企业之一。早在 1575 年，卢卡斯·波尔斯（Lucas Bols）先生就开始在阿姆斯特丹酿造烈性甜酒。今天，Bols 公司主要致力于酿造烈性甜酒和金酒，其中 Bols 牌系列利口酒在世界鸡尾酒消费市场上占有重要地位。

Bols 牌系列利口酒

二、草类利口酒（Liqueurs de Plantes）

草类利口酒的配制原料是草本植物，制酒工艺较为复杂，有点秘传色彩，让人感到神秘难测。生产者对其配方严加保密，人们只能了解其中的大概情况。

1. Chartreuse（修道院酒）

修道院酒是法国修士发明的一种驰名世界的配制酒，目前仍然由法国 Isère（依赛）地区的卡尔特教团大修道院所生产。修道院酒的秘方至今仍掌握在教士们的手中，从不披露。经分析表明：该酒用葡萄蒸馏酒为酒基，浸制 130 余种阿尔卑斯山区的草药，其中有虎耳草、风铃草、龙胆草等，再配兑以蜂蜜等原料，成酒需陈酿 3 年以上，有的长达 12 年之久。

修道院酒中最有名的叫修道院绿酒（Chartreuse verte），酒精度 55% 左右；其次是修道院黄酒（Chartreuse jaune），酒精度 40% 左右；还有陈酿绿酒（V.E.P.verte），酒精度 54% 左右；陈酿黄酒（V.E.P.jaune），酒精度 42% 左右；驰酒（Elixir），酒精度 71% 左右。修道院酒是草类利口酒中一个主要品种，属特精制利口酒。

2. Bénédictine（修士酒）

修士酒又译为本尼狄克丁，也有人称之为泵酒。此酒产于法国诺曼底地区的费康（Fécamp），是很有名的一种利口酒。此酒祖传秘方，参照教士的炼金术配制而成，人们虽然对它有所了解，但仍然没有完全弄清楚它的细节。

修士酒用葡萄蒸馏酒做酒基，用 27 种草药调香，其中有海索草、蜜蜂花、当归、芜荽、丁香、肉豆蔻、茶叶、没药、桂皮等，再掺兑糖液和蜂蜜，经过提炼、冲沏、浸泡、掐头去尾、勾兑等工序制成。

修士酒在世界市场上获得了很大成功。生产者又用修士酒和白兰地兑和，制出另一新产品，命名为"B and B"（Bénédictine and Brandy），酒精度为 43%，属特精制利口酒。

修士酒瓶上标有"D.O.M."字样，是一句宗教格言"Deo Optimo Maximo"的缩写，意为"奉给伟大圣明的上帝"。

3. Izarra（衣扎拉酒）

衣扎拉酒产于法国巴斯克（Basque）地区，在巴斯克族语中，Izarra 是"星星"的意思，所以衣扎拉酒又名"巴斯克星酒"。该酒调香以草类为主，也有果类和种类，先用草料与蒸馏酒做成香精，再将其兑入浸有果料和种料的阿曼涅克酒液，加入糖和蜂蜜，最后用藏红花染色而成。衣扎拉酒有绿酒和黄酒之分，绿酒含有 48 种香料，酒精度是 48%；黄酒含有 32 种香料，酒精度 40%。它们均属于特精制利口酒。

4．Verveine（马鞭草酒）

马鞭草具有清香味和药用功能，用马鞭草浸制的利口酒是一种高级药酒。主要有 3 个品种：Verveine Verte brandy（马鞭草绿白兰地酒），酒精度为 55%；Verveine Verte（马鞭草绿酒），酒精度 50%；Verveine jaune（马鞭草黄酒），酒精度 40%，均属特精制利口酒。最出名的马鞭草利口酒是 Verveine de Velay（弗莱马鞭草酒）。

5．Drambuie（涓必酒）

涓必酒产于英国，是用草药、威士忌和蜂蜜配制成的利口酒。在美国也十分流行和闻名。

6．Créme（利口乳酒）

利口乳酒是一种比较稠浓的利口酒，以草料调配的乳酒比较多，如 Crème de Menthe（薄荷乳酒）、Crème de Rose（玖瑰乳酒）、Crème de Vanille（香草乳酒）、Crème de Violette（紫罗兰乳酒）、Crème de Cannelle（桂皮乳酒）。

三、种料利口酒（Liqueurs de Graines）

种料利口酒是用植物的种子为基本原料配制的利口酒。用于配料的植物种子有许多种，制酒者往往选用那些香味较强、含油较多的坚果种子进行配制加工。

1．Anisette（茴香利口酒）

茴香利口酒起源于荷兰的阿姆斯特丹 (Amsterdam)，为地中海诸国最流行的利口酒之一。法国、意大利、西班牙、希腊、土耳其等国均生产茴香利口酒。其中以法国和意大利的最为有名。

先用茴香和酒精制成香精，再兑以蒸馏酒基和糖液，经搅拌、冷处理、澄清而成，酒精度在 30% 左右。茴香利口酒中最出名的叫 Marie Brizard（玛丽·布利查），是 18 世纪一位法国女郎的名字。该酒又称 Anisettes de Bordeaux（波尔多茴香酒），产于法国。

2．Kümmel（顾美露）

顾美露的原料是一种野生的茴香植物，名为"加维茴香"（Carvi），主要生长在北欧。顾美露产于荷兰和德国。较为出名的产品有 Allash（阿拉西，荷兰）、Bols（波尔斯，荷兰）、Fockink（弗金克，荷兰）、Wolfschmidt（沃尔夫斯密德，德国）、Mentzendorf（曼珍道夫，德国）。

3．Advocaat（荷兰蛋黄酒）

荷兰蛋黄酒产于荷兰和德国，主要配料是鸡蛋黄和杜松子。该酒香气独特，口味鲜美，酒精度在 15% ～ 20% 之间。

4. Créme de Café（咖啡乳酒）

咖啡乳酒主要产于咖啡生产国，它的原料是咖啡豆。先焙烘粉碎咖啡豆，再进行浸制和蒸馏，然后将不同的酒液进行勾兑，加糖处理，澄清过滤而成，酒精度 26% 左右。咖啡乳酒属普通利口酒。较出名的有 Kahlúa（高拉，墨西哥）、Tia Maria（蒂亚·玛丽亚）、Irish Velvet（爱尔兰绒）、Bardinet（巴笛奶，法国）、Parizot（巴黎佐，法国）。

Tia Maria（蒂亚·玛丽亚）

5. Créme de Cacao（可可乳酒）

可可乳酒主要产于西印度群岛，它的原料是可可豆种子。制酒时，将可可豆经焙烘粉碎后浸入酒精中，取一部分直接蒸馏提取酒液，然后将这两部分酒液勾兑，再加入香草和糖浆制成。较为出名的可可乳酒有 Cacao Chouao（朱傲可可）、Afrikoko（亚非可可）、Liqueurde Cacao（可可利口）。

6. Liqueurs d'Amandes（杏仁利口酒）

杏仁利口酒以杏仁和其他果仁为配料，酒液绛红发黑，果香突出，口味甘美。较为有名的杏仁利口酒有 Amaretto（阿玛雷托，意大利）、Créme Denoyaux（仁乳酒，法国）、Almond Liquers（阿尔蒙利口，英国）。

Bols 牌可可乳酒

Bols 牌 Amaretto 利口酒

Almond Liqueurs（阿尔蒙利口，英国）

四、世界著名的利口酒名品

世界著名利口酒名品及其原料构成如表 4-1 所示。

表 4-1 世界著名利口酒

名 称	基 酒	香 料	颜 色	酒 精 度
Amaretto 阿玛莱托	食用酒精	杏仁	琥珀色	24% ~ 28%
Anisette 茴香酒	食用酒精	大茴香籽、甘草	红色、无色、黄绿色	30% ~ 45%
Apricot Liqueur 利口杏酒	食用酒精	杏子	橘黄	30% ~ 35%
Baily's Irish Cream 爱尔兰奶	爱尔兰威士忌	爱尔兰巧克力	浅咖啡色	17%

续表

名　　称	基　酒	香　料	颜　　色	酒精度
Bénédictine 泵酒	食用酒精	草药、香料	深金黄色	43%
B&B B 和 B	科涅克	草药、香料	深金黄色	43%
Blackberry Liqueur 黑草莓利口酒	白兰地	黑草莓	紫红色	30%
Chartreuse 修道院酒	白兰地	草药、香料	黄、绿两种	黄40%、43% 绿 55%
Cheri-Suisse 樱桃苏滋酒	白兰地	巧克力、樱桃	粉红色	26%、30%
Cherry Liqueur 樱桃利口酒	白兰地	樱桃	红色	15% ~ 30%
Cointreau 冠特浩酒	食用酒精	白兰地、水果	无色	40%
Créme de Bananas 香蕉甜酒	科涅克	熟香蕉	黄色	25% ~ 30%
Créme de Cassis 黑加仑子酒	科涅克	黑加仑子	黑红	15% ~ 25%
Créme de Menthe 薄荷乳酒	科涅克	薄荷	绿色、无色	30%
Créme de Noyaux 果核酒	科涅克	杏仁	无色、红色	25% ~ 30%
Créme de Y'vette 也芬达甜酒	科涅克	紫罗兰、豆形胶糖	紫罗兰	18% ~ 20%
Curacao 库拉索酒	朗姆酒或白兰地	橘皮	无色、粉红、绿色、蓝色	25% ~ 35%
Drambuie 涓必酒	苏格兰威士忌	苏格兰蜂蜜、草药	金黄	40%
Foebidden Fruit 禁果甜酒	白兰地	葡萄酒	棕红	30% ~ 32%
Galliano 加利安奴甜酒	食用酒精	香草、甘草	明黄	40%
Grand Marnier 大马尼尔酒	科涅克	橘皮	淡琥珀色	40%
Küulua 咖啡甜酒	食用酒精	咖啡	褐色	20%
Kummel 顾美露甜酒	食用酒精	野蒿	无色	35% ~ 50%
Mandarine 曼达瑞甜酒	白兰地	柑橘	明黄	40%
Maraschino 马拉希奴酒	食用酒精	樱桃	无色	25%

续表

名　称	基　酒	香　料	颜　色	酒精度
Midori 米道丽甜酒	食用酒精	蜜露	绿色	33%
Ouzo 奥作甜酒	白兰地	大茴香籽、甘草	无色	45% ～ 49%
Peach Liqueurs 桃酒	食用酒精	桃	琥珀色	30% ～ 40%
Peppermint 薄荷酒	食用酒精	薄荷	无色	20% ～ 30%
Pernod 培诺	食用酒精	大茴香籽、甘草	黄绿色	45%
Peter Heering 彼得·海林	食用酒精、白兰地	樱桃	深红色	29.5%
Raspberry Liqueur 木莓甜酒	食用酒精、白兰地	木莓酱	紫红色	25% ～ 30%
Tia Maria 蒂亚·玛丽亚	朗姆酒	咖啡	褐色	36.5%
Triple Sec 库拉索三干酒	食用酒精	橘皮	无色	30% ～ 40%
Tuaca 达卡	白兰地	蛋诺、可可	棕黄	42%
Vandermint 巧克力甜薄荷酒	食用酒精	巧克力、薄荷	深棕色	26%
Vieille Cure 韦丽库甜酒	食用酒精	香草、香料	绿、黄	30%

五、利口酒与甜食酒的饮用与服务

1．净饮

甜食酒净饮时用专用酒杯，如些厘酒用些厘酒杯，将 56 mL 的些厘酒倒入 112 mL 的些厘酒杯，干些厘酒要冰镇后饮用；波特酒用波特酒杯，酒杯容量为 56 mL，饮用量为 40 mL。利口酒用利口酒杯，容量为 35 mL，倒满即可。

2．加冰饮用

在平底杯中加半杯冰块，将 28 mL 的利口酒倒入杯中，用吧匙搅拌。

3．混合饮用

很多利口酒因含糖量多且浓稠，不宜净饮，需加冰或兑和其他饮料后饮用，如绿薄荷加雪碧汽水：在柯林杯中加半杯冰块，倒入 28 mL 的绿薄荷酒、168 mL 的雪碧，用吧匙搅拌均匀；绿薄荷加菠萝汁：在平底杯中加半杯冰块，倒入 28 mL 的绿薄荷酒，再倒入 112 mL 菠萝汁，用吧匙搅拌均匀。

第五节 中国配制酒

配制酒又称混成酒,是指在成品酒或食用酒精中加入药材、香料等原料精制而成的酒精饮料。其配制方法一般有浸泡法、蒸馏法、精炼法 3 种。浸泡法是指将药材、香料等原料浸没于成品酒中陈酿而制成配制酒的方法;蒸馏法是指将药材、香料等原料放入成品酒中进行蒸馏而制成配制酒的方法;精炼法是指将药材、香料等原料提炼成香精加入成品酒中而制成配制酒的方法。

中国各少数民族都有自己悠久的民族医药和医疗传统,其中,内容丰富的配制酒是其重要构成部分之一,他们利用酒能"行药势、驻容颜、缓衰老"的特性,以药入酒,以酒引药,治病延年。明初,药物学家兰茂吸取各少数民族丰富的医药文化营养,编撰了独具地方特色和民族特色的药物学专著《滇南本草》。在这部比李时珍《本草纲目》还早一个半世纪的鸿篇巨制中,兰茂深入探讨了以酒行药的有关原则和方法,记载了大量配制酒药的偏方、秘方。

少数民族的配制酒五花八门,丰富多样。有用药物根块配制者,如滇西天麻酒、哀牢山区的茯苓酒、滇南三七酒、滇西北虫草酒等;有用植物果实配制者,如木瓜酒、桑葚酒、梅子酒、橄榄酒等;有以植物杆茎入酒者,如人参酒、胶股兰酒、寄生草酒;有以动物的骨、胆、卵等入酒者,如虎骨酒、熊胆酒、鸡蛋酒、乌鸡白凤酒;有以矿物入酒者,如麦饭石酒。

按功效分,少数民族的配制酒有保健型配制酒和药用型配制酒两大类。其中,保健配制酒种类多、用途广,占配制酒的绝大部分。

(一)药用配制酒

中国药用配制酒以山西竹叶青最为著名。竹叶青产于山西省汾阳市杏花村汾酒集团。它以汾酒为原料,加入竹叶、当归、檀香等芳香中草药材和适量的白糖、冰糖后浸制而成。该酒色泽金黄、略带青碧,酒味微甜清香,酒性温和,适量饮用有较好的滋补作用。该酒酒精度为 45%,含糖量为 10%。

(二)保健型配制酒

保健型配制酒种类很多,如在成品酒加入中草药材制成的五加皮,加入名贵药材的人参酒,加入动物性原料的鹿茸酒、蛇酒,加入水果的杨梅酒、荔枝酒,等等。

1.刺梨酒

贵州布依族酿制的刺梨酒,驰名中外。刺梨酒的酿制方法是:每年秋天收了粳稻以后,就采集刺梨果,将其晒干。接着用糯米酿酒,酒盛于大坛中,再将刺梨果放入坛中浸泡,1 个月以后(泡得时间越长越好)即成。该酒呈黄色,喷香可口,酒精度约 12%,不易醉人。

2.杨林肥酒

杨林肥酒是享誉海内外的传统配制酒,因产地而得名。杨林镇地处云南省中部的嵩明县杨林湖畔,早在明初已商贾云集,工商业繁荣,酿酒业尤为发达。每年秋收结束,杨林湖畔,玉龙河边,百家立灶,千村酿酒,呈现出一派"农歌早稻香"、"太平村酒贱"的兴盛景象。传统的酿酒技艺和丰富的药物学知识是杨林肥酒成功的坚实基础。清末,杨林酿酒业主陈鼎设"裕宝号"酿酒作坊,借鉴兰茂《滇南本草》中酿造水酒的十八方工艺,采用自酿的纯粮小曲酒为酒基,浸泡党参、拐枣、陈皮、圆肉、大枣等 10 余种中药材,同时加入适量的蜂蜜、蔗糖、豌豆尖、青竹叶，精心配制。通过长期的摸索实践，于清光绪六年（公元 1880 年）向市场上推出了一种色泽碧绿如玉、清亮透明、药香和酒香浑然一体的配制酒。这种酒醇香绵甜，回味隽永，具有健胃滋脾、调和腑脏、活血健身的功效，创始者陈鼎名其为"杨林肥酒"。

3．鸡蛋酒

节庆期间和贵客临门时，彝族配制的鸡蛋酒就是一种具有浓郁地方特色和民族特色的保健型配制酒。彝族鸡蛋酒的配制方法是：

（1）备料

40% ~ 45% 纯粮烧酒、生姜、草果、胡椒、鸡蛋、糖等。各种原料的使用比例是：若制作 10 kg 鸡蛋酒，配生姜 100 g，胡椒 150 g，糖 3 kg，鸡蛋 5 只。

（2）煮酒

先把草果放在火塘中烤焦、捣碎，生姜洗净、去皮、捣扁。备好的草果、生姜和白酒同时下锅，温火将酒煮沸后，加糖；糖完全融化后，撤去锅底的火，但保持余热；捞出生姜及草果碎快，将鸡蛋调匀后，呈细线状缓缓注入酒锅内，同时快速搅动酒液，最后撒入胡椒粉即可饮用。

地道的彝家鸡蛋酒现配现饮，上碗时余温不去，香郁扑鼻，鸡蛋如丝如缕，蛋白洁白如丝，蛋黄金灿悦目，入口余温不绝，饮后清心提神，祛风除湿。节庆佳期，一碗热腾腾的鸡蛋酒烘托出节目的祥和与热烈；贵客临门，一碗香喷喷的鸡蛋酒显示出彝族人的真挚与热诚。

4．泡酒

贵州苗族的泡酒，又称"刺梨酒"。与一般配制酒不同的是，泡酒所用酒基不是蒸馏酒，而是连滓带汁的水酒，即发酵酒。其制作方法是：先用糯米酿成糯米酒，再将刺梨果晒干盛入布袋，放在酒坛内固封浸泡。下窖 3 个月后，取出刺梨渣即成。泡酒呈琥珀色，味美醇香，具有助消化、健胃、活血等功效。

5、松苓酒

松苓酒是满族的传统饮料，其制作方法非常独特：在山中寻觅一棵古松，伐其本根，将白酒装在陶制的酒瓮中，埋于其下，逾年后掘取出来。据说，通过这种方法，古松的精液就吸到酒中。松苓酒酒色为琥珀，具有明目、清心的功效。

本章小结

配制酒是以发酵酒或蒸馏酒为酒基，通过浸泡、掺兑等方法加入香草、香料、果实和药材等配制加工而成的饮料酒。配制酒又分为开胃酒（包括味美思、比特酒和茴香酒）、甜食酒（包括雪利酒、波特酒、玛德拉酒和玛尔萨拉酒）和利口酒。配制酒可以在餐前或餐后饮用，可以净饮或兑饮。

思考题

1．配制酒的概念是什么？其分类是怎样的？

2．开胃酒、甜食酒和利口酒的概念、特点、分类、生产工艺、名品及饮用与服务方式是什么？

第五章

鸡尾酒
(Cocktails)

本章学习目标

1. 掌握鸡尾酒的概念、特点、分类
2. 掌握鸡尾酒的结构及常用的调酒方法
3. 掌握世界著名的鸡尾酒的调制要领

第一节 鸡尾酒概述

一、鸡尾酒的起源和发展

关于鸡尾酒的起源传说种种，有人认为是英国，有人认为是美国，还有人认为是法国，但这些都无法考证。不过，最早有关"鸡尾酒"的文字记载是 1806 年，美国的一本叫做《平衡》的杂志，记载了鸡尾酒是用酒精、糖、水（或冰）或苦味酒混合而成的。

1862 年，Jerry Thomas 出版了第一本关于鸡尾酒的专著 *The Bon Yivant's Guide*，他是鸡尾酒发展的关键人物之一。他走遍欧洲大小城市，搜集配酒秘方，并用较大的玻璃杯配制混合饮料。从那时起，鸡尾酒开始成为人们野餐和狩猎旅行的必备品。托马斯使鸡尾酒变成当时最流行的酒吧饮料。因他在调酒方面的研究成果和经验丰富，故被称为这方面的专家和教授。20 年之后的 1882 年，Hally Johnson（哈利·约翰逊）著有 *Bartender's manual* 一书，该书记载了当时最流行的鸡尾酒，如"曼哈顿"等，至今还深受欢迎。到 1920 年，由于美国禁酒法规的施行，鸡尾酒在美国很快流行起来。鸡尾酒在美国流行后被带到英国和世界各地，1920—1937 年被称为鸡尾酒的时代。第二次世界大战期间，鸡尾酒的消费在西方军人、青年男女中已成为一种风气。第二次世界大战后，鸡尾酒成为人们休闲、社交的一种媒体。鸡尾酒之所以流行，一是因为它所具有的色、香、味能吸引众多的消费者，二是稀释淡化后能被大多数人尤其是女士喜爱。

到了 20 世纪 70 ~ 80 年代，不但传统的混合饮料广受欢迎，而消费者口味的淡化也有效地促进了鸡尾酒的发展。如今，鸡尾酒已成为所有混合饮料的通称。

二、鸡尾酒的特点和分类

鸡尾酒是以一种或几种酒品（主要是蒸馏酒，有少许发酵酒）为基酒，与其他辅料，如汽水、果汁等一起，用一定方法调制而成的混合饮料。一杯好的鸡尾酒应当色、香、形俱佳。

（一）鸡尾酒的特点

鸡尾酒使用不同材料、不同方法调制而成，形成了许多各具特色的新型酒品，但是任何一款鸡尾酒都必须能够在协调的味觉中保持其刺激感，否则便失去了酒的品格。纵观上千例鸡尾酒可以发现，鸡尾酒具备以下几个显著特点：

1．鸡尾酒能生津开胃，增进食欲

鸡尾酒酸甜苦辣，五味俱全，尤其是在餐前饮用，可以起到生津开胃、增进食欲的作用。因此，无论使用何种材料调配，都不应脱离这一基本范畴。

2．鸡尾酒能缓解疲劳，营造轻松热烈的气氛

享用经过精心调制的鸡尾酒，可以缓解人们紧张的神经，放松筋骨，消除疲劳。同时，饮用过后，人的话多起来，人与人之间的交流也随之增加，交谈的气氛更趋于热烈和谐。

3．鸡尾酒口味绝佳，易于被大众接受

由于鸡尾酒的调制使用了诸多味道不同的酒品，因此，它可以满足不同的口味需求，使绝大多数享用者都可以获得自己满意的酒品。

4．鸡尾酒具有观赏和品尝双重价值

一份好的鸡尾酒在色、香、味、形等方面都有其独到之处，尤其是酒的色彩和整体造型，非常讲究艺术性，具有较好的观赏性。

（二）鸡尾酒的分类

鸡尾酒的历史并不久远，但发展的速度却十分惊人。目前世界上流行的鸡尾酒配方已有三四千种之多，且数量还在不断增加。由于鸡尾酒种类众多，分类的方法也不尽相同。

1．按饮用时间分类

鸡尾酒按照饮用时间和场合可分为餐前鸡尾酒、餐后鸡尾酒、晚餐鸡尾酒、睡前鸡尾酒和派对鸡尾酒等。

（1）餐前鸡尾酒

餐前鸡尾酒又称餐前开胃鸡尾酒，主要是在餐前饮用，起生津开胃之功效。这类鸡尾酒通常含糖量较少，口味或酸或干烈，即使是甜型餐前鸡尾酒，口味也不是十分甜腻。常见的餐前鸡尾酒有马提尼、曼哈顿、各类酸酒等。

（2）餐后鸡尾酒

餐后鸡尾酒是餐后佐助甜品，帮助消化的，因而口味较甜，且酒中使用较多的利口酒，尤其是香草类利口酒。这类利口酒中掺入了诸多的药材，饮后能化解食物瘀结，促进消化。常见的餐后利口酒有 B&B、史丁格、亚历山大等。

（3）晚餐鸡尾酒

晚餐鸡尾酒是晚餐时佐餐用的鸡尾酒，一般口味较辣，酒品色泽鲜艳，且非常注重酒品与菜肴口味的搭配，有些可以作为开胃菜、汤等的替代品。在一些较为正规和高雅的用餐场合，通常以葡萄酒佐餐，而较少使用鸡尾酒佐餐。

（4）派对鸡尾酒

这是在一些聚会场合使用鸡尾酒，其特点是非常注重酒品的口味和色彩搭配，酒精含量较低。派对鸡尾酒既可以满足人们实际的需要，又可以烘托出派对的气氛，很受年轻人的喜爱。常见的一般有特吉拉日出、Cuba Libre（自由古巴）、Horse's Neck（马颈）等。

（5）夏日鸡尾酒

这类鸡尾酒清凉爽口，具有生津解渴之功效，尤其是在热带地区或盛夏酷暑时饮用，味美怡神、香醇可口，如冷饮类、柯林类鸡尾酒。

2．按鸡尾酒的容量和酒精含量分类

许多欧美人将鸡尾酒习惯地分成短饮类鸡尾酒和长饮类鸡尾酒，但是这种分类法只不过是习惯分类法，没有具体的酒精含量指标，并且有些类型是很难分成短饮类和长饮类鸡尾酒的。此外，由于各单位的配方不同，因此，同样一个名称可能有不同的分类方法。

（1）Short Drinks（短饮类）

容量小，约2盎司（1盎司=30 mL），酒精含量高的鸡尾酒。烈性酒常占总量的1/3或1/2以上，香料味浓重，并多以三角形鸡尾酒酒杯盛装，有时也用酸酒杯和古典杯盛装。这种鸡尾酒应当快饮，否则就会失去了其独特的味道和特色。

（2）Long Drinks（长饮类）

容量大，常在6盎司以上，酒精含量低，用水杯、海波杯、高杯盛装的鸡尾酒。其中苏打水、奎宁水、果汁或水的含量较多。这种鸡尾酒可慢慢饮用，不必担心酒会变味。

3．按鸡尾酒的基酒分类

（1）Brandy（白兰地酒）类

以白兰地酒为基酒调制的各种鸡尾酒，如Alexander（亚历山大）、B&B等。

（2）Whiskey（威士忌酒）类

以威士忌酒为基酒调制的各种鸡尾酒，如Whiskey Sour（威士忌酸）、Dry Manhattan（干曼哈顿）等。

（3）Gin（金酒）类

以金酒为基酒调制的各种鸡尾酒，如Dry Martini（干马提尼）、Pink Lady（红粉佳人）。

（4）Rum（朗姆酒）类

以朗姆酒为基酒调制的各种鸡尾酒，如Cuba Libre（自由古巴）、Bacardi（百加地）等。

（5）Vodka（伏特加酒）类

以伏特加就为基酒调制的各种鸡尾酒，如Salty Dog（咸狗）、Bloody Mary（血腥玛丽）等。

（6）Tequila（特基拉酒）类

以特基拉就为基酒调制的各种鸡尾酒，如Margarita（玛格丽特）、Matador（斗牛士）等。

（7）Champagne（香槟酒）类

以香槟酒为基酒调制的各种鸡尾酒，如Champagne Cocktail（香槟鸡尾酒）等。

（8）Liqueur（利口酒）类

以利口酒为基酒调制的各种鸡尾酒，如Pousse Cafe（多色酒）、Americano（阿美利加诺）。

（9）Wine（葡萄酒）类

以葡萄酒为基酒调制的各种鸡尾酒，如Claret Punch（红葡萄宾治）、Chablis Cup（莎白丽杯）等。

4．根据鸡尾酒的配制特点分类

（1）Alexander（亚历山大）类

以鲜奶油、咖啡利口酒或可可利口酒加烈性酒配制的短饮类鸡尾酒。用摇酒器混合而成，装在鸡尾酒杯内。如Alexander（亚历山大）、Gin Alexander（金亚历山大）等。

（2）Buck（霸克）类

霸克类鸡尾酒属于长饮类鸡尾酒。它的配制方法与海波类基本相同，用烈性酒加苏打水或姜汁汽水，直接在饮用杯内用调酒棒搅拌而成，然后以加冰块的海波杯盛装。著名品种有Scotch Buck（苏格兰霸克）、Gin Buck（金霸克）、Brandy Buck（白兰地霸克）等。

（3）Cobbler（考布勒）类

考布勒属于长饮类鸡尾酒。它以烈性酒或葡萄酒为基酒，与糖、二氧化碳饮料及利口酒等调制而成，有时还加入柠檬汁，盛装在有碎冰块的高林、海波杯或果汁杯中。考布勒常用水果片装饰。带有香槟酒的考布勒以香槟酒杯盛装，里边应加满碎冰块。著名品种有 Gin Cobbler（金考布勒）、Brandy Cobble（白兰地考布勒）、Champagne Cobbler（香槟考布勒）等。

（4）Collins（哥连士）（考林斯）类

哥连士，有时称作考林斯，属于长饮类鸡尾酒。它由烈性酒加柠檬汁、苏打水和糖调配而成，用高杯盛装，如 Brandy Collins（白兰地考林斯）、Tom Collins（汤姆考林斯）、Tequonic（戴可尼克）等。

（5）Cooler（库勒）类

库勒，又名清凉饮料，属于长饮类鸡尾酒。它由蒸馏酒加上柠檬汁或青柠汁，再加上姜汁汽水或苏打水组成，以海波杯或高林盛装。著名品种有 Whiskey Cooler（威士忌库勒）、Highland Cooler（高地库勒）、Rum Cooler（朗姆库勒）等。

（6）Cordial（考地亚）类

英文 Cordial 的含义是利口酒，这类鸡尾酒是以利口酒与碎冰块调制而成，以葡萄酒杯或鸡尾酒杯盛装。通常考地亚类鸡尾酒的酒精度较高，调制方法是先在杯中加满碎冰块，然后将利口酒倒在碎冰块上。著名品种有 Cordial Medoc（考地亚力克）、Mint Cordial（薄荷考地亚）等。

（7）Crusta（科拉丝泰）类

科拉丝泰以白兰地酒、威士忌酒、金酒等为基酒，以柑橘利口酒为调味酒，配以柠檬汁，由摇酒器混合而成。科拉丝泰的酒精含量较高，属于短饮类鸡尾酒。该酒常以红葡萄酒杯或较大容量的鸡尾酒杯盛装，并将糖粉沾在杯边上制成白色的圆环作为装饰。

（8）Cup（杯）类

杯类鸡尾酒常常是大量配制的，而不是单杯配制。传统配方以葡萄酒为基酒，加入少量的调味酒和冰块即可。目前，杯类鸡尾酒有多种配方，并且也可以单杯配制。它常以葡萄酒为基酒，加上少量的利口酒、加强葡萄酒或烈酒，加水果汁或苏打水等，再点缀一些水果。通常，这类酒的酒精含量较高，属于短饮类鸡尾酒。杯类鸡尾酒常常是夏季受人们欢迎的品种，它常以葡萄酒杯盛装。著名的品种有 Chablis Cup（莎白丽杯）、Champagne Cup（香槟杯）、Claret Cup（红酒杯）、Cider Cup（西打杯）等。

（9）Daiquiri（戴可丽）类

由朗姆酒、柠檬汁或酸橙汁配制而成，以鸡尾酒杯或香槟酒杯盛装。由于该类酒的酒精含量较高，属于短饮类鸡尾酒。当戴可丽前面加上水果名称时，它常常以朗姆酒加上其名称中的新鲜水果汁、糖粉和碎冰块组成，用电动搅拌机搅拌成泥状，然后用较大型的鸡尾酒杯或香槟酒杯盛装。如 Daiquiri（戴可丽）、Coconut Daiquiri（椰子戴可丽）等。

（10）Daisy（戴兹）类

以烈性酒配以柠檬汁、糖粉，经过摇酒器摇匀、过滤，倒在盛有碎冰块的古典杯中或海波杯中，用水果或薄荷叶装饰，可加入适量苏打水。由于戴兹类鸡尾酒的酒精含量较高，因此属于短饮类鸡尾酒。如 Gin Daisy（金戴兹）、Whiskey Daisy（威士忌戴兹）等都是著名的戴兹类鸡尾酒。

（11）Egg Nog（蛋诺）类

蛋诺类鸡尾酒是传统的美国圣诞节饮料，酒精含量较小，属于长饮类鸡尾酒。它由烈性酒加鸡蛋、牛奶、糖粉和豆蔻粉调配，用调酒壶或小型电动搅拌机搅拌而成，可用葡萄酒杯或海波杯盛装。它与 Flip（菲丽波）很相似。它的品种有 Egg Nog（蛋诺酒）、Rum Nog（朗姆蛋诺）、Breakfast Nog（早餐蛋诺）等。

（12）Fix（费克斯）类

它是以烈性酒、柠檬汁、糖粉和碎冰块调制的长饮类鸡尾酒，以海波杯或高杯盛装，也可放适量的苏打水和汽水。有些人将费克斯归纳为短饮类鸡尾酒，他们认为这种酒应当快饮，以免冰块全部融化而影响酒味。制作方法是在酒杯中加入八成满的碎冰块，将烈性酒和果汁等原料倒在碎冰块上。其主要品种有 Gin Fix（金黄费克斯）、Brandy Fix（白兰地费克斯）等。

（13）Fizz（费斯）类

费斯与考林斯类鸡尾酒很相近，以金酒加柠檬汁和苏打水混合而成，用海波杯或高杯盛装，属于长饮类鸡尾酒。有时在费斯中加入生蛋清或蛋黄，与烈性酒、柠檬汁一起放入摇酒器中混合，使酒液起泡，最后加入苏打水。目前，也可用其他烈性酒或利口酒代替金酒来配制此类酒。其主要品种有 Gin Fizz（金色费斯）、Silver Fizz（银色费斯）、Royal Fizz（皇家费斯）等。

（14）Flip（菲丽波）类

其以鸡蛋或蛋黄或蛋白调以烈性酒或葡萄酒，或烈性酒和葡萄酒一起加糖粉，用调酒器或小型电动搅拌机搅拌而成，一些配方中还配有浓牛奶，用鸡尾酒酒杯或葡萄酒杯盛装。以烈性酒为基酒的菲丽波类鸡尾酒酒精含量较高，属短饮类鸡尾酒。Brandy Flip（白兰地菲丽波）Boston Flip（波士顿菲丽波）、Champagne Flip（香槟菲丽波）、Port Flip（波特菲丽波）等都是著名的品种。

（15）Float（漂漂）类

漂漂类鸡尾酒，也称多色鸡尾酒。它是根据酒水的比重或密度，以密度比较大的酒水放在下面，密度较小的放在上面的原理，调制而成几种不同颜色的鸡尾酒。这种酒的调制方法是：先将含糖量最大、密度最大的酒或果汁倒入杯中，再按其密度由大至小的顺序依次沿着吧匙背和杯壁轻轻地将其他酒水倒入杯中，不可搅动，使各色酒水依次漂浮，分出层次，呈彩带状。如 Angle's Kiss（天使之吻）、B&B、French Café（法国多色）等都属于漂漂类鸡尾酒。多色鸡尾酒常以利口酒杯和多色酒杯盛装。以白兰地等烈性酒或各种利口酒漂在苏打水上的鸡尾酒以古典杯盛装，将奶油漂在利口酒上的鸡尾酒以较大的利口酒杯盛装。漂漂类鸡尾酒中的多数品种属于短饮类鸡尾酒，也有些属于长饮类鸡尾酒。

（16）Frappe（弗莱佩）类

弗莱佩属于短饮类鸡尾酒，是把利口酒、开胃酒或葡萄酒倒在碎冰块上制成的鸡尾酒，用鸡尾酒杯或香槟酒杯盛装。著名品种有 Run Frappe（朗姆弗莱佩）、Grand Marnier Frappe（金万利弗莱佩）等。

（17）Gimlet（螺丝锥）类

螺丝锥也称为占列，以金酒或伏特加酒为基酒，加入青柠汁，在调酒器内混合均匀，或放入调酒杯中用调酒棒搅拌而成。此类酒属于短饮类鸡尾酒，用鸡尾酒杯盛装，也可装在有冰块的古典杯中。著名品种有 Gimlet（螺丝锥）、Vodka Gimlet（伏特加占列）等。

（18）Highball（海波）类

海波类鸡尾酒，也称为高球类鸡尾酒，前者是英文的音译，后者是英文的意译。这类鸡尾酒的酒精含量较低，属于长饮类鸡尾酒。它以白兰地或威士忌等烈性酒或葡萄酒为基酒，加入苏打水或姜汁汽水，在饮用杯中用调酒棒搅拌而成，装在加冰块的海波杯中。著名品种有 Whiskey Soda（威士忌苏打）、Gin Tonic（金汤尼克）、Rum Coke（朗姆可乐）、Cuba Libre（自由古巴）等。

（19）Julep（朱丽波）类

朱丽波类鸡尾酒，俗称薄荷叶类鸡尾酒。它以威士忌或白兰地酒等烈性酒为基酒（传统上只以波旁威士忌为基酒），或以香槟酒为基酒，加入糖粉、薄荷叶（捣烂），在调酒杯中用调酒棒搅拌而成后，装在放有冰块的古典杯或海波杯中，用一片薄荷叶作为装饰，也可以加入加强葡萄酒和香槟酒。以烈性酒为基酒的朱丽波类鸡尾酒，酒精含量较高，属于短饮类鸡尾酒，而以香槟酒为基酒的属于长饮类鸡尾酒。著名的品种有 Mint Julep（薄荷朱丽波）、Champagne Julep（香槟朱丽波）、Bourbon Madeira Julep（波旁马德拉朱丽波）等。

（20）Martini（马提尼）类

马提尼类鸡尾酒属于短饮类鸡尾酒。它以金酒为基酒，加入少许味美思酒或苦酒及冰块，直接在酒杯或调酒杯中用吧匙搅拌而成。以鸡尾酒杯盛装，在酒杯内放一个橄榄或柠檬皮作为装饰。著名的品种有 Dry Martini（干马提尼）、Sweet Martini（甜马提尼）、Martini（马提尼）等。

（21）Pick Me Up（提神）类

提神类鸡尾酒有不同的配方，其中一些配方的酒精含量较高，一些酒精含量较低。这类酒以烈性酒为基酒，常加入橙味利口酒或茴香酒、苦味酒、薄荷酒等提神，若是开胃的甜酒，再加入果汁或香槟酒、苏打水等。此外，一些提神类开胃酒由烈性酒、提神开胃的利口酒加上鸡蛋或牛奶组成。通常，提神类开胃酒用鸡尾酒杯或海波杯盛装。加入香槟酒的提神酒以香槟酒杯盛装。加入果汁、鸡蛋或牛奶的提神类鸡尾酒以摇酒器混合而成。著名的提神类鸡尾酒有 Pick Me Up NO.1（提神 1 号）、Pick Me Up NO.2（提神 2 号）、French Pick Me Up（法国提神酒）、Champagne Pick Me Up（香槟提神酒）、Eye Opener（睁眼）等。

（22）Puff（帕弗）类

在装有少量冰块的海波杯中，加入烈性酒和牛奶（烈性酒和牛奶通常是等量的），再加冷藏的苏打水至八成满，用调酒棒搅拌而成。帕弗类鸡尾酒属于长饮类鸡尾酒。著名品种有 Brandy Puff（白兰地帕弗）、Whiskey Puff（威士忌帕弗）等。

（23）Punch（宾治）类

宾治类鸡尾酒以烈性酒或葡萄酒为基酒，加上柠檬汁、糖粉和苏打水或汽水混合而成。宾治类鸡尾酒不是单杯配制的，它常以几杯、几十杯或几百杯一起配制，用于酒会、宴会和聚会等。配制后的宾治酒用切片的水果装饰以增加其美观和味道，以海波杯盛装。宾治的配制原料比较灵活，可根据宴会、客人和自己的需要选用。此外，不含酒精的宾治在国外越来越流行，一些宴会和聚会常常饮用由果汁、汽水和水果配制成的宾治，当然，这种宾治不属于鸡尾酒，而是无酒精饮料。宾治含酒精量低，属于长饮类鸡尾酒。

（24）Rickey（利奇）类

利奇也常被称为瑞奎。这类鸡尾酒是以金酒、白兰地酒或威士忌酒为基酒，加入青柠檬汁和苏打水混合而成的长饮类鸡尾酒。直接将金酒和青柠檬汁倒入装有冰块的海波杯或古典杯中，再倒入苏打水，用调酒棒搅拌均匀。著名品种有 Gin Rickey（金利奇）、Fino Rickey（飞诺利奇）等。

（25）Sangaree（珊格瑞）类

珊格瑞也称三加利，这类鸡尾酒传统上是以葡萄酒加入少量的糖粉和豆蔻粉调制而成，放在有冰块的古典杯或平底海波杯中盛装。到目前，珊格瑞也可以用冷藏的啤酒加上少许糖粉和豆蔻粉配制而成，也可以烈性酒为基酒加少许蜂蜜、冰块和苏打水混合而成。烈性酒和苏打水数量相等，用橘皮、豆蔻粉作为装饰，盛装在古典杯或海波杯中并常常放一支吸管。著名品种有 Port Sangaree（波特珊格瑞）、Beer Sangaree（啤酒珊格瑞）和 Brandy Sangaree（白兰地珊格瑞）等。

（26）Shrub（席拉布）类

以白兰地酒或朗姆酒为基酒，加入糖粉、水果汁混合而成的鸡尾酒。通常配制量较大，将上述原料按配方比例配制，放入陶器中，冷藏贮存三天后饮用。用加冰块的古典杯盛装。著名的品种有 Brandy Shrub（白兰地席拉布）、Rum Shrub（朗姆席拉布）等。由于该酒通常含有较多的烈性酒，因此，它属于短饮类鸡尾酒。

（27）Sling（司令）类

司令类鸡尾酒是人们喜爱的一种长饮类鸡尾酒。以烈性酒加柠檬汁、糖粉和矿泉水或苏打水配制而成，有时加入一些调味的利口酒。其配制方法是先用摇酒器将柠檬汁、糖粉摇匀，再倒入加有冰块的海波杯中，然后加苏打水或矿泉水，以高杯或海波杯盛装，也可以在饮用杯内直接调配。著名品种有 Singapore Sling（新加坡司令）、Brandy Sling（白兰地司令）、Gin Sling（金司令）等。

（28）Sour（酸酒）类

以烈性酒为基酒加入柠檬汁或橙子汁，经调酒器混合而成的短饮类鸡尾酒。通常，酸酒类中的酸味原料比其他类型的鸡尾酒多一些。酸味鸡尾酒中的酸味来自柠檬汁、橙子汁、其他水果汁和带有酸味的利口酒，以酸酒杯或海波杯盛装。著名品种有 Whiskey Sour（威士忌酸酒）、Gin Sour（金酸酒）等。酸酒可作为开胃酒。

（29）Swizzle（四维索）类

四维索属于长饮类鸡尾酒。它可以任何烈性酒为基酒，加入柠檬汁、糖粉，放入加碎冰块的高杯或海波杯中，再加入适量的苏打水，配上一个调酒棒。著名品种有 Gin Swizzle（金四维索）、West Indian Swizzle（西印地安四维索）等。

（30）Toddy（托第）类

以烈性酒为基酒，加入糖和水（冷水和热水）混合而成的鸡尾酒。因此，托第有冷和热两个种类。有些托第类鸡尾酒用果汁代替冷水。热托第常以豆蔻粉或丁香或柠檬片作为装饰，冷托第以柠檬片作为装饰。冷托第以古典杯盛装，热托第以带柄的热饮杯盛装。由于托第类鸡尾酒的酒精度不同，因此有些托第鸡尾酒属于短饮类鸡尾酒，而有些托第类鸡尾酒则属于长饮类鸡尾酒。著名品种有 Hot Gin Toddy（热金托第）、Toddy（托第）等。

（31）Zoom（攒明）类

攒明类鸡尾酒属于短饮类鸡尾酒。它是以烈性酒、鲜奶油和蜂蜜混合而成的酒，用摇酒器摇匀，用鸡尾酒杯盛装。著名的品种有 Whiskey Zoom（威士忌攒明）、Gin Zoom（金攒明）、Zoom（攒明）等。

三、鸡尾酒的命名

鸡尾酒的命名方法很多，也很灵活，了解和研究鸡尾酒的命名方法，有利于控制酒水质量，开发新的酒水产品。常用的鸡尾酒命名方法有如下几种：

（一）以鸡尾酒的原料名称命名

1．B&B

该鸡尾酒名称中的两个英文字母分别代表了两种原料名称，即 Brandy（白兰地）和 Benedictine D.O.M.。

2．Gin Tonic（金汤力）

该鸡尾酒是由 Gin（金酒）和 Tonic（汤力水）两种原料配制而成。

（二）以鸡尾酒的基酒名称加上鸡尾酒种类的名称命名

1．Brandy Alexander（白兰地亚历山大）

Brandy（白兰地）是以葡萄发酵蒸馏而成的蒸馏酒，Alexander（亚历山大）是短饮类鸡尾酒中的一个种类。

2．Gin Fizz（金菲士）

Gin（金酒）是以谷物和枇杷子等为原料蒸馏而成的五色烈性酒，Fizz（菲士）是鸡尾酒中的一个种类。

（三）以鸡尾酒的种类名称加上它的口味特色命名

1．Dry Martini（干马提尼）

Martini 是短饮类鸡尾酒的一个种类，而 Dry 的含义是"不带甜味"。

2．Manhattan sweet（甜曼哈顿）

Manhattan 是短饮类鸡尾酒中的一个种类，Sweet 的含义是"带甜味的"。

（四）以著名的人物或人的职务名称命名

Diana（戴安娜）是希腊神话故事中的女神。这种鸡尾酒是先在杯中放入碎冰快，然后放 30 mL 白色薄荷酒，再放入 10 mL 白兰地，酒呈浅黄褐色并带有薄荷香味。

（五）以著名的地点和单位名称命名

1．Virginia（弗吉尼亚）

Virginia（弗吉尼亚）是美国一个州的州名，它位于美国的东海岸，是个风景秀丽的地方。

这种以旅游地命名的鸡尾酒颜色美观，味道略甜。它以 45 mL 的干金酒和 15 mL 的柠檬汁，再加上 2 滴石榴汁相混合，放入鸡尾酒杯中，是夏季人们常饮用的鸡尾酒。

2．Harvard（哈佛）

Harvard（哈佛）是以大学名称命名的鸡尾酒。哈佛是世界著名的大学，位于美国马萨诸塞州。该酒以 30 mL 白兰地酒加上 30 mL 干味美思酒及 1 滴苦酒，与少量糖粉混合而成，倒入鸡尾酒杯中。由于该鸡尾酒的酒精度适中，口味清淡，适合很多人饮用。因此，像世界著名的大学"哈佛"一样，它可满足世界各地人们的需求。

（六）以动作的名称命名

1．Smile（微笑）

Smile（微笑）是以 30 mL 无色郎姆酒加上 30 mL 味美思酒以及 1 滴柠檬汁，与少许糖粉混合而成，以鸡尾酒杯盛装。由于这种鸡尾酒的颜色漂亮，甜味适中，因此，不论它作为一种饮品，还是艺术品，都给人们带来愉快和微笑。

2．Knockout（击倒）

Knockout(击倒)顾名思义是一种酒精度高的鸡尾酒。它以 20 mL 干金酒、20 mL 威士忌酒、20 mL 茴香利口酒及 1 滴薄荷酒混合而成。这种鸡尾酒的所有原料都是酒而且是烈性酒占其容量的 60% 以上，气味芳香。

（七）以鸡尾酒的形象命名

1．Horse's Neck（马颈）

Horse's Neck（马颈）是以鸡尾酒的装饰物而命名的。切成螺旋状的柠檬皮挂在杯内，很像马的身体，而挂在酒杯边缘上的柠檬批很像马的头部和颈部。

2．Pink Lady（红粉佳人）

Pink Lady（红粉佳人）是以金酒、柠檬汁和生鸡蛋白等配制的鸡尾酒。它以粉红色的鸡尾酒上漂着白色泡沫而展现在人们面前，再加上红色樱桃和青柠檬皮作为装饰，显得格外漂亮，因此而得名。

（八）含有寓意的鸡尾酒名称

一些鸡尾酒名称含有寓意，这些寓意与各国的习俗、文化与宗教信仰有紧密联系。如 Angle's Dream（天使之梦）、五福临门等。

第二节　鸡尾酒的调制

一、鸡尾酒酒谱和鸡尾酒的基本结构

（一）酒谱（Recipe）

酒谱就是鸡尾酒的配方，它是一种调制鸡尾酒的方法和说明，常见的鸡尾酒酒谱有两种：标准酒谱和指导性酒谱。

1．标准酒谱

标准酒谱是某一酒吧所规定的标准化酒谱。这种酒谱是在酒吧所拥有的原料、用杯、调酒用具等一定条件下做的具体规定。任何一个调酒师都必须严格实行酒谱所规定的原料、用量及程序去操作。标准酒谱是一个酒吧用来控制成本和质量的基础，也是做好酒吧管理和控制的标准。

2．指导性酒谱

指导性酒谱是一种仅起学习和参考作用的酒谱。书中所列举的酒谱都属于这一类，因为这类酒谱所规定的原料、用量以及配制的程序都可以根据具体条件进行修改。

在学习过程中，通过指导性酒谱可以首先掌握酒谱的基本结构，在不断摸索中掌握鸡尾酒调制的基本规律，从而掌握鸡尾酒的族系。

（二）鸡尾酒的基本结构

鸡尾酒的种类繁多，但无论是哪一类鸡尾酒，都有一些共同之处。一般来说，鸡尾酒由以下几部分组成：

1．基酒

基酒，又称酒基，这是构成鸡尾酒的主体，它决定了鸡尾酒的酒品特色，可以用作基酒的材料包括各类烈酒，如威士忌、白兰地、金酒、郎姆酒、伏特加、特基拉、中国白酒、葡萄酒、香槟酒等。

酒吧里用于作为基酒的酒品一般都是质量较好，但价格较为便宜的流行品牌，这类酒被称为"酒吧特备"或"酒店特备"酒。使用"酒吧特备"酒一方面是为了更好地控制酒水成本，因为同一类酒品的品牌很多，价格也各不相同，有的甚至相差数十倍。另一方面，也是为了确保鸡尾酒口味的统一，避免宾客投诉。

基酒在配方中的分量有很多表示方法，目前国际调酒师协会（IBA）统一以份为单位表示，一份为 40 mL，也有用毫升、量杯等为单位来表示的。

2．辅料

辅料，又称鸡尾酒的和缓剂或调味调香材料，它们与基酒充分混合后，可以缓和基酒强烈的刺激味，更能发挥鸡尾酒的特色，同时又能增添鸡尾酒的色彩，使鸡尾酒世界五彩斑斓。

可用作辅料的材料很多，主要有以下几种：

① 碳酸类饮料，如可乐、雪碧、七喜、苏打水、干姜汽水等，它们与基酒相混配，使基酒变得更加清新爽口。

② 果汁类饮料，包括各种罐装或现榨果汁，如橙汁、柠檬汁、菠萝汁、西柚汁等。

③ 加味加香材料，使用最多的为各类利口酒，如蓝色的蓝橙酒、绿色的薄荷酒、咖啡色的咖啡甘露、棕色的可可酒等。

④ 其他，如糖、奶油、鸡蛋、丁香、肉桂、巧克力粉、辣椒油、安哥斯特苦精、胡椒粉等。

3．装饰物

一份调制完美的鸡尾酒就像一套精美的时装，酒是体，杯是装，而杯边的装饰物就如同时装的饰物一样，具有画龙点睛之妙用。同时，一颗小小的樱桃或橄榄还可以增加鸡尾酒的感官享受，使整个鸡尾酒和谐完美统一。当然，很多鸡尾酒并不添加任何装饰物，但若是需要装饰的鸡尾酒不去装饰却会贻笑大方。

鸡尾酒的装饰物有些是墨守成规的，有些却依靠调酒师的想象力进行创造。制造鸡尾酒的装饰物是一门艺术，是调酒师艺术创造的结晶。固然，有些装饰物有调味作用，如马提尼中的一小片柠檬皮、金汤尼克中的柠檬片等，但更多鸡尾酒装饰是鸡尾酒的艺术表现形式。因此，它可以用各种材料制作各种形状，制造出各种美丽的产品，给人以艺术的享受。特别是各个季节对时新水果的利用，更能显示出调酒师艺术和美的创造力。

可用于鸡尾酒装饰的材料有以下几种：

（1）樱桃

常用于装饰的樱桃为红色，此外，还有黄色、绿色和蓝色樱桃。除了使用去核无把的外，还使用粒大饱满、带把的来装饰鸡尾酒。樱桃是酒吧最常用的必备饰物。

（2）橄榄

主要用于马提尼等鸡尾酒。一般使用地中海品种的小橄榄，通常是去核去蒂后盐渍成罐，也有用大品种橄榄的，去核后塞进杏仁、洋葱、咸鱼等。除青橄榄外，偶尔也使用黑色橄榄。

（3）洋葱

又称"珍珠洋葱"，大小如小手指第一节，呈圆形、透明状，故有"珍珠洋葱"之称。

（4）水果

水果是酒吧最常用的装饰品之一，主要有水果片，如橙片、柠檬片等；水果楔，如苹果、梨子、菠萝、芒果、香蕉等。水果皮也是很好的装饰材料，如柠檬皮，皮中的柠檬油可以增加酒的香味。有些水果的硬壳本身就是很好的鸡尾酒盛器，如菠萝，掏空果肉后用来盛装鸡尾酒，别有一番风味。使用水果作为饰物时必须使用新鲜的，变质的或瓶装、罐装的水果都会破坏酒的味道。

（5）糖

糖可以用来缓解柠檬汁的酸味，有些酒还需要"糖圈杯口"，增加其美感。用糖时必须使用精研细白糖，切不可以用糖精。此外，糖还可以制成糖浆来做调酒辅料。

（6）精盐

作为配料调制血腥玛丽等，也可以用来"盐圈杯口"。

（7）蔬菜

常用于装饰的蔬菜有薄荷叶、芹菜、胡萝卜条、小黄瓜等。

（8）花草

各种应时鲜花也是极好的鸡尾酒装饰材料，它们不但可以衬托出鸡尾酒的完美形象，还可以用来装饰鸡尾酒，但使用时必须注意卫生。

（9）其他

用于鸡尾酒装饰的还有各种彩色的小花伞、动物酒签等。一些香料，如茴香、丁香、肉桂粉、豆蔻粉、苦精等既可以增加酒的味道，又可以起装饰作用。

（三）鸡尾酒调制所需工具

1. 长匙（BarSpoon）

长匙是搅拌鸡尾酒的工具。通常一端为叉状，可用于叉柠檬片及樱桃；一端为匙状，则可搅拌混合酒，或捣碎配料。长匙用作计量，相当于茶匙。

2. 摇酒器（Shaker）

摇酒器用来调和不易混合均匀的鸡尾酒材料。摇酒器有两种形式，一种称波士顿摇酒器，为两件式，下方为玻璃摇酒杯，上方为不锈钢上座，使用时两件一合即可。另一种普通型摇酒器则为三件式，除下座，中间有隔冰器，再加一个上盖，用时一定要先盖隔冰器，再加上盖，以免液体外溢。使用原则是，首先放冰块，再放入其他材料，摇荡时间以超过 20 s 为宜。否则冰块融化，将会稀释酒的风味。用后立即打开清洗。

3. 冰锥（IcePicr）

冰锥是敲大冰块的工具。

4. 搅拌棒（Muddler）

搅拌棒有多种样式，大些的通常搭配调酒杯使用；小一点的给饮用者使用，兼具装饰作用。棒的一端为球根状，用来捣碎饮料中的糖和薄荷。

5. 量酒杯（Measure Cup，Double Jigger）

量酒杯是一个两头的量酒器，两头容量为 1/2 盎司和 1 盎司者最为普遍。

6. 螺丝开瓶器（Corkscrew）

即葡萄酒的开瓶器。通常带有锋利的小刀，以便顺利割开酒的铅封；螺旋部分，长短粗细适中是重要考量。

7. 榨汁器（Squeezer）

它是挤柠檬汁的器具，调酒必备。没有特定形式，只要操作方便、取汁容易即可。如果用量大，可预先挤好果汁，原则上不宜搁置太久，以保新鲜度。

8. 冰桶（Ice Bucket）

用冰桶盛冰可减缓冰块融化的速度。

9. 过滤器（隔冰器）（Strainer）

过滤器与调酒杯搭配使用。倒饮料

时，防止冰块等落入酒杯内，过滤器内有一圈螺旋形钢丝设置，是便于过滤器可适用各种尺寸的调酒杯。

10．瓶嘴（倒酒嘴）（Pourer）

瓶嘴套在开瓶后的瓶口，以控制酒的流量。

11．冰铲（Scoop）

冰铲用来盛碎冰或裂冰。

12．酒签（Spares）

酒签主要用来插樱桃、橄榄，点缀鸡尾酒，精致小巧。

二、鸡尾酒的调制方法

（一）兑和法（Building）

兑和法是直接在饮用杯中放入各类酒品，轻轻搅拌几次即可。常见的如高杯类饮品、果汁类饮品和热饮等都采用此法。另外，彩虹类鸡尾酒也是采用兑和法一层一层兑制而成的。

兑和法的操作步骤如图 5-1 所示。

步骤一：使用兑和法需准备的基本器材
有鸡尾酒杯、量杯、冰块、夹冰器。

步骤二：以夹冰器取冰块，放入调酒杯中。

步骤三：将基酒以量杯量出正确分量后，
倒入鸡尾酒杯中。

步骤四：倒入其他配料至满杯即可。

图 5-1　兑和法操作步骤

（二）调和法（Stiring）

又称搅拌法，搅拌时要使用调酒杯（Mixing Glass）、吧匙（Bar Spoon）、滤冰器（Strainer）等器具。搅拌的方法是在调酒杯中放入数块冰块加入调酒材料。用左手拇指和食指抓住调酒杯底部，右手拿着吧匙的背部贴着杯壁，以拇指和食指为中心，以便用中指和无名指控制吧匙，按顺时针方向旋转搅拌。搅拌五六圈后，左手指感觉冰凉，调酒杯外有水汽析出，搅拌就结束了。这时，用滤冰器卡在杯口，将酒滤入杯中即可。其操作步骤如图 5-2 所示。

步骤一：使用搅拌法需准备的基本器材有调酒杯、调酒匙、量杯、隔冰器、酒杯。

步骤二：以夹冰器夹取冰块，放入调酒杯中。

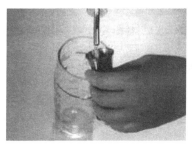

步骤三：将材料用量杯量出正确分量后，倒入调酒杯中。

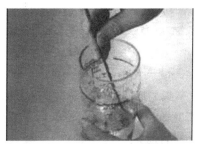

步骤四：用调酒匙在调酒杯中，前后来回搅3次，再正转两圈倒转两圈。

图 5-2 调和法操作步骤

（三）摇和法（Shaking）

摇和法又称摇晃法、摇荡法。当鸡尾酒中含有柠檬汁、糖、鲜牛奶或鸡蛋时，必须采用摇和法将酒摇均匀。摇和法采用的调酒用具是调酒壶（Shaker）。两段式调酒壶又称"波士顿调酒壶"，是国外和中国港澳地区常见的一种调酒用具，它由调酒杯和不锈钢壶盖组成。正确的摇和法操作步骤如图 5-3 所示。

步骤一：使用摇和法需准备的基本器材有调酒壶、夹冰器、冰块。

步骤二：以夹冰器夹取冰块，放入调酒壶。

步骤三：将材料以量杯量出正确
分量后，倒入打开的调酒壶中。

步骤四：盖好调酒壶后，以右手大拇指抵住上盖，食指
及小指夹住调酒壶，中指及无名指支撑调酒壶。

步骤五：左手无名指及中指托住调酒壶底部，
食指及小指夹住调酒壶，大拇指夹住过滤盖。

步骤六：双手握紧调酒壶，手背抬高至肩膀，再用
手腕来回甩动。摇晃时速度要快，来回甩动约 10 次，
再以水平方式前后来回摇动约 10 次即可。

图 5-3　摇和法操作步骤

鸡尾酒摇匀后通过滤水器将酒滤入杯中，若配方中含有苏打水、姜汁汽水等含气泡的材料，必须先将其他材料摇匀倒入杯中后方可兑入，切忌将含气泡的材料放进调酒壶中摇晃，以免造成不必要的损失。

（四）搅和法（Blending）

搅和法主要使用电动搅拌机进行，当调制的酒品中含有水果块或固体食物时必须使用搅和法调制，搅和法操作时先将调制材料和碎冰按配方放入搅拌机中，启动搅拌机迅速搅 10 s 钟左右，然后将酒品连同冰块一并倒入杯中。目前在酒吧内，一些摇和的酒也可以用搅和法来调制，但两法相比，摇和法更能够较好地把握所调酒品的质量和口味。搅和法的操作步骤如图 5-4 所示。

步骤一：使用果汁机混合法需准备的基本器
材有果汁机、量杯、冰块、杯具。

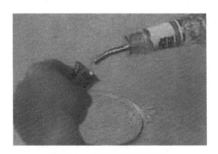

步骤二：将酒类以量杯量出
正确分量后，倒入果汁机内。

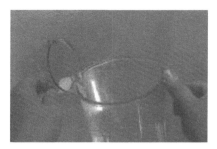

步骤三：以夹冰器夹取冰块，放入果汁机内。

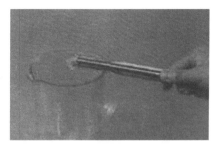

步骤四：倒入其他配料，开动果汁机搅拌均匀即可。

图 5-4　搅和法操作步骤

三、鸡尾酒的规范动作及调酒程序

（一）传瓶→示瓶→开瓶→量酒

1．传瓶

传瓶即将酒瓶从酒柜或操作台上传到手中的过程。传瓶一般有从左手传到右手或从下方传到上方两种情形。用左手持瓶颈部传到右手上，用右手拿住瓶的中间部位，或直接用右手从瓶的颈部上提至瓶中间部位。要求动作快、稳。

2．示瓶

示瓶即将酒瓶展示给客人。用左手托住瓶底部，右手拿住瓶颈部，呈 45°角把商标面向客人。传瓶到示瓶是一个连贯的动作。

3．开瓶

用右手拿住瓶身，左手中指以逆时针方向向外拉酒瓶盖，用力得当时可一次拉开，并用左手虎口即拇指和食指夹起瓶盖。开瓶是在酒吧没有专用酒嘴时使用的方法。

4．量酒

开瓶后立即用左手中指、食指与无名指夹起量杯（根据需要选择量杯大小），两臂略微抬起是环抱状，把量杯放在靠近容器的正前上方约 3 cm 处，量杯要端平。然后用右手将酒倒入量杯，倒满后收瓶，右手同时将酒倒进所用的容器中。用左手拇指以顺时针方向盖盖，然后放下量怀和酒瓶。

（二）提杯→溜杯→温烫

1．握杯

古典杯、海波杯、哥连士杯等平底杯应握杯子下底部，切忌用手掌拿杯口。高脚或脚杯应拿细柄部。白兰地杯用手握住杯身，通过手传热使其芳香溢出（指客人饮用时）。

2．溜杯

将酒杯冷却后用来盛酒。通常有以下几种情况：

① 冰镇杯：将酒杯放在冰箱内冰镇。

② 放入上霜机：将酒杯放在上霜机内上露。

③ 加冰块：有些可加冰块在杯内冰镇。

④ 溜杯：杯内加冰块使其快速旋转至冷却。

3. 温烫

指将酒杯烫热后用来盛饮料。

① 火烤：用蜡烛烤杯，使其变热。

② 燃烧：将高酒精烈酒放入杯中燃烧，至酒杯发热。

③ 水烫：用热水将杯烫热。

（三）搅拌

搅拌是混合饮料的方法之一。它是用吧勺在调酒杯或饮用杯中搅动冰块使饮料混合。具体操作要求：用左手握杯底，右手按握毛笔姿势，使吧勺勺背靠杯边按顺时针方向快速旋转。搅动时只有冰块转动声。搅拌五六圈后，将滤冰器放在调酒杯口，迅速将调好的饮料滤出。

（四）摇壶

这是使用调酒壶来混合饮料的方法。具体操作形式有单手、双手两种。

单手握壶：右手食指按住壶盖，用拇指、中指、无名指夹住壶体两边，手心不与壶体接触。摇壶时，尽量使手腕用力。手臂在身体右侧自然上下摆。要求：力量要大，速度快，节奏快，动作连贯。手腕可使壶按"S"形、三角形等方向摇动。

双手握壶：左手中指按住壶底，拇指按住壶中间过滤盖处，其他手指自然伸开。右手拇指按壶盖，其余手指自然伸开固定壶身。壶头朝向自己，壶底朝外，并略向上方，摇壶时可在身体左上方或正前上方。要求两臂略抬起，呈伸曲动作，手腕呈三角形摇动。

（五）上霜

上霜是指在杯口边沾上糖粉或盐粉。具体要求是用柠檬皮擦杯口边，要求匀称。操作前要把酒杯控干。然后将酒杯放入糖粉或盐粉中，沾完后把多余的糖粉或盐粉弹去。

（六）调酒程序

选杯→放入冰块→溜杯→选择调酒用具→传瓶→示瓶→开瓶→量酒→搅拌（或摇壶）→过滤→装饰→服务。

四、鸡尾酒的调制规则

① 严格按照配方中原料的种类、商标、规格、年限和数量标准来配制鸡尾酒，严禁使用代用品或劣质的酒、果汁、汽水等原料。

② 调酒杯必须干净、透明光亮。调酒时，手只能接触杯的下部。

③ 调酒时，必须用量杯计量主要基酒、调味酒和果汁的需要量，不要随意把原料倒入杯中。

④ 使用摇酒器调制鸡尾酒时动作要快，用力摇动，动作要大方，可用手腕左右摇动，也可用手臂上下晃动，摇至摇酒器表面起霜后，立即过滤，倒入酒杯中。同时，手心不要接触

摇酒器，以免冰块过量融化，冲淡鸡尾酒的味道。

　　⑤ 使用调酒杯配制时，吧匙搅拌的时间不要过长。通常用中等速度搅拌，在杯内旋转 7 ~ 8 周，以免使冰块过量融化，冲淡鸡尾酒的味道。

　　⑥ 配制鸡尾酒，一定要使用新鲜的果汁和新鲜的冰块，使用当天切配好的新鲜水果作为装饰物或配料，并使用经过冷藏的果汁、汽水及啤酒。

　　⑦ 使用电动搅拌机时，一定要使用碎冰块。

　　⑧ 使用后的量杯和吧匙一定要浸泡在水中，洗去它们的味道和气味，以免影响下一份鸡尾酒的质量。浸泡量杯的水应经常换，以保持干净、新鲜。

　　⑨ 不要用手接触酒水、冰块、杯边和装饰物，以保持酒水的卫生和质量。

　　⑩ 制定酒吧的鸡尾酒标准配方、标准成本、标准酒杯、标准配制程序及标准服务方法。

　　⑪ 配制鸡尾酒时，应按照标准的工作程序，需用的酒水先放在工作台上，再准备好工具、酒杯、调味品和装饰品，并放在方便的地方，然后开始配制。将配制好的鸡尾酒倒入酒杯后，应立即清理台面，将酒水和工具放回原处，不可一边调制鸡尾酒，一边寻找酒水和工具。

　　⑫ 要注意客人到来的先后顺序，应先为早到的客人服务。同来的客人，可以先为女士和主人服务。

　　⑬ 调制任何酒水的时间都不能过长，以免客人不耐烦。一般来说，果汁、汽水、矿泉水、啤酒可在 1 min 内完成，混合饮料可在 1 ~ 2 min 完成，鸡尾酒（包括装饰物）可用 2 ~ 4 min 完成。

五、鸡尾酒的品尝

品尝鸡尾酒通常经过观色、嗅味和品尝 3 个程序。

1．观色

根据酒的颜色来判断调酒用料是否准确，如颜色不正，则不直接提供给客人。

2．嗅味

即用鼻子去闻鸡尾酒的香味，但在酒吧中进行时不能直接用整杯酒来嗅味，可以使用吧匙。鸡尾酒的香味，首先包括基酒的香味，然后是其他各种辅料的香味。通过香味来判断鸡尾酒的口味是否正确。

3．品尝

品尝鸡尾酒时需一口一口地喝，慢慢地品，细细地回味，才能领略到鸡尾酒的真正内容。

本章小结

　　鸡尾酒是以一种或多种烈酒为基酒，配制其他辅料，用一定的方法调制而成的混合饮料。鸡尾酒具有观赏和品尝双重价值。蒸馏酒常用于调酒的基酒，它决定着鸡尾酒的风格和基调；香料酒、果汁、汽水、牛奶、冰淇淋等是鸡尾酒的配料，它起着冲淡和缓和基酒的作用，同时又能使鸡尾酒具有独特的风味；装饰物可以增加鸡尾酒的美感，增加其香味；冰块在鸡尾酒的调制中起着冰镇和稀释的作用。

酒吧常用的调酒方法有兑和法、调和法、摇和法和搅和法 4 种，可以针对酒品用料上的特点来选择不同的调酒方法。

思考题

1．鸡尾酒的概念是什么？其分类方法有哪些？

2．举例说明什么是短饮和长饮。它们的区别是什么？

3．鸡尾酒的基本成分及在酒品中的作用什么？

4．举例说明鸡尾酒常用的调制方法及其特点。

5．写出 3 种以金酒为基酒的鸡尾酒配方和制作方法。

6．写出 2 种以伏特加为基酒的鸡尾酒配方和制作方法。

7．写出 3 种以威士忌为基酒的鸡尾酒配方和制作方法。

8．调酒时应注意的问题有哪些？

9．通过实验课的训练，掌握调酒的基本动作规范，学会调制经典的鸡尾酒。

第六章

酒水服务

📖 本章学习目标

1. 掌握各类酒水服务的基本方法
2. 掌握斟酒服务要领，达到服务标准

　　向顾客提供斟倒酒水或饮料等酒水服务是餐厅服务员的重要工作内容之一。餐厅服务员给顾客斟酒时，酒水服务操作动作要正确、迅速、优美、规范，这样会给顾客留下美好的印象。餐厅服务员娴熟的斟酒等酒水服务技能及热忱周到的服务，会使参加饮宴的顾客得到精神上的享受与满足，同时还可以增添热烈友好的饮宴气氛。因此说，酒水服务操作技术不仅需要服务者有广博的酒水知识和服务技术，还要具备一定文化知识和表演天赋。

第一节　酒水服务的基本内容

一、酒水服务的基本技巧

（一）示瓶

　　宾客点用的整瓶酒，在开启前都应让主人先过目一下，一来表示对客人的尊重，二可核实一下有无误差，三则证明商品的可靠性。其基本操作手法是：服务者站立在主人的右侧，左手托瓶底，右手扶瓶颈，酒标面向客人，让其辨认。当客人认可时，才可进行下一步工作。若没有得到客人的认同，则去酒吧台更换酒品，直到客人满意为止。示瓶往往标志着服务操作的开始，相当重要。下面以葡萄酒为例具体说明。

1．点酒展示酒单／酒瓶

（1）展示酒单

　　应当把所提供的酒的详细项目列于酒单上，如酒的形态、产国、产地、酒庄、等级、年份、价格等，甚至可将酒的特性、食物搭配建议等也列于酒单上，供顾客选择。

（2）展示酒单的程序

① 酒单首先呈送给主人或主人指定的人，其他人想参考只能在其后。

② 呈送酒单的时机通常在顾客享用开胃饮料及点完菜后。

③ 呈送前先将酒单打开至第一页，右手拿酒单中上端，从顾客的右侧呈上酒单。

④ 选择酒可能需要些时间，若不能立即决定，服务员可短暂离开，并时刻注意顾客的手势。

⑤ 顾客需要服务员提供建议时，应立即提供最佳的酒食搭配建议。

⑥ 若有促销某种酒的任务时，可作原则性的推销，但不可强迫顾客接受。

2．展示酒瓶

　　在给顾客开酒之前，应先让顾客查阅酒瓶，让顾客确认是否为所需的酒。

　　展示酒瓶的步骤如下：

① 将酒瓶放在口布上，左手托瓶底，右手握瓶颈，将标签朝上，使顾客能清楚地阅读标签内容。

② 顾客验酒并同意后方可开酒。

③ 开酒依照统一规定执行。

（二）冰镇

　　许多酒水的饮用温度应远远低于室温，这就要求对酒品进行降温处理。降温的方法有很多，可加冰块、碎冰、冷冻等。比较名贵的瓶装酒大都采用冰镇的方法来降温。冰镇需用冰桶，冰桶中放入中型冰块或冰水化合物，酒瓶斜插入冰桶中，大约 10 min 后可达到降温效果，之后用盘子托住桶底，连桶送至客人餐桌上，可用一块巾布搭在瓶身上。

（三）溜杯

溜杯是另一种集表演性与技巧性于一身的降温方法。操作者手持杯脚，杯中放入一冰块，然后转动杯子，冰块由于离心力作用在杯内壁上溜滑，使杯壁的温度降低。

（四）温烫

有些酒品的饮用温度需高于室温，这就要求对酒品进行温烫。温烫有 4 种常用的方法：水烫、火烤、燃烧和冲泡。水烫，即将饮用酒事先倒入烫酒器，再置入热水中升温。火烤，即将酒装入耐热器皿，放在火上烧烤升温。燃烧，即将酒盛入杯盏内，点燃酒液以升温。冲泡，即将沸滚饮料（水、茶、咖啡等）冲入酒液，或将酒液注入热饮料中。

（五）开瓶

针对不同类别的酒水采取不同的方法进行开启。后面内容会对如何开启酒水做出详细介绍和说明。应注意的是，有些酒水开启后，在斟酒前需进行滗酒。对于远年陈酒，因其有一定沉积物于瓶底，斟酒前应先除去，以确保酒液的纯净。滗酒最好使用滗酒器，也可用大水杯替代。具体方法是：先将酒瓶竖直静置数小时，然后准备光源，置于瓶子和水杯的一侧，操作人员站在瓶子和水杯的另一侧，用手握瓶，慢慢侧倒，将酒液滗入水杯。当接近含有沉渣的酒液时，应沉着果断，争取滗出尽可能多的酒液，剔除浑浊物质。

二、酒水服务中的保管

在酒水服务中，尤其是高档酒品，一定要做到妥善保管，如顾客需要饮用加温的酒，应注意随时掌握加温用的水温是否够温度；需冷却的酒，同样也要保持其相对稳定的低温度。

顾客提出餐厅代为保管开封斟用过的余酒时，餐厅服务员应进行重新封瓶，并写清顾客的姓名，以便为客人代为保管。

第二节　开启酒水服务

一、常用酒水的正确开启方法

酒水的种类繁多，故而形成了多种多样的包装，常见的有瓶装、罐装和坛装。在开启瓶塞、瓶盖和打开罐口、坛口时，应该选配适用的开酒用具，并注意动作要规范、优美。

（一）正确选用开酒器

常用的开酒器有两大类，一是专门开启木塞瓶的螺丝拔，又名酒刀；另一种是专门开启瓶盖的扳手，又名酒起子。

选用酒刀时应注意，酒刀的螺旋部分应大些，钻头尖而不带刃，最好选用带有起拔杆的，以便使用时可使瓶塞平行拔起，从而加快开酒速度。

（二）开酒的动作

餐厅服务员开酒时，一般都在操作台上进行，餐厅服务员要注意站立姿势及握拿开酒器的方法。开酒时的动作应正确、规范、优美。开酒后，应注意酒品卫生和酒塞整洁。

（三）不同酒类的开启方法

由于各类酒的特点不同和包封形式不同，酒的开启方法也不相同。

1．白酒

白酒的瓶一般有 3 种：冲压式的盖封、金属或塑料旋式盖封以及软木或塑料塞封。

开启冲压式酒封时，将酒瓶放在操作台上，左手扶酒瓶颈部，右手握酒起子，压于酒封外扳启即可。

开启螺口酒封时，左手握在酒瓶中间略上部位，右手用巾布盖于酒封上，转拧即可。

开启软木或塑料塞时，应先将塞封外面的包装去掉，然后用酒刀钻入塞封，待钻头钻到位时，将酒刀两侧压杆向下压后瓶塞即被拔出。开启这类酒封时，酒瓶底部平放于操作台上使酒瓶呈直立状。

2．啤酒

啤酒的包装一般有瓶装和罐装两种。瓶装啤酒均采用冲压式盖封。开启这类酒封时要尽量减少酒瓶的晃动，左手握酒瓶，瓶颈略呈倾斜状，右手握酒起子，一次将酒瓶盖启开。如有酒液溢出，应用干净的餐巾将瓶口压住以防更多的酒液溢出。酒封开启后，要用洁净巾布揩擦瓶口。开启葡萄汽酒或其他果类汽酒均可采用此种方法。开启罐装啤酒时，同样在开启前尽量减少晃动，开启时先将盖的拉环轻轻拉开，慢慢扩大直至全部拉开。这种方法可使罐中的二氧化碳有少量漏出，避免因罐中二氧化碳含量过大而造成酒液冲冒。

3．封有软木塞的酒（多见于葡萄酒及黄酒）

一般开启这种酒时，先将塞封外的包封去掉，并用巾布将瓶口擦拭干净，然后用酒刀对准瓶塞中心以顺时针方向轻轻钻下去，直至将螺旋部分全部钻入塞内，然后利用酒钻的杠杆下压，使瓶塞升起直到拉起。开启这类酒时应尽量减少晃动，当瓶塞升起拔出时，要看一下是否有碎木屑落入酒中，如有要将酒过滤，然后再斟用。在开启塞封酒后，须对拔出的塞封进行检查，看看酒是否有变质的现象，原汁酒塞封的检查尤为重要。检查的方法主要是嗅瓶塞插入瓶内的那一部分，是否有酸败、霉腐气味。

酒刀的正确使用方法如下：

① 将酒瓶擦干净，用小刀沿着瓶口的圆圈状突出部位，切开封瓶口的胶帽，注意转手，不要转瓶子。因为如果是老酒，瓶底会有正常的沉淀，转瓶子就会让沉淀漂起。处理锡制瓶盖时要十分小心，它常会留下如剃刀般锋利的边缘，手不小心会碰到它，很不方便。有些国家出产的葡萄酒的瓶口会有开封带，那就简单了，撕开封带即可。如图 6-1 所示。

注意：这时手在动而不要转动酒瓶，因为可能会将沉

图 6-1　切开封瓶口的胶帽

淀在瓶底的杂质激起，影响口感。

② 用餐布或纸巾将瓶口擦拭干净，如果在软木塞的顶部发现霉菌，别紧张，有点霉灰是很正常的，并不能说明酒已变质，用干净的布把瓶颈擦净即可。如果是用铅盖的旧瓶，要特别小心，因为少量渗出的酒会与铅反应生成有毒的铅盐（lead salts）。

③ 将开瓶器的螺旋钻尖端插入软木塞的中心（如果钻歪了，木塞容易被拔断），然后直立螺旋钻，沿顺时针方向缓缓旋转钻入软木塞中，如图6-2所示。

建议：不要将螺旋钻一次全钻进去，留下一环为宜。因为不知道软木塞的长短，如果一次就把螺旋钻全钻到底，会穿透木塞，将软木屑洒到酒内。

④ 将第一个活动关节扣住瓶口，用左手紧紧握住，再用右手将手把竖直提起来，如图6-3所示。

图6-2 螺旋钻钻入软木塞

图6-3 扣住瓶口提木塞

注意：左手一定要握紧，而右手是提而不是推，否则容易将软木塞推断。另外，提也会比较省力，因为施力臂越长越省力。

⑤ 软木塞出来一半时，再将第二关节扣住瓶口，重复之前的动作，如图6-4所示。

⑥ 感觉到软木塞快拔出时就停止，用手握住木塞，轻轻晃动或转动，绅士地拔出木塞，如图6-5所示。

图6-4 将第二关节扣住瓶口

图6-5 已拔出木塞

切记：不要"砰"的一声快速拽出木塞，要清楚这是葡萄酒，不是香槟。

（四）开酒时间与开酒后的清洁整理

不同品种的酒的开启时间要求不同，甜葡萄酒、白酒应在客人齐后入座前将酒封打开，并逐一为客人将酒斟上。啤酒及各种汽酒，应在客人入座的同时将酒封打开。这样能更好地保持不同酒品原有的风味及特色。

开酒后要做好开瓶后的清洁整理工作，瓶盖、瓶封、瓶塞应随时放入盛装器皿内，开酒用具也要摆放整齐。

二、开启特殊酒水方法

（一）开启方法

在酒水服务时，香槟酒的开启方法与其他酒水的开启方法不同。香槟酒瓶内的压力比其他酒（带有二氧化碳的酒）都大，而且瓶塞又大部分被压进瓶口，只留有一段帽形塞子露在瓶外，并由金属铂盖做顶封，金属丝绕扎固定住，因此在开瓶时，要用左手斜拿瓶颈处（呈45°角），左手大拇指压紧塞顶，用右手持钳转动瓶封处的金属丝，并将其剪断。去掉金属丝后，用小刀削掉瓶封处的金属铂，待瓶封的木塞暴露出后，右手拿一块干净的餐巾布紧捏住瓶塞的上段，左手轻轻地转动酒瓶。在转动的过程中，借助瓶内的压力将瓶塞慢慢顶出瓶口，当瓶塞离开瓶口时，会发出"砰"的一声清脆的响声。瓶塞拔出后，要继续使酒瓶保持45°角，以防酒液从瓶内溢出。

（二）注意事项

开启香槟酒时，其瓶口始终不能朝向顾客或天花板，以防酒液喷到顾客身上或天花板上。开启时应注意：将瓶口朝向餐厅服务员自己的右手掌方向，使右手随时能起到遮挡的作用。同时注意不要采用拧瓶塞或直拔瓶塞的开启方法，以免瓶塞碎裂后酒爆出来。当酒打开后，要用干净的布巾仔细地擦拭瓶口，在清洁的过程中注意不要让污垢落入瓶内。

香槟酒开启后，要注意检查一下瓶塞，检查的方法通常是嗅辨，嗅瓶塞插入瓶内的那部分是否有酸败或发霉气味，从而检验酒液是否变质。

第三节 斟倒酒水服务

一、酒水斟倒方法

在斟倒加温或冷却的酒水时，要将盛装酒水的盛器用布巾进行包垫，方可进行斟倒，以免滴落在餐台或客人身上。

斟倒加温酒水时，应在客人落座后，方可进行斟酒服务，以确保酒的最佳饮用温度。续斟时，酒温要保持在最高温度（因为杯中的酒易冷却）。

斟倒冰镇酒水时，要在客人入座时斟倒，以保证酒的最佳饮用温度。续斟时，酒温要保持在最低温度（因为杯中的酒易升温）。

二、酒水斟倒要求

在特殊酒水斟倒服务中，要求餐厅服务员一定要做到以下几个方面：

（一）确认酒水品牌

斟酒前一定要请客人自己选酒，当顾客选定酒后，在酒品开封前，请顾客再次进行确认，在确认无误后方可开封，然后进行酒水斟倒服务。

（二）正确选用饮酒用具

斟倒特殊酒水时，一定要配用专门的酒具及酒水斟倒服务所必须配用的附属用品，如加温器、冰桶、布巾等。

（三）正确掌握斟酒标准

不同的酒品其斟倒标准不同，餐厅服务员应按照酒品的特点，准确地将酒水斟入杯中。

特殊酒水服务中，应针对不同特点的酒水及顾客的不同需要，提供相应的服务，以满足顾客的特殊需求。

酒水、饮料在日常保管中一定要注意其保质期。同时，保管中要注意温度，啤酒不可冰冻，也不可温度过高，汽酒不可在高温处存放。

三、斟酒技能具体要求

（一）持瓶姿势

持瓶姿势是指服务人员斟酒服务时持酒瓶的手法，即拿酒瓶的姿势。为顾客斟酒水时，餐厅服务员持瓶姿势是否正确是保证斟酒准确、规范的关键。正确的持瓶姿势应是：叉开右手拇指，其余四指并拢，掌心贴于瓶身中部，即酒瓶商标的另一方。握瓶时，手指用力均匀，使酒瓶握实在手中。采用这种持瓶方法，可避免酒液晃动，并防止斟酒时手颤。

持瓶时左手下垂并握有一块干净巾布，右手大臂与小臂呈90°角。向杯中斟酒时，上身略向前倾。当斟满酒液时，右手利用腕部的旋转将酒瓶商标转向自己身体一侧，同时左手迅速、自然地将餐巾盖住瓶口以免瓶口溢酒或滴落。

（二）斟酒时的用力

斟酒时的用力要活而巧。正确的用力应是右侧大臂以肩为轴，小臂用力，利用腕部转动，将酒斟至杯中。腕力灵活，斟酒时握瓶及倾倒的角度的控制就感到自如。腕力用得巧，斟酒时酒液流出的量就准确。斟酒及启瓶均应利用腕子的旋转来掌握。斟酒时忌讳大臂用力及大臂与身体之间角度过大，角度过大会影响顾客的视线，并迫使顾客出现躲闪。

（三）酒水服务的站位

斟酒服务时，餐厅服务员应站在客人的右侧身后，规范的站立是：餐厅服务员的右腿在前，插站在两位客人的座椅中间，脚掌落地，左腿在后，左脚尖着地呈后蹬势，使身体向右呈略斜式，餐厅服务员面向顾客，右手持瓶，面向顾客右侧依次进行斟酒。每斟一杯酒更换位置时，要做到进退有序，这时先使左脚掌落地后，右腿撤回与左腿并齐，使身体恢复原状。再斟酒时，右脚向前进一步，左脚跟一步，右脚跨一步，形成规律性的进退，使斟酒服务的整个过程显得潇洒大方。餐厅服务员斟酒服务时，忌讳将自己身体贴靠在顾客身上或座椅上，但也不要离得太远，更不可在一个站位同时为左右两位顾客斟酒，也就是说不可反手斟酒服务。

斟完酒水（饮料）身体应迅速恢复直立状。在斟酒水（饮料）服务时，切忌弯腰、探头、直立或仰身。

（四）斟酒服务的标准

由于酒品种类不同，故斟酒的方法、顺序与标准也不相同。

1．斟酒方法

斟酒服务时的姿势、站立、行走都是有规律性的。同时，斟酒的方法、时机、方式也需要掌握一定的灵活性。

斟酒方法一般有两种，一种是托盘端托斟酒，即将顾客选定的酒水、饮料放于托盘内，餐厅服务员左手端托，右手取送斟倒，根据顾客的需要依次将所需酒水斟入杯中，这种斟倒方法方便顾客选用。另一种是徒手斟酒，即左手持巾布，右手握酒瓶，按顾客所需的酒水依次斟入顾客的杯中。

2．斟酒方式

斟酒的基本方式有两种：一种叫桌斟，另一种叫捧斟。桌斟指顾客的酒杯放在餐桌上，餐厅服务员持瓶向杯中斟倒酒水。斟倒一般酒水时，瓶口应距离杯口2 cm左右，瓶口对准杯中心，缓缓地将酒水注入酒杯中。斟啤酒或气泡酒时应将酒液沿杯壁注入杯中。

捧斟指斟酒服务时，餐厅服务员站立于顾客右侧身后，右手握瓶，左手将酒杯捧在手中，向杯中斟满酒后绕向顾客的左侧将装有酒水的酒杯放回原来的杯位。捧斟方式一般适用于非冰镇酒品。捧斟取送酒杯时动作要轻、稳、准、优雅大方。

注意，无论采用哪种斟倒酒水的方式，其酒瓶口应与杯口保持一定的距离，以免有碍卫生及操作时发出声响。

3．斟酒标准

斟酒的标准应视酒品的种类而定，同时各种酒品饮用时使用的杯具不同，斟酒标准也不尽相同。

酒席宴会上顾客选用酒品多种多样，不同酒品其色泽、饮用量及使用的饮具均有不同。

中餐常用的酒水杯斟酒标准：白酒、饮料斟入杯中应为八分满，红葡萄酒一般为1/3到1/2。给每位顾客斟倒第一杯啤酒时，应使酒液顺杯壁滑入杯中，八成酒液，二成泡沫。

西餐常用的酒水杯斟酒标准：红葡萄酒、白葡萄酒均为六分满；白兰地酒斟入杯中为一个斟倒量（即将酒杯斟入酒后横放时，杯中酒液与杯口齐平）；西餐烈性酒斟倒量通常与白兰地相同。

斟倒各种长饮料时，无论中餐还是西餐，其斟倒标准均以八分满为宜。

4．斟酒顺序

高级宴会常规的斟酒顺序是，先斟主宾位后斟主人位，再斟其他客人位。如果同一桌宴会由两个餐厅服务员同时为客人斟酒服务，则应是一位餐厅服务员从第一客人位开始，另一位餐厅服务员则从第二客人位开始顺时针方向依次绕台进行斟酒服务。酒席宴会上常有宾主祝酒、讲话的场面，当宾主离位祝酒时，餐厅服务员应持酒跟随祝酒者身后，以便及时为客人斟酒、续酒。当宾主离位讲话时，餐厅服务员应另备酒杯斟满酒，待讲完话时，供讲话者祝酒用。

但是，在实际服务中，往往由于宴会规格、服务对象、民族风俗习惯不同，加之国籍不同，斟酒顺序也应灵活多样。为亚洲地区顾客斟酒服务时，如主宾是男士，则应先斟男主宾位，再斟女宾位，对主人及其他宾客则沿顺时针方向绕台依次进行斟酒服务即可，或视客人要求，先为来宾斟倒，最后为主人斟倒，以此更加表示主人对来宾的尊重。如为欧美客人斟酒服务，则应先斟女主宾位，再斟男主宾位。

顾客用餐选用了不同种类的酒水时，应按酒水的不同进行排序，如顾客选用了白酒、红葡萄酒、啤酒，这时，斟酒的顺序则应是：在客人入座前，先为顾客斟好红葡萄酒，再斟白酒，待顾客入座后方可斟啤酒。

5. 斟酒时机

斟酒时机是指宴会斟酒的两个不同阶段，一个是指宴会开始前的斟酒，另一个阶段是指宴会进行中的斟酒。顾客在进餐开始前选定其所用的酒水，如选有白酒、红葡萄酒、啤酒及其他饮料时，一般情况下在宴会开始前 5 min 之内将葡萄酒和白酒依次斟入每位顾客的酒杯中（斟好以上两种酒后就可请客人入座了）。待客人入座后，再依次为客人斟倒啤酒及其他饮料。

宴会进行中的斟酒，应在客人干杯前后及时为宾客添斟酒水。每上一道新菜后也要添斟酒水。当客人杯中酒液不足半杯时也要及时添斟。在客人互相敬酒时，要随敬酒的宾客及时添斟。

6. 斟酒温度

（1）白酒

中国白酒一般为常温饮用，也有客人讲究"烫酒"，一般用热水"烫"至 20 ～ 25 ℃ 时给客人服务，可去酒中的寒气。但特别名贵的酒如茅台则一般不烫，目的是保持其原"气"。

（2）黄酒

中国黄酒服务时应烫至 25 ℃ 左右。

（3）啤酒

普通啤酒的最佳饮用温度是 6 ～ 10 ℃，因此服务前应略微冰镇。但应注意不能太凉，因为啤酒中含有丰富的蛋白质，在 4 ℃ 以下会结成沉淀，影响感观。

（4）白葡萄酒

不论哪种白葡萄酒都应冰镇后服务，味清淡者温度可略高一点，在 10 ℃；味甜者冰镇至 8 ℃ 为宜。此外，由于白葡萄酒的芬芳香味比红葡萄酒容易挥发，白葡萄酒都是在饮用时才可开瓶。饮前把酒瓶放在碎冰水内冰镇，但不可放入冰箱内，由于急剧的冷冻会破坏酒质及白葡萄酒的特色。白葡萄酒和玫瑰红葡萄酒服务之前应在冰箱冷藏箱（2 ～ 7 ℃）冷藏约 1/h。

（5）葡萄酒

通常不用冰镇。在室温下服务，服务前先开瓶，放在桌子上，使其酒香洋溢于室内，温度在 10 ～ 18 ℃。服务前先放在餐室内，使其与室内温度一样。但在 30 ℃ 以上的暑期，要使酒降温至 18 ℃ 左右为宜。可根据客人喜好加冰块、柠檬、雪碧等。

（6）香槟酒

为了使香槟酒内的气泡明亮闪烁时间久一些，要把香槟酒放在碎冰内冰镇至 7 ～ 8 ℃ 时再开瓶饮用。香槟酒必须冰镇后服务才算合乎要求。

7．斟酒安全

斟酒服务时，服务人员要确保斟酒安全，这是宴会服务水平高低的一种体现。例如，端托斟酒服务时，要做到端平走稳，不倒不洒；在斟酒过程中，不滴不洒，切忌将酒水滴落在客人的身上或衣物上。斟酒时注意事项包括：

① 斟酒时瓶口不可搭在酒杯口上，以相距 2 cm 为宜，以避免将杯口碰破或将酒杯碰倒。但也不要将瓶拿得太高，太高则酒水容易溅出杯外。

② 服务员要将酒缓缓倒入杯中，当斟至酒量适度时停一下，并旋转瓶身，抬起瓶口，使最后一部分酒随着瓶身的转动均匀地分布在瓶口边沿上。这样，便可防止酒水滴洒在台布上或宾客身上。也可在每斟一杯酒后，即用左手所持的餐巾把残留在瓶口的酒液擦掉。

③ 斟酒时，要随时注意瓶内酒量的变化情况。用适当的倾斜度控制酒液流出速度。由于瓶内酒量越少，流速越快，酒流速过快则容易冲出杯外。

④ 斟啤酒时，由于泡沫较多，极易沿杯壁溢出杯外。因此，斟啤酒速度要慢些，也可分两次斟或啤酒沿着杯的内壁流入杯内。

⑤ 因操作不慎而将酒杯碰翻，应向宾客表示歉意，立即将酒杯扶起，检查有无破损，若有破损要立即另换新杯，若无破损，要迅速用一块干净餐巾铺在酒迹之上，然后将酒杯放还原处，重新斟酒。若是宾客不慎将酒杯碰破、碰倒，服务员也要同样处理。

⑥ 在进行交叉服务时，要随时观察每位宾客酒水的饮用情况，及时添续酒水。

⑦ 在斟软饮料时，要按宴会所备品种放入托盘，请宾客选择，待宾客选定后再斟倒。

⑧ 在宴会进行中，通常宾主都要讲话（祝酒词、答谢词等），讲话结束时，双方都要举杯祝酒。所以，在讲话开始前要将其酒水斟齐，以免祝酒时杯中无酒。

⑨ 讲话结束时，负责主桌的服务员要将讲话者的酒水送上供祝酒之用。当讲话者要走下讲台向各桌宾客敬酒时，要有服务员托着酒瓶跟在讲话者的身后，随时准备为其及时添续酒水。

⑩ 宾主讲话时，服务员要停止一切操作，站在合适的位置（一般站立在边台两侧）。因此，每位服务人员都应事先了解宾主讲话时间的长短，以便在讲话开始时能将服务操作暂停下来。

⑪ 若使用托盘斟酒，服务员应站在宾客的右后侧，右脚向前，侧身而立，左手托盘，保持平衡，先略弯身，将托盘中的酒水饮料展示在宾客的眼前，表明让宾客选择自己喜欢的酒水及饮料。同时，服务员也应有礼貌地向询问宾客所用酒水饮料，待宾客选定后，服务员直起上身，将托盘托移至宾客身后。托移时，左臂要将托盘向外托送，防止托盘碰到宾客，不能从宾客的头顶经过。再用右手从托盘上取下宾客所需的酒水进行斟倒。

本章小结

各类酒水的服务是餐厅服务员应该熟练掌握的基本技能和重要工作内容。酒水服务包括从开启各类酒水到斟倒酒水的全过程中涉及的各项技能要求，主要是开启各类酒水、示瓶等酒水服务技能以及斟倒各类酒水的姿势、站位和标准等。

📖 **思考题**

1. 各类酒水开启的方法步骤是什么?
2. 酒水服务的基本技巧包括哪些?
3. 斟酒服务技能点都有哪些?
4. 斟酒的方法、顺序与标准是什么?
5. 斟酒服务时，服务人员要确保哪些斟酒安全?

附　录

附录 A　调酒师国家职业标准

1　职业概况

1.1　职业名称

调酒师。

1.2　职业定义

在酒吧或餐厅等场所，根据传统配方或宾客的要求，专职从事配制并销售酒水的人员。

1.3　职业等级

本职业共设 5 个等级，分别为：初级（国家职业资格五级）、中级（国家职业资格四级）、高级（国家职业资格三级）、技师（国家职业资格二级）、高级技师（国家职业资格一级）。

1.4　职业环境

室内、外，常温。

1.5　职业能力特征

手指、手臂灵活，动作协调；色、味、嗅等感官灵敏。

1.6　基本文化程度

高中毕业（含同等学历）。

1.7　培训要求

1.7.1　培训期限

全日制职业学校教育，根据其培养目标和教学计划确定。晋级培训期限：初级不少于 160 标准学时；中级不少于 140 标准学时；高级不少于 120 标准学时；技师不少于 100 标准学时；高级技师不少于 100 标准学时。

1.7.2　培训教师

培训教师应具备饮料专业知识及相关知识，具有实际操作能力和教学经验，以及相应的职业资格证书。培训初级人员的教师应取得本职业中级职业资格证书；培训中级人员的教师应取得高级职业资格证书；培训高级人员的教师应取得技师职业资格证书；培训技师的教师应取得高级技师职业资格证书；培训高级技师的教师应取得高级技师职业资格证书或具备高等院校相关专业的讲师职称证书。

1.7.3　培训场所及设备

具备同时培训 25 名以上学员的理论学习标准教室及实际操作教室。各种教室应分别具有讲台、吧台及必要的教学设备、调酒工具设备；有实际操作训练所需的饮料、装饰物。教室采光及通风条件良好。

1.8　鉴定要求

1.8.1　适用对象

从事或准备从事调酒师职业的人员。

1.8.2 申报条件

——初级（具备以下条件之一者）

（1）经本职业初级正规培训达到规定标准学时数，并取得毕（结）业证书。

（2）在本职业见习 2 年以上。

——中级（具备以下条件之一者）

（1）取得初级职业资格证书后连续从事本职业工作 3 年以上，经本职业中级正规培训达到规定标准学时数，并取得毕（结）业证书。

（2）取得本职业初级职业资格证书后，连续从事本职业 5 年以上。

（3）取得经劳动保障行政部门审核认定的、以中级技能为培养目标的中等以上职业学校本职业毕业证书。

——高级（具备以下条件之一者）

（1）取得中级职业资格证书后并连续从事本职业工作 4 年以上，经本职业中级正规培训达到规定标准学时数，并取得毕（结）业证书。

（2）取得本职业中级职业资格证书后，连续从事本职业工作 8 年以上。

（3）取得经劳动保障行政部门审核认定的、以高级技能为培养目标的高等职业学校本职业毕业证书。

——技师（具备以下条件之一者）

（1）取得高级职业资格证书后连续从事本职业工作 5 年以上，并经本职业技师正规培训达到规定标准学时数，取得毕（结）业证书。

（2）取得本职业高级职业资格证书后，连续从事本职业 8 年以上。

（3）取得本职业高级职业资格证书的高级技工学校毕业生，连续从事本职业 2 年以上。

——高级技师（具备以下条件之一者）

（1）取得技师职业资格证书后连续从事本职业工作 3 年以上，并经本职业高级技师正规培训达到规定标准学时数，取得毕（结）业证书。

（2）取得本职业技师职业资格证书后，连续从事本职业工作 5 年以上。

1.8.3 鉴定方式

本职业鉴定采用理论知识考试（笔试）及技能操作考核两种方式。理论知识考试（笔试）采用闭卷笔试的形式，技能操作考核采用现场实际操作方式进行。理论知识考试和实际操作考核评分均采用百分制，两项皆达 60 分以上者为合格。技师和高级技师鉴定还须通过综合评审。

1.8.4 考评人员和考生配比

本职业理论知识考试考生与考评员配比为 15∶1，实际操作考核考生与考评员配比为 1∶3。

1.8.5 鉴定时间

各等级理论知识考试时间均为 90 分钟；初、中、高级调酒师技能操作考核时间为 20 分钟 / 人，技师、高级技师技能操作考核时间为 120 分钟 / 人。

1.8.6 鉴定场所设备

理论知识考试场所，不少于 70 平方米，50 套课桌椅，讲台、黑板等设施齐备，并具有良好的照明和通风条件；实际操作鉴定场所，一次考核不少于 3 个工位，每个工位不少于 5 平方米，并符合环保、劳保、安全、消防等基本要求。需要设备及用具：调酒操作台（带上下水）、酒水展示柜、评判工作台、评判工作椅、立式电冰箱、制冰机、碎冰机、奶昔机、摇酒壶、量酒器、吧匙、滤冰器、调酒杯、电动搅拌机、榨汁机、开罐器、白台布、白色餐巾、砧板、果刀、冰桶、冰夹、冰铲、垃圾桶、调酒棒、鸡尾酒签、吸管、杯垫、调味瓶、糖盅、酒精灯、各种酒杯，以上设备可根据不同等级考核需要进行删减。

2 基本要求

2.1 职业道德

2.1.1 职业道德基本知识

2.1.2 职业守则

（1）忠于职守，礼貌待人。

（2）清洁卫生，保证安全。

（3）团结协作，顾全大局。

（4）爱岗敬业，遵纪守法。

（5）钻研业务，精益求精。

2.2 基础知识

2.2.1 法律知识

《劳动法》、《税法》、《价格法》、《食品卫生法》、《消费者权益保护法》、《公共场所卫生管理条例》基本知识。

2.2.2 饮料知识

（1）饮料知识概述。

（2）饮料的分类。

（3）酒的基础知识。

（4）发酵酒、蒸馏酒、混配酒。

2.2.3 酒吧管理与酒吧设备、设施、用具知识

（1）酒吧的定义与分类。

（2）酒吧的结构与吧台设计。

（3）酒吧的组织结构与人员构成。

（4）酒吧的岗位职责。

（5）酒吧设备。

（6）酒吧用具。

（7）酒吧载杯。

2.2.4 酒单与酒谱知识

（1）酒水服务项目与酒单的内容。

（2）酒单与酒水操作。

（3）酒单的设计与制作。

（4）标准化酒谱。

（5）酒水的标准计。

（6）酒水的操作原则。

2.2.5 调酒知识

（1）鸡尾酒的定义与分类。

（2）鸡尾酒的调制原理。

（3）鸡尾酒的制作方法。

（4）鸡尾酒的创作原则。

2.2.6 食品营养卫生知识

（1）食品卫生基础知识。

（2）饮食业食品卫生制度。

（3）营养基础知识。

（4）合理的餐饮搭配。

2.2.7 饮食成本核算

（1）饮业产品的价格核算。

（2）酒中的成本核算。

（3）酒会酒水的成本核算。

2.2.8 公共关系与社交礼仪常识

（1）公共关系。

（2）社交艺术。

（3）礼节礼貌。

（4）仪表仪容。

2.2.9 旅游基础知识

（1）旅游常识。

（2）中外风俗习惯。

（3）宗教知识。

2.2.10 外语知识

（1）酒吧常用英语。

（2）酒吧术语。

（3）外文酒谱。

（4）酒与原料的英语词汇。

（5）酒吧设备设施、调酒工具的英语词汇。

2.2.11 美学知识

（1）色彩在酒水出品中的应用。

（2）酒吧的创意与布局。

（3）调酒艺术与审判原则。

（4）食品雕刻在鸡尾酒装饰中的作用。

3 工作要求

本标准对初级、中级、高级、技师及高级技师的技能要求依次递进，高级别包括低级别的要求。

3.1 初级

职业功能	工作内容	技能要求	相关知识
一、准备工作	(一) 酒水准备	1. 能够完成对盘存表格的辨别与查对 2. 能够完成饮料品种及数量的准备 3. 能够完成饮料的服务准备 4. 能够进行酒水品种分类	1. 酒水基础知识 2. 酒水服务知识
	(二) 卫生工作	1. 能够完成对个人卫生、仪表、仪容的准备与调整 2. 完成酒吧基本的清洁卫生 3. 能够对餐、酒具进行消毒、洗涤	1. 酒吧清洁程序和方法 2. 餐、酒具消毒洗涤方法
	(三) 辅料准备	辅料原料的准备	原材料准备程序与方法
	(四) 器具用品准备	1. 能够完成调酒器具、器皿的准备 2. 能够完成酒单的摆放及酒架陈列 3. 能够完成酒吧用具的摆放	酒吧酒具摆放规范
二、操作	(一) 调酒操作	1. 能够掌握鸡尾酒操作的基本方法： (1) 搅和法（blending） (2) 兑和法（building） (3) 摇和法（shaking） (4) 调和法（stirring） 2. 能够根据配方调制一般常用软饮料及简单的鸡尾酒20款 3. 能够正确使用酒吧的常用杯具	1. 鸡尾酒调制步骤与程序 2. 酒谱的识读方法 3. 使用酒吧杯具的基本方法
	(二) 饮料操作	1. 能够按以下原则完成软饮料的制作与出品： (1) 选用相应载杯 (2) 按规范开瓶（罐） (3) 按规范倒入 (4) 根据品种要求加冰及柠檬片 (5) 使用杯垫 2. 能够按以下原则完成啤酒的出品： (1) 冷冻啤酒杯 (2) 按规范开瓶（罐）或从机器中打酒 (3) 按规范倒酒 (4) 会安装拆卸生啤酒桶	1. 软饮料操作程序与标准 2. 啤酒出品程序与操作要求
三、服务	酒吧服务	1. 能够按规范完成酒吧饮料服务 2. 能够运用一门外语进行简单的接待服务 3. 能够完成酒吧的结账工作	1. 酒吧常用英语 2. 服务基本程序 3. 礼节礼貌知识

3.2 中级

职业功能	工作内容	技能要求	相关知识
一、准备工作	(一) 酒水准备	1. 能够完成对盘存表格等有关表格的填写 2. 能够完成对饮料品种的质量检查及饮品服务温度的检查 3. 能够完成一般酒会的准备和服务	1. 酒水表格的填写与辨别 2. 酒水质量检查程序与方法 3. 酒会准备、服务程序标准
	(二) 卫生工作	1. 能够完成对个人卫生、仪表仪容的准备 2. 能够完成酒吧日常的清洁卫生工作 3. 能够熟练完成餐酒具消毒、洗涤	1. 酒吧卫生标准 2. 酒吧日常卫生操作程序
	(三) 辅料准备	1. 能够完成鸡尾酒装饰物的准备 2. 能够完成一般果汁类的准备 3. 能够完成调酒专用糖浆的准备	1. 鸡尾酒装饰物的制作方法 2. 制作果汁、糖浆的方法

续表

职 业 功 能	工 作 内 容	技 能 要 求	相 关 知 识
一、准备工作	(四) 器具用品准备	1. 能够根据营业需要完成调酒器具、器皿的准备与调整 2. 能够准确完成酒单、酒架的摆放及更新 3. 能够根据操作需要完成酒吧用具摆放的调整	酒吧器具、器皿、酒单、酒架摆放规范及原则
二、操作	(一) 调酒操作	1. 能够熟练运用以下鸡尾酒操作方法调制鸡尾酒: (1) 搅和法 (blending) (2) 兑和法 (building) (3) 摇和法 (shaking) (4) 调和法 (stirring) 2. 能够熟练掌握常用鸡尾酒调制步骤及注意事项 3. 能够调制各类常用鸡尾酒 50 款 4. 能够正确使用及保养酒吧的设备、用具及器皿	1. 鸡尾酒制作程序 2. 调酒原理 3. 酒吧设备、用具的保养及使用知识
	(二) 饮料操作	1. 能够熟练掌握软饮料的制作与出品技巧 2. 能够按以下原则熟练掌握或完成烈酒服务、制作与出品: (1) 选用相应载杯 (2) 按规范开瓶 (3) 使用量酒器 (4) 按规范倒酒 (5) 根据品种要求加冰及装饰物、辅料 (6) 使用杯垫	软饮料、烈酒的操作程序
三、服务	酒吧服务	1. 能够掌握酒吧饮料服务的程序并按规范进行操作 2. 能够掌握与宾客沟通的一般技巧和酒水推销技巧	1. 酒吧服务常识 2. 推销技巧

3.3 高级

职 业 功 能	工 作 内 容	技 能 要 求	相 关 知 识
一、准备工作	(一) 酒水准备	1. 能够完成对填写好的营业表格 (盘存、进货、退货营业日报等) 进行审核与分析 2. 能够根据营业需要,完成对品种及数量的准备检查 3. 能够准确完成饮料品种的质量、服务温度的检查 4. 能够设计、组织一般酒会,并能够进行基本的成本核算 5. 能够完成对酒吧所有准备工作的检查督导	酒吧服务与管理知识
	(二) 卫生工作	1. 能够完成对个人卫生、仪表仪容的准备 2. 能够完成酒吧日常的清洁卫生工作 3. 懂得餐、酒具消毒原理,并熟练掌握各种不同类型餐酒具的消毒技巧 4. 能够完成对酒吧卫生工作的检查	1. 食品卫生要求 2. 仪表仪容标准 3. 饮料质量、卫生标准 4. 酒吧环境卫生标准
	(三) 辅料准备	1. 能够制作较复杂鸡尾酒装饰物 2. 能够制作各类果汁 3. 能够完成调酒专用原料的制作及质量鉴别	1. 鸡尾酒装饰物的制作知识 2. 食品雕刻与鸡尾酒装饰物知识 3. 调酒专用原料的调制及果汁调配基础知识
	(四) 器具准备	1. 能够对调酒器具、器皿的准备制定标准 2. 能够对酒单、酒架的摆放与陈列制定标准 3. 能够对吧台及酒吧用具的摆放制定标准	酒吧设备及用具规格标准

续表

职 业 功 能	工 作 内 容	技 能 要 求	相 关 知 识
二、操作	（一）调酒操作	1．能够掌握全面的调酒技术 2．能够调制 80 款（含中级 50 款）以上的常见鸡尾酒 3．能够根据命题创作鸡尾酒 4．能够熟练使用酒吧各类用具、设备	鸡尾酒调制原理与创作法则
	（二）饮料操作	1．能够完成所有软饮料的制作与出品，操作原则同初、中级 2．能够完成所有烈酒服务的制作与出品，操作原则同初、中级 3．能够完成葡萄酒、汽酒的出品 4．能够完成各种茶饮料的制作	葡萄酒的服务知识与茶饮料的调制方法
三、服务	酒吧服务	1．能够熟练进行酒吧饮料服务 2．能够掌握一门外语 3．能够熟练掌握与宾客沟通的技巧	1．外语知识 2．餐饮服务基本程序、技巧

3.4 技师

职 业 功 能	工 作 内 容	技 能 要 求	相 关 知 识
一、操作	（一）鸡尾酒创作	能够根据宾客要求创作鸡尾酒	鸡尾酒的创作原理
	（二）插花	能够根据创意制作插花	花艺基本知识
	（三）酒吧布置	1．能够根据酒吧的主题设计、布置酒吧 2．能够根据酒吧特点设计酒水陈设	酒吧设计的基本要求及规范
	（四）酒会设计	能够设计、组织各类中、小型酒会	1．餐台布置的基本要求及规范 2．酒会设计知识
二、管理	（一）服务管理	1．能够编制酒水服务程序 2．能够制定酒水服务项目 3．能够组织实施酒吧服务	服务管理知识
	（二）培训	能够实施酒吧的培训计划	培训技巧
	（三）控制	1．能够对酒吧的服务工作进行检查 2．能够对酒吧的酒水进行质量检查 3．能够处理宾客投诉	1．心理学知识 2．服务管理知识 3．法律知识

3.5 高级技师

职 业 功 能	工 作 内 容	技 能 要 求	相 关 知 识
一、操作	（一）鸡尾酒创新	1．能够根据宾客要求和经营需要设计创新鸡尾酒 2．能够掌握对鸡尾酒调制技法的综合利用	1．鸡尾酒品种的创新与调酒技法、创新的基本原则 2．酒水营养学知识
	（二）插花	能够根据环境设计的需要制作各类花卉制品	在不同环境下制作花卉制品的基本知识
	（三）酒会设计	能够设计组织大型酒会	1．餐台布置技巧在大型酒会中的应用 2．酒会设计的基本要求

职业功能	工作内容	技能要求	相关知识
二、经营管理	（一）酒单设计	1. 能够根据酒吧特点进行酒单设计 2. 能够根据要求对酒进行中、外文互泽	酒单制作与设计基本要求
	（二）组织与管理	1. 能够制定酒吧经营管理计划 2. 能够设计制作酒吧运转表格 3. 能够对酒吧进行定员定编 4. 能够制定饮料营销计划并组织实施 5. 能够对酒吧进行物品管理 6. 能够对酒水合理定价，进行成本核算 7. 能够组织实施员工的培训	1. 酒吧经营管理知识 2. 酒吧营销基本法则 3. 餐饮业酒水核算知识
三、研究	研究	能够研究开发特色鸡尾酒	国际酒吧业的发展状况和最新动态

4 比重表

4.1 理论知识

项目		初级 (%)	中级 (%)	高级 (%)	技师 (%)	高级技师 (%)
基本要求	职业道德	5	5	5	5	5
	法律知识	5	5	5	5	5
	饮料知识	25	20	20	15	15
	酒单与酒谱知识	5	5	5	5	5
	酒吧知识	10	10	10	10	15
	食品营养卫生知识	5	5	5	5	5
	饮食成本核算	—	—	5	5	5
	公共关系与社交礼仪常识	5	5	—	—	—
	旅游基础知识	5	5	5	5	5
相关知识	准备工作	酒水准备	5	5	5	—	—
		器具准备	5	5	5	—	—
		辅料准备	5	5	5	—	—
	饮料操作	调酒操作	5	5	5	10	5
		饮料操作	5	5	5	10	5
	设备使用维护		5	5	5	5
	管理工作	—	—	—	10	15
	外语应用	10	10	10	10	10
合计		100	100	100	100	100

4.2 技能操作

项　目			初级 (%)	中级 (%)	高级 (%)	技师 (%)	高级技师 (%)
技能 要求	准备工作	酒水准备	5	5	5	5	5
		器具准备	5	5	5	5	5
		辅料准备	5	5	5	5	5
	饮料操作	调酒操作	40	40	40	15	15
		饮料操作	30	30	30	15	15
	设备使用维护		5	5	5	—	—
	管理工作		—	—	—	40	40
	外语应用	工作对话	10	10	5	10	10
		外文书写	—	—	5	5	5
合计			100	100	100	100	100

附录 B　酒吧常用术语

1．Base：鸡尾酒是以某一种烈酒为主体，通称基酒。

2．Bartender：即酒保、调酒师。

3．Chaser：① 喝过较烈的酒之后所添加的冰水，可与烈酒中和保持味觉的新鲜，也可依个人喜好加入苏打水、啤酒、矿泉水等代替；② 指饮料中加入某些材料使其浮于酒中，如鲜奶油等，密度较小的酒则可浮于苏打水之上。

4．Daiquiri：鸡尾酒种类之一，通常以水果为主，加香甜酒和大量的碎冰，用果汁机调制而成。

5．Dry：用在葡萄酒中，意为"不甜"；用在金酒和啤酒中，则意为"烈"。

6．Fizz：混合饮料之一，特色是有气泡。

7．Frappe：将酒倒入盛满碎冰的杯内之一种鸡尾酒喝法。

8．Half & Half：即一半水、一半酒。

9．Night Cup：即睡前的饮料。

10．On the Rocks：以老时髦杯盛酒，杯内加有冰块。

11．Proof：酒精纯度，美国较常使用的酒精计量单位，是酒精度数的两倍，如 100 Proof 表示酒精度 50%。

12．Punch：一种混合饮料，可大量调制，是宴会场合的最佳饮料。

13．Recipe：即酒谱配方，指调制鸡尾酒时所使用之配方。

14．Rimming a Glass：即杯口加糖圈或盐圈，称之为雪糖杯或雪盐杯。

15．Straight up：指纯饮之意，酒中不加入任何东西。

16．Sober up：指醒酒之意。

17．Sweet & Sour：指一半柠檬汁（或酸的果汁）及一半糖浆的混合液。

18．Tie me up：点同样的酒，喝完了服务人员自动再斟一杯。

19．Twist of Peel：即为扭擦一片水果皮。

20．Up or Down：Up 指鸡尾酒杯，而 Down 指为老时髦杯，也就是加冰或不加冰。

21．注入调和（Dash）：一种附于苦味酒酒瓶的计量器。

22．滴（Drop）：1 Drop 是 1 滴 2 Drop 是 2 滴，依此类推。

23．茶匙（Spoon）：用来量材料分量，1 茶匙通常指 1 平茶匙。砂糖、糖浆、果汁最常用。（1 Dash=10 Drop；10 Drop=1 茶匙。）

24．单份（Single）——是指 30 mL，大约为威士忌酒杯 1 杯份。

25．双份（Double）——是指 60 mL，就是单份（Single）的两倍。

附录 C 酒水调制度量换算表

Standard Units（标准单位）

单位名称	mL（毫升）	oz（盎司）
dash	0.9	1/32
teaspoon（茶匙）	3.7	1/8
tablespoon（汤匙）	11.1	3/8
pony	29.5	1
shot（小杯）	29.5	1
splash	3.7	1/8
measure (msr)	26.5	0.9
mickey	384	13
jigger（吉格）	44.5	1 1/2
wine glass（葡萄酒杯）	119	4
split	177	6
cup（杯）	257	8
miniature (nip)	59.2	2
half pint (US)（半品脱，美制）	257	8
half pint (UK)（半品脱，英制）	284	9.6
tenth	378.88	12.8
pint (US)（品脱，美制）	472	16
pint (UK)（品脱，英制）	568	19.3
fifth	755.2	25.6
quart（夸脱，美制）	944	32
imperial quart（夸脱，英制）	1137	38.4
half gallon (US)（半加仑）	1894	64
gallon (US)（加仑）	3789	128

Wine and champagne（葡萄酒和香槟计量单位）

单位名称	L（升）	oz（盎司）
split (1/4 btl)	0.177	6
pint (1/2 btl)（品脱）	0.3752	12
quart (1 btl)（夸脱）	0.739	25
magnum (2 btls)（2 夸脱）	1.478	52
jeroboam (4 btls)（大香槟酒瓶）	2.956	104
tappit-hen	3.788	128
rehoboam (6 btls)（大型葡萄酒瓶）	4.434	
methuselah (8 btls)	5.912	
salmanazar (12 btls)	8.868	
balthazar (16 btls)（小颈大瓶）	11.824	
nebuchadnezzar (20 btls)	14.780	
demijohn (4.9 gallons)	18.66	

Metric Measurements（米制尺度）

单 位	mL	cL	dL
metric system is based on tens, thus（米制尺度按照十进制计算）			
mL（毫升）	1	0.1	0.01
cL（厘升）	10	1	0.1
dL（公升）	100	10	1

mL = millilitre, cL = centilitre, dL = decilitre

附录 D 水果中－英文名称对照表

almond	杏仁	gooseberry	醋栗
apple	苹果	grape	葡萄
apricot	杏子	grapefruit	葡萄柚子（西柚）
arbutus	杨梅	guava	番石榴
avocado	南美梨（鳄梨）	haw	山楂
bagasse	甘蔗渣	herbaceous fruit	草本果
banana	香蕉	hickory	山胡桃
bennet	水杨梅	honey-dew melon	哈密瓜
bergamot	佛手柑	juicy peach	水蜜桃
berry	浆果	kernel fruit	仁果
betelnut	槟榔	kiwi fruits	猕猴桃
bilberry	野桑果	lemon	柠檬
bitter orange	苦酸橙	lime	酸橙（青柠檬）
blackberry	刺梅	lichee	荔枝
blueberry	越橘	longan	龙眼
bryony	野葡萄	loquat	枇杷
bullace	野李子	lotus nut (seed)	莲子
bush fruit	丛生果	mandar in orange	柳丁
cantaloupe	美国甜瓜（哈密瓜）	mango	芒果
carambola	杨桃	mangosteen	山竹
casaba	冬季甜瓜	marc	果渣
cascara	鼠李	melon	黄香瓜
cherry	樱桃	mini watermelon	小西瓜
chestnut	栗子	nectarine	油桃
coconut	椰子	newton pippin	香蕉苹果
codlin	未熟苹果	nucleus	核仁
core	果心	olive	橄榄
cranberry	蔓越莓	orange	橙子
cumquat	金橘	papaya (Pawpaw)	木瓜
custard apple	番荔枝	passion Fruit	百香果
damson	洋李子	peach	桃子
date	枣子	peanut	花生
date palm	枣椰子	pear	梨
dew	果露	persimmon	柿子
durian	榴莲	phoenix eye nut	凤眼果
dragon fruit	火龙果	pineapple	凤梨
fig	无花果	Plum	梅子
flat peach	蕃桃	pomegranate	石榴
foxnut	鸡头果	pomelo	柚子
ginkgo	银杏	quarenden	大红苹果

Rambutan	红毛丹	Tangerline	蜜柑橘
Raspberry	覆盆子	Tangor	广柑
Sapodilla	人参果	Teazle fruit	刺果
Sapodilla plum	芝果	Tough pear	木梨
Seedless watermelon	无子西瓜	Vermillion orange	朱砂橘
Segment	片囊	Walnut	核桃
Shaddock	文旦	Warden	冬梨
Sorgo	芦粟	Water Caltrop	菱角
Sorosis	桑果	Water-chestnut	马蹄
Strawberry	草莓	Watermelon	西瓜
Sugarcane	甘蔗	White shaddock	白柚
Sweet acorn	甜栎子	Wild peach	毛桃
Syrup shaddock	汁柚		

附录 E　国际调酒师协会（IBA）指定鸡尾酒名称及配方

1．Before-Dinner Cocktail - Dry or Medium

• Americano	• Kir Royale	• Martini (Vodka)
• Bacardi Cocktail	• Manhattan Dry	• Negroni
• Bronx	• Manhattan Medium	• Old Fashioned
• Banana Daiquiri	• Manhattan	• Paradise
• Frozen Daiquiri	• Margarita	• Rob Roy
• Daiquiri	• Martini (Dry)	• Rose
• Gibson	• Martini (Perfect)	• Whiskey Sour
• Kir	• Martini (Sweet)	

2．After-Dinner Cocktail - Sweet

• Black Russian	• God Mother	• Porto Flip
• Brandy Alexander	• Golden Cadillac	• Rusty Nail
• French Connection	• Golden Dream	• White Russian
• God Father	• Grasshopper	

3．Long Drink - Collins Type

• Bellini	• Gin Fizz	• Planter's Punch
• Bloody Mary	• Harvey Wallbanger	• Piña Colada
• Buck's Fizz	• Horse's Neck	• Screwdriver
• Brandy Egg Nog	• Irish Coffee	• Singapore Sling
• Bull Shot	• Tom Collins	• Tequila Sunrise
• Champagne Cocktail	• Mimosa	

4．Fancy Drink - Long, medium, short

• Apple Martini	• Japanese Slipper
• B-52	• Kamikaze
• Caipirinha	• Long Island Iced Tea
• Cosmopolitan	• Mai-Tai
• Cuba Libre	• Mojito

5. Cocktail Recipes for IBA

Americano

IBA Official Cocktail

Type	Mixed drink
Primary alcohol by volume	Campari
Served	On the rocks; poured over ice
Standard garnish	half an orange slice, lemon peel
Standard drinkware	Old fashioned glass
IBA specified ingredients*	3cl (one part) Campari 3cl (one part) sweet vermouth Dash of club soda
Preparation	Shake the Campari and vermouth well together, pour over ice into glass. Top with club soda. Garnish and serve.

    * Americano recipe at International Bartenders Association

Bacardi Cocktail

IBA Official Cocktail

Type	Cocktail
Primary alcohol by volume	Rum
Served	Straight up; without ice
Standard drinkware	Cocktail glass
IBA specified ingredients*	4.5cl (9 parts) Bacardi white rum 2cl (4 parts) lemon or lime juice 0.5cl (1 part) grenadine syrup
Preparation	Shake together in a mixer with ice. Strain into glass and serve

    * Bacardi cocktail recipe at International Bartenders Association

Bronx

IBA Official Cocktail

Type	Cocktail
Primary alcohol by volume	Gin
Served	Straight up; without ice
Standard drinkware	Cocktail glass
IBA specified ingredients*	3.0 cl (6 parts) Gin 1.5 cl (3 parts) Sweet Red Vermouth 1.0 cl (2 part) Dry Vermouth 1.5 cl (3 parts) Orange juice
Preparation	Pour into cocktail shaker all ingredients with ice cubes, shake well. Strain in chilled cocktail or martini glass.

    Classified as a pre-dinner cocktail by the IBA.

    * Bronx recipe at International Bartenders Association

Daiquirí

IBA Official Cocktail

Type	Cocktail
Primary alcohol by volume	Rum
Served	Straight up; without ice
Standard drinkware	Cocktail glass
IBA specified ingredients*	4.5cl (9 parts) White rum 2cl (4 parts) lime juice 0.5cl (1 part) Gomme syrup
Preparation	Pour all ingredients into shaker with ice cubes. Shake well. Strain in chilled cocktail glass.

* Daiquirí recipe at International Bartenders Association

Gibson Martini

IBA Official Cocktail

Type	Cocktail
Primary alcohol by volume	Gin
Served	stirred
Standard garnish	silverskin onion
Standard drinkware	Cocktail glass
IBA specified ingredients*	6cl (6 parts) gin 1cl (1 part) dry vermouth
Preparation	*Stir well in a shaker with ice, then strain into glass. Garnish and serve

* Gibson martini recipe at International Bartenders Association

Kir

IBA Official Cocktail

Type	Wine cocktail
Primary alcohol by volume	Wine
Standard drinkware	Wine glass (white)
IBA specified ingredients*	9cl (9 parts) white wine 1cl (1 part) crème de cassis
Preparation	*Add the crème de cassis to the bottom of the glass, then top up with wine.
Notes	A recipe can be found at the International Bartenders Association website.

* Kir recipe at International Bartenders Association

Manhattan

IBA Official Cocktail

Type	Cocktail
Primary alcohol by volume	Whiskey
Served	Straight up; without ice
Standard garnish	cherry
Standard drinkware	Cocktail glass
IBA specified ingredients*	5cl Rye or Canadian whiskey 2cl Sweet red vermouth Dash Angostura bitters Maraschino cherry (Garnish)
Preparation	Stirred over ice, strained into a chilled glass, garnished, and served straight up.

Martini

IBA Official Cocktail

Type	Cocktail
Primary alcohol by volume	Gin
Served	Straight up; without ice
Standard garnish	Olive or lemon peel
Standard drinkware	Cocktail glass
IBA specified ingredients*	5.5 cl gin 1.5 cl dry vermouth
Preparation	Pour all ingredients into mixing glass with ice cubes. Stir well. Strain in chilled martini cocktail glass. Squeeze oil from lemon peel onto the drink, or garnish with olive.

* Martini recipe at International Bartenders Association

Negroni (Cocktail)

IBA Official Cocktail

Type	Cocktail
Primary alcohol by volume	Gin Vermouth Campari
Served	On the rocks; poured over ice
Standard garnish	orange peel
Standard drinkware	Old fashioned glass
IBA specified ingredients*	3cl (one part) gin 3cl (one part) sweet red vermouth 3cl (one part) campari
Preparation	Stir into glass over ice, garnish and serve.

* Negroni (cocktail) recipe at International Bartenders Association

Paradise

IBA Official Cocktail

Type	Cocktail
Primary alcohol by volume	Gin Brandy
Served	Straight up; without ice
Standard drinkware	Cocktail glass
IBA specified ingredients*	3.5cl (7 parts) gin 2cl (4 parts) apricot brandy 1.5cl (3 parts) orange juice
Preparation	Shake together over ice. Strain into cocktail glass and serve chilled.

* Paradise recipe at International Bartenders Association

Rob Roy

IBA Official Cocktail

Type	Cocktail
Primary alcohol by volume	Scotch whisky
Served	Choice of "straight up" or "On the rocks"
Standard garnish	Maraschino cherry or lemon twist
Standard drinkware	Cocktail glass
IBA specified ingredients*	45 millilitres (1.6 imp fl oz; 1.5 US fl oz) Scotch whisky 25 millilitres (0.88 imp fl oz; 0.85 US fl oz) Sweet vermouth Dash Angostura bitters
Preparation	Stirred over ice, strained into a chilled glass, garnished, and served straight up, or mixed in rocks glass, filled with ice.

Whiskey sour

IBA Official Cocktail

Type	Cocktail
Primary alcohol by volume	Whiskey
Served	shaken
Standard garnish	sugared glass, lemon rind
Standard drinkware	old fashioned glass or cobbler
IBA specified ingredients*	4.5 cl (3 parts) Bourbon whiskey 3.0 cl (2 parts) fresh lemon juice 1.5 cl (1 part) Gomme syrup dash egg white (optional)
Preparation	Shake with ice. Strain into ice-filled old-fashioned glass to serve "on the rocks."
Notes	Garnish with maraschino cherry and orange slice.

Whiskey Sour recipe at DrinkBoy IBA

Black Russian

IBA Official Cocktail

Type	Cocktail
Primary alcohol by volume	Vodka
Served	On the rocks; poured over ice
Standard drinkware	Old fashioned glass
IBA specified ingredients*	5.0 cl (5 parts) Vodka 2.0 cl (2 parts) Coffee liqueur
Preparation	Pour the ingredients into the old fashioned glass filled with ice cubes. Stir gently.

* Black Russian recipe at International Bartenders Association

Brandy Alexander

IBA Official Cocktail

Type	Cocktail
Primary alcohol by volume	Brandy
Served	Straight up; without ice
Standard garnish	Grated nutmeg
Standard drinkware	Cocktail glass
IBA specified ingredients*	2cl (one part) Cognac 2cl (one part) brown Crème de cacao 2cl (one part) Half-and-half or Fresh cream
Preparation	Shake together in a mixer half filled with ice cubes. Strain into glass and garnish with nutmeg

Grasshopper

IBA Official Cocktail

Type	Cocktail
Primary alcohol by volume	Crème de Cacao Crème de menthe
Served	Straight up; without ice
Standard drinkware	Cocktail glass
IBA specified ingredients*	2cl (1 part) Crème de menthe (green) 2cl (1 part) Creme de Cacao (white) 2cl (1 part) Fresh cream
Preparation	Pour ingredients into a cocktail shaker with ice. Shake briskly and then strain into a chilled cocktail glass.

* Grasshopper recipe at International Bartenders Association

Rusty Nail

IBA Official Cocktail

Type	Cocktail
Primary alcohol by volume	Scotch whisky
Served	On the rocks; poured over ice
Standard drinkware	"old-fashioned" glass, stemmed glass "martini-style"
IBA specified ingredients*	4.5 cl (9 parts) Scotch whisky 2.5 cl (5 parts) Drambuie
Preparation	First fill a 16 oz glass with crushed ice until it is overflowing. Pour in 5 parts drambuie and 9 parts scotch. Stir gently, as to not bruise the ice. Keep stirring until a thick frost develops on the side of the glass. Garnish with a lemon twist. Serve.

Horse's Neck

IBA Official Cocktail

Type	Mixed drink
Primary alcohol by volume	Brandy
Served	On the rocks; poured over ice
Standard garnish	Long spiral of lemon zest
Standard drinkware	Old fashioned glass
IBA specified ingredients*	4.0 cl (1 part) Brandy 11.0 cl (~3 parts) Ginger Ale Dash of Angostura bitter (optional)
Preparation	Pour brandy and ginger ale directly into old fashioned glass with ice cubes. Stir gently. Garnish with lemon zest. If required, add dashes of Angostura Bitter.

* Horse's Neck recipe at International Bartenders Association

Piña colada

IBA Official Cocktail

Type	Cocktail
Primary alcohol by volume	Rum
Served	Blended with ice (frozen style)
Standard garnish	pineapple slice and maraschino cherry
Standard drinkware	goblet, hurricane, tiki, or pint
IBA specified ingredients*	3cl (one part) white rum 3cl (one part) cream of coconut 9cl (3 parts) pineapple juice
Preparation	Mix with crushed ice until smooth. Pour into chilled glass, garnish and serve.

* Piña colada recipe at International Bartenders Association

B-52

IBA Official Cocktail

Type	Layered shooter
Primary alcohol by volume	Grand Marnier Irish Cream Kahlúa
Served	Neat; undiluted and without ice
Standard garnish	Stirrer
Standard drinkware	Shot glass
IBA specified ingredients*	2cl (1 part) Kahlúa 2cl (1 part) Baileys Irish Cream 2cl (1 part) Grand Marnier
Preparation	Layer ingredients into a shot glass. Serve with a stirrer.

* B-52 recipe at International Bartenders Association

Mai Tai

IBA Official Cocktail

Type	Cocktail
Primary alcohol by volume	Rum
Served	On the rocks; poured over ice
Standard garnish	pineapple spear and lime peel
Standard drinkware	Highball glass
IBA specified ingredients*	3cl (6 parts) white rum 1.5cl (3 parts) orange curaçao 1.5cl (3 parts) Orgeat syrup .5cl (1 part) rock candy syrup 1cl (2 parts) fresh lime juice 3cl (6 parts) dark rum
Preparation	Shake all ingredients except the dark rum together in a mixer with ice. Strain into glass and float the dark rum onto the top. Garnish and serve with straw.

Mojito

IBA Official Cocktail

Type	Cocktail
Primary alcohol by volume	Rum
Served	On the rocks; poured over ice
Standard garnish	sprig of mint (hierba buena in the original recipe)
Standard drinkware	Collins glass
IBA specified ingredients*	4.0 cl White Rum 3.0 cl Fresh lime juice 3 sprigs of Mint 2 teaspoons Sugar Soda Water
Preparation	Mint sprigs muddled with sugar and lime juice. Rum added and topped with soda water. Garnished with sprig of mint leaves. Served with a straw.

Sex on the Beach

IBA Official Cocktail

Type	Cocktail
Primary alcohol by volume	Vodka
Served	On the rocks; poured over ice
Standard garnish	orange slice
Standard drinkware	Highball glass
IBA specified ingredients*	2 parts (4.0 cl) Vodka 1 parts (2.0 cl) Peach Schnapps 2 parts (4.0 cl) Orange juice 2 parts (4.0 cl) Cranberry juice
Preparation	Build all ingredients in a highball glass filled with ice. Garnish with orange slice.

* Sex on the Beach recipe at International Bartenders Association

参 考 文 献

[1] 王文君. 酒水知识与酒吧经营管理 [M]. 北京：中国旅游出版社，2004.

[2] 职业技能鉴定教材编审委员会. 调酒师 [M]. 北京：中国劳动社会保障出版社，2001.

[3] 吴克祥. 吧台酒水操作实务 [M]. 辽宁：辽宁科学技术出版社，1997.

[4] 国窖旅游局人事劳动教育司. 调酒 [M]. 北京：高等教育出版社，1995.

[5] 田芙蓉. 酒水服务与酒吧管理 [M]. 云南：云南大学出版社，2004.